EMF Litigation and the Legal Theories

電磁波訴訟の判例と理論
―― 米国の現状と日本の展望 ――

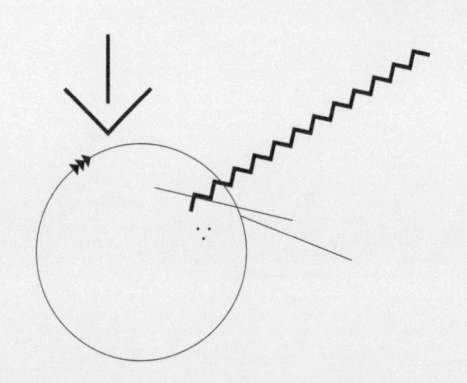

法政大学教授
永野秀雄 著

三和書籍

はじめに

　近年，わが国でも電磁波の人体に対する影響が社会的関心を集めている．特に争点となってきたのが，その科学的因果関係の有無であった．この点については，多くの論文や書籍が発表されているものの，統一的な結論が出るまでには至っていない．

　筆者にとって気がかりであったのは，このような電磁波問題がマスコミなどで紹介されるときに，「米国では訴訟となっている」といった記述が多くなされてきたことである．しかし，このように米国で提起されたという訴訟が，どのような事実関係によるもので，どのような判決が下されたのかについて言及している記事や論文は，ほとんどなかった．これでは，多くの読者に，漠然とした不安感が残るだけである．

　一方，法学者や弁護士をはじめとする法曹関係者も，米国の電磁波訴訟に興味をもちながらも，まとまった書籍や論文を執筆するまでには至らなかった．これは，米国の電磁波訴訟について興味をもって調べ始めると，あまりにも多くの論文と判例が存在し，また，自分が専門とする法律領域を超えた様々な類型の訴訟が提起されているため，非常に「扱いにくい」テーマであるためであろう．しかし，社会的に大きな関心があることがらで，わが国でも訴訟が起きはじめていることから，誰かが取り組まなければならない．

　本書は，この電磁波訴訟というテーマに関するわが国初の書籍である．本書では，米国における電磁波訴訟の現状と争点を分析するとともに，そこで適用されている法理論を明らかにすることに重点を置いている．また，米国における電磁波訴訟の類型を踏まえて，わが国で同じような訴訟が起きた場合に，どのような法理論上の問題が生じ，どのような結論に至ることが予想されるのか

についても検討した．

　本書で取り上げた米国の電磁波訴訟に関する判例は，わが国では初めて紹介されるものが多い．その中には米国に進出している日本企業が被告となっている事件も，多数含まれている．このため，本書は，電力会社，通信事業会社，携帯電話関連企業，損害保険会社，電磁波を利用する製造物を製造・販売している企業の法務担当者や顧問弁護士の方々にとって，従来の判例傾向を把握し，今後の行方を予想するための十分な材料を提供するものになっていると思う．

　また，これとは逆に，電磁波によりなんらかの被害を受けていると考えている方々や，そのような被害に関する訴訟に関心のある弁護士の方々にとっても，米国ではどのような類型の訴訟において，原告側が勝訴し，また，敗訴しているのかを，具体的な訴訟とその分析を読むことで知っていただけると思う．さらに，マスコミ関係者にとっても，近年，しばしば記事に取り上げられるこの電磁波問題について，情報源のひとつとして利用しうるものになっていると自負している．もちろん，電磁波問題を環境問題のひとつとして興味をおもちの方々にも，お読みいただければ幸いである．

　本書のもとになった論文は，筆者が所属する法政大学人間環境学部の紀要に連載した「電磁波環境訴訟の理論と争点（上）」人間環境論集1巻1号3頁（2000年3月），「同（中）」同1巻2号1頁（2001年3月），「同（下）」同2巻2号15頁（2002年3月）である．これらの論文を執筆したときは，米国法のシステムに基づいて，法律用語も，そのまま米国法で用いられているものを直訳に近い形で書き進めたが，実務法曹の方々や，米国法を専門としない法学者の方々からは，「わかりづらい」等のご指摘を受けた．このため，本書では，日本法で通常用いられている法律用語や表現になるべく近づける形に書き直した．また，論文を執筆してから相当の時間が経過したので，その後の米国における主要な電磁波訴訟の判例を付加している．この米国の判例と論文に関するリサーチは，2007年1月末時点のものである．さらに，第7章の「わが国における電磁波関連の法的紛争の検討」については，下敷きとなった論文を

全面的に書き直し，その一部については法理論上の構成にも変更を加えている．

　本書では，わが国における電磁波訴訟の分析を行うにあたって，米国法というモデルを使った比較法学の視点から検討を行っている．この点，学説や考え方の違いから，異なる見解をおもちになる方もいると思う．また，本書は，日米の電磁波訴訟について，筆者の主たる研究分野である不法行為法・労働法の範疇を超えた検討を行っている．このため，本書の行政法に関する記述については，わが国の環境行政法に関して長年にわたって研究を重ねてこられた教授職の方に草稿を丁寧に読んでいただき，ご専門の立場から的確なご指摘・ご教示をいただいた．心から感謝する次第である．

　最後になるが，本書の出版につき，法政大学人間環境学会から出版助成をいただいた．学会員の方々に深く感謝したい．また，本書の出版を快諾していただいた三和書籍の社長・髙橋考氏，編集長・下村幸一氏に，深くお礼を申し上げたい．

2007 年 12 月

永野　秀雄

目次

第1章 米国における電磁波問題と訴訟の類型 1
A. 電磁波問題の登場 1
B. 電磁波訴訟の諸類型 2
C. 電磁波訴訟の傾向 3
D. 本書の検討対象 5

第2章 人身損害賠償請求訴訟 11
A. 責任類型 12
1. 過失責任 12
2. 製造物責任 15
    a. 厳格責任と欠陥類型 15
    b. 電力は製造物か役務の提供か 17
    c. 電力がどの時点で流通過程に入るかに関する判断基準 18
    d. 電力供給の規制緩和による判断基準への影響 19
3. 異常に危険な活動に起因する厳格責任 20

B. 事実的因果関係の立証 21
1. 専門家証言の必要性と許容性 21
2. Frye 基準 22
3. 連邦証拠規則 702 条と Daubert 事件判決の意義 24
4. Daubert 事件判決の電磁波訴訟に対する意義 26

C. 損害賠償 27
1. 懲罰的損害賠償 28
2. 将来ガンになるかもしれないという恐怖に対する損害賠償 28
3. 医学的モニタリング 30

D. 出訴期限法 33

E. 具体的訴訟の検討 33
  1. 送電線等の電力施設から発生する電磁波による
    身体的損害賠償請求訴訟 34
    a. Zuidema v. San Diego Gas & Elec. Co. 事件判決 34
    b. Jordan v. Georgia Power Co. 事件判決 35
    c. Glazer v. Florida Power & Light Co. 事件判決 37
    d. San Diego Gas & Elec. Co. v. Covalt 事件判決 39
    e. Ford v. Pacific Gas & Elec. Co. 事件判決 42
    f. Indiana Michigan Power Co. v. Runge 事件判決 44
  2. 携帯電話から発生する電磁波による損害賠償請求訴訟 48
    a. Reynard v. NEC Corp. 事件判決 49
    b. Verb v. Motorola, Inc. 事件判決 51
    c. Schiffner v. Motorola, Inc. 事件判決 54
    d. Motorola, Inc. v. Ward 事件判決 55
    e. Newman v. Motorola, Inc. 事件判決 56
    f. Pinney v. Nokia, Inc. 事件判決 58
  3. レーダー・ガンから発生する電磁波による
    人身損害賠償請求訴訟 62
  4. VDT（ビデオ表示端末）から生じる電磁波による
    人身損害賠償請求訴訟 62
  5. 連邦不法行為請求法に基づく人身損害賠償請求訴訟 64
F. 人身損害賠償請求訴訟の今後の見通し 65

第3章 労働者災害補償保険法に基づく請求 83
A. 労働環境における電磁波と連邦職業安全衛生法の適用 83
B. 電磁波による人身損害に対する労働者災害補償保険法の適用 85
  1. 米国における労働者災害補償保険法の概観 85

2. 電磁波に関する具体的請求事例の検討 ………………………………… 86
   a. Dayton v. Boeing Co. 事件判決 ……………………………………… 86
   b. Strom v. Boeing 事件 ………………………………………………… 87
   c. In re Brewer 事件 …………………………………………………… 87
   d. Pilisuk v. Seattle City Light 事件 …………………………………… 88
   e. 電磁波労災給付請求の判例傾向 ……………………………………… 89

第4章 不法侵害・私的ニューサンスに基づく不動産損害賠償請求訴訟 …… 93

A. 不法侵害訴訟 …………………………………………………………… 93
1. 不法侵害訴訟の利点 ……………………………………………………… 93
2. 不法侵害訴訟の概観 ……………………………………………………… 94
   a. 不法侵害とは何か ……………………………………………………… 94
   b. 実質損害賠償が認められるための要件と被告による抗弁 ………… 95
   c. 継続的不法侵害に対する差止請求 …………………………………… 96
3. 電磁波訴訟への不法侵害の適用可能性 ………………………………… 97
   a. 故意の要件 ……………………………………………………………… 97
   b. 不動産に対する実質的損害要件 ……………………………………… 98
   c. 継続的不法侵害に対する差止請求 …………………………………… 99
4. 不法侵害が電磁波訴訟で主張された判例の検討 ……………………… 99
   a. 実質的侵害要件に関する判例 ………………………………………… 99
   b. 学校に近接する高圧送電線設置計画に関する判例 ……………… 100
   c. 公益事業委員会による排他的管轄権の有無に関する判例 ……… 102

B. 私的ニューサンス ……………………………………………………… 105
1. 私的ニューサンスの意義 ……………………………………………… 105
2. 故意によるニューサンスの立証 ……………………………………… 106
3. 差止請求の可能性 ……………………………………………………… 107

4. 私的ニューサンスに基づく請求の評価 ……………………… 107
　　5. 私的ニューサンスが電磁波訴訟で主張された判例の検討 …… 108
　　　a. Borenkind v. Consolidated Edison
　　　　 Co. of New York 事件判決 …………………………………… 109
　　　b. Pub. Serv. Co. v. Van Wyk 事件判決 ……………………… 110
　　　c. Westchester Associates, Inc. v. Boston Edison Co. 事件判決 … 114
　C. 不動産損害に関する電磁波訴訟と出訴期限法・
　　 エクイティ上の消滅時効 …………………………………………… 115

第5章 電磁波関連施設建設のための公用収用による残地の
　　　　 不動産価値下落に対する損失補償と逆収用の主張 ……… 125
　A. はじめに …………………………………………………………… 125
　B. 電力会社による公用収用法理の概説 …………………………… 127
　C. 3つの判例理論 …………………………………………………… 128
　　1. 少数判例法理 …………………………………………………… 129
　　　a. アラバマ州における少数判例法理 ………………………… 129
　　　b. イリノイ州における少数判例法理 ………………………… 130
　　2. 中間的判例法理 ………………………………………………… 131
　　3. 多数判例法理 …………………………………………………… 132
　　　a. フロリダ州における判例変更 ……………………………… 133
　　　b. ニューヨーク州における判例変更 ………………………… 134
　　　c. カンザス州における判例変更 ……………………………… 135
　　　d. 核廃棄物輸送道路事件判決 ………………………………… 137
　　　　（1）City of Santa Fe v. Komis 事件判決の概要 …………… 138
　　　　（2）証拠の採否 ………………………………………………… 139
　　4. 損失補償請求事件の特徴 ……………………………………… 142
　D. 空中地役権の法理に基づく逆収用・
　　 ニューサンスによる逆収用 ………………………………………… 143

vii

1. 連邦最高裁判所による公用収用法理の限界 ……………… 144
2. 空中地役権による公用収用法理 ……………………………… 145
   a. Portsmouth Harbor Land &
      Hotel Co. v. United States 事件判決 ……………………… 145
   b. United States v. Causby 事件判決 ………………………… 145
   c. Griggs v. Allegheny County 事件判決 …………………… 146
   d. 電磁波訴訟への適用可能性 ………………………………… 147
3. ニューサンスによる逆収用法理 ……………………………… 148
   a. ニューサンスと公用収用に伴う逆収用との比較 ………… 148
   b. 連邦法におけるニューサンスによる逆収用法理 ………… 149
   c. オレゴン州最高裁判所による
      ニューサンスによる逆収用法理 …………………………… 151
   d. 州憲法における損失補償条項に基づく判例法理 ………… 152
   e. ニューサンスによる逆収用法理の
      電磁波訴訟への適用可能性 ………………………………… 153

第6章 1996年連邦通信法と携帯電話基地局設置制限条例 …… 167

A. 移動通信用施設設置に関する問題点 ……………………… 167
B. ゾーニングと移動通信用施設 ……………………………… 171
1. ゾーニングとは何か ………………………………………… 171
2. ゾーニングの変更・特別例外 ……………………………… 172
3. 携帯電話会社による移動通信用施設の設置許可申請 …… 173
C. 704条の内容と争点 ………………………………………… 174
1. 704条の内容 ………………………………………………… 174
   （A）一般的権限 …………………………………………… 174
   （B）制限 …………………………………………………… 174
   （C）定義 …………………………………………………… 175

2. 事業者間の不合理な差別の禁止 — 177
- a. 不合理な差別とは何か — 177
- b. 不合理な差別の存在を否定する判例 — 178
  - （1）AT&T Wireless PCS v. City Council of Virginia Beach 事件判決 — 178
  - （2）Sprint Spectrum L.P. v. Willoth 事件判決 — 179
- c. 不合理な差別の存在を肯定する判決 — 180
  - （1）あいまいな根拠・証拠に基づく申請の不許可処分に対する判断 — 180
  - （2）新規サービス提供のための設置許可申請だけが不許可とされる場合 — 181

3. 無線サービス供給の禁止，あるいは，これと同様の効果をもつ規制の禁止 — 182
- a. 本条項の解釈と問題点 — 182
- b. 一律禁止だけを制限するという厳格な解釈をとる判例 — 184
- c. 中立的な政策でも完全な禁止に等しければ違反に該当するという解釈をとる判例 — 185
- d. 代替地の不存在に関する立証責任 — 186
- e. 代替的建設案は携帯電話事業者にとって経済的に合理的なものである必要はないと判断した判例 — 187

4. 行政機関による合理的期間内における手続の確保 — 189
- a. 条文の規定 — 189
- b. 合理的期間の解釈 — 190
- c. モラトリアム期間経過後の不作為 — 191
- d. 6ヵ月間のモラトリアムに対する判断 — 191
- e. すでに経過したモラトリアムに対する訴訟の争訟性・成熟性 — 192
- f. 申請の受付や審査まで停止するモラトリアムに関する判例 — 192

　　　　g. 3段階のモラトリアムを違法とした
　　　　　 Jefferson County 事件判決 ……………………………………… 193
　　　　h. Jefferson County 事件判決と事実に関する区別を行う判例 … 194
　　　　i. 判例の考察 ……………………………………………………… 194
　　　　j. 連邦通信委員会による非公式な紛争解決手続 ………………… 196
　　5. 書面による決定と実質的証拠に基づく判断 ……………………… 197
　　　　a.「書面による決定」 ……………………………………………… 198
　　　　　（1）「書面による決定」とは何か ……………………………… 198
　　　　　（2）文書による証拠と結び付いた判断を
　　　　　　　 示す必要があるとする判決 ……………………………… 198
　　　　　（3）記録と事実に結び付いた証拠は不要とする判決 ………… 198
　　　　b. 実質的証拠に関する判断基準 ………………………………… 199
　　　　　（1）実質的証拠とは何か ……………………………………… 199
　　　　　（2）住民の不安等を実質的証拠として認めない判例 ………… 200
　　　　　（3）住民の不安等を実質的証拠として認める判例 …………… 203
　　　　　（4）実質的証拠に関する判例の検討 ………………………… 205
　　6. 連邦通信委員会規則を遵守している施設に対する
　　　　電磁波健康被害を根拠とした規制の禁止 ………………………… 206
　　7. 学校に近接して建設される移動通信用施設に関する
　　　　事例と法理 …………………………………………………………… 207
　　　　a. アトラクティブ・ニューサンスの法理 ……………………… 207
　　　　b. 慎重なる回避の法理 …………………………………………… 209
　D. 地方自治体の704条への対応策 ……………………………………… 210

第7章 わが国における電磁波関連の法的紛争の検討 …………… 227
A. 人身損害賠償請求訴訟 ………………………………………………… 227
　1. 電磁波による直接的な身体的損害賠償請求 ……………………… 227

- 2. 電磁的干渉による医療機器等の誤作動に基づく損害賠償請求 ―― 230
  - a. 電磁波の影響による電動車いすの誤作動に関するリコール ―― 230
  - b. ペースメーカー等のリセットに関する警告義務 ―― 231
- B. 労働者災害補償保険法に基づく請求 ―― 233
- C. 送電線の建設等の差止めなどに関する訴訟等 ―― 234
  - 1. 特別高圧送電線移動請求控訴事件 ―― 234
  - 2. 送電線設置用土地収用裁決の取消請求事件 ―― 236
  - 3. 報道された送電線にかかわる主要な電磁波訴訟 ―― 237
- D. 携帯電話基地局等に関する撤去等を求める訴訟 ―― 239
  - 1. 福岡県久留米市三潴町におけるNTTドコモ九州携帯電話基地局移転請求訴訟 ―― 239
  - 2. 熊本県熊本市沼山津携帯電話中継鉄塔撤去請求事件 ―― 240
  - 3. 衛星放送会社の屋上に設置されるパラボラアンテナの設置差止めを求める訴訟 ―― 241
- E. 送電線と携帯電話基地局に関するわが国の電磁波訴訟の検討 ―― 241
  - 1. 送電線にかかわる電磁波訴訟について ―― 241
  - 2. 携帯電話基地局等にかかわる電磁波訴訟について ―― 242
  - 3. 法理論的な検討 ―― 243
    - a. 人格権・環境権を根拠とした差止訴訟の可能性 ―― 243
    - b. 物権的請求権に基づく差止請求の可能性 ―― 244
    - c. 景観権・景観利益に反することを根拠とした差止請求の可能性 ―― 244
    - d. 眺望権に基づく差止訴訟の可能性 ―― 246
    - e. 米国の判例法理からの示唆 ―― 247
- F. 携帯電話基地局等の設置を制限する条例の可能性 ―― 249
  - 1. はじめに ―― 249

  2. 事業者との協定による携帯電話基地局設置規制 …………… 251
  3. 指導要綱による携帯電話基地局設置規制 …………………… 252
  4. 条例による携帯電話基地局設置規制 ………………………… 253
   a. 都市計画制度と条例 ……………………………………… 253
   b. 携帯電話基地局規制条例 ………………………………… 254
  5. 景観法に基づく携帯電話基地局の設置規制の可能性 ……… 255
 G. 高圧送電線設置による残地補償 ……………………………… 257

判例索引 ……………………………………………………………… 269
用語索引 ……………………………………………………………… 277

第 1 章
米国における電磁波問題と訴訟の類型

A. 電磁波問題の登場

　近年，わが国でも電磁波[1]の人体に対する影響が社会的関心を集めている[2]．しかし，この問題が社会の大きな注目を集め，いち早く訴訟という形で争われることになったのは，米国であった．ここでは，その背景を概説しておきたい．

　1993年に，ポール・ブローダー氏が，米国で送電線に関するドキュメント本を公表した[3]．この本の中で，送電線から生じる電磁波が原因となりガンが発生しているのではないか，との主張がなされたことで，米国社会の関心は急激に高まった．これは，問題となった電磁波による健康被害が，①ガンという精神的苦痛を伴う普遍的な病気と結びついていたことと，②アスベストをはじめとする特定の有害物質により引き起こされる健康問題と異なり，誰でも一定程度は電磁波に曝露していることから，多くの人々に，より身近な問題と感じられたためであろう．

　このように電磁波問題が社会的な関心を集める一方で，電磁波による健康被害の有無に関する研究は，それ以前から行われてきた[4]．しかし，今日でも，科学者の間で，その科学的な因果関係の有無について，十分な合意が形成されているとは言いがたい．このことが，電磁波問題を一層複雑なものにしてきたと言える．たとえば，WHO国際EMFプロジェクトにおいても，その疫学的

調査は種々の結果をもたらし，不確実性の高い結果しか導き出せていない[5]．

米国の連邦議会は，この問題に対処するため，1992年に制定されたエネルギー政策法[6]の中で，電力および電磁波に関する研究と，その情報公開プログラムに関する規定を設けた[7]．これが，EMF・ラピッド・プログラム（EMF-RAPID Program）である[8]．

そして，1996年10月31日に，生態的システムに対する電磁波の影響に関する検討委員会（the Committee on the Possible Effects of Electromagnetic Fields on Biologic Systems）は，「現在利用しうる科学的証拠をもっては，これらの磁場に対する曝露が人間の健康に悪影響を及ぼすことを証明することはできない」との結論を出した．しかし，同委員会は，同時に，「送電線近辺に位置する住宅環境……と小児白血病とは，統計的な関連性を明確にする因果関係を示すことまでには至らないものの，いくつもの研究で相関性があることが示されている」との留保も付けていた[9]．その後，1999年6月に，米国の国立環境衛生科学研究所が，EMF・ラピッド・プログラムの最終報告書を公表した[10]．そこでは，送電線から生じる電磁波に曝露することで生じる健康上のリスクは弱いと結論付ける一方で，小児白血病と職業人の慢性リンパ性白血病では相関性があるとする疫学的証拠を報告している[11]．

このように，電磁波が人体に及ぼす影響が科学的に確定されない状況の下で，米国の法曹関係者の中には，電磁波による健康被害訴訟が，1970年代のアスベスト訴訟のように，1990年代には多発する可能性があると予想する者もあった[12]．

B. 電磁波訴訟の諸類型

米国における電磁波訴訟は，当初，送電線から生じる電磁波による健康被害に対する損害賠償請求という形で始まった．しかし，その後は，携帯電話の普及なども一因となって，様々な類型の訴訟が見られるようになった．

現在，米国の電磁波訴訟は，次の5つのタイプに類型化することができる．まず第1のものは，電磁波によりガンに罹患した等の人身損害賠償請求訴訟であり，基本的には不法行為理論に基づく民事訴訟である．第2は，被用者が業務遂行過程において，電磁波に曝露したことで身体的損害を被ったとして，労働者災害補償保険法上の請求がなされる事例である．第3は，コモン・ローにおける不法侵害・私的ニューサンスに基づいて，電磁波曝露により不動産に関する損害を被ったとして，その損害賠償を請求する民事訴訟である．第4は，電磁波発生施設の建設のために公用収用がなされ，その結果，自己の所有する不動産価値が下落したことに対して，損失補償を請求する訴訟である．そして最後の第5類型が，電磁波を発生させる携帯電話・PHSアンテナ施設（携帯電話基地局）の建設を制限する地方自治体の条例や，ゾーニング委員会による設置許可申請の不許可処分をめぐる訴訟である．

C. 電磁波訴訟の傾向

電磁波訴訟が多発する直接のきっかけとなったのは，第1類型の人身損害賠償請求訴訟が初めて陪審評決にまで至った1993年のZuidema v. San Diego Gas & Elec.Co.事件判決[13]である．この訴訟では，被告会社が勝訴したものの，送電線の近くに住む人々の関心が高まり，電磁波による健康被害を訴える人身損害賠償請求訴訟が多発することになった．

もっとも，このような送電線に関係した人身損害賠償請求訴訟は，被告電力会社が勝訴し続けたため，減少する傾向にある[14]．また，携帯電話から発生する電磁波により健康被害を被ったとして損害賠償を求める訴訟も，全米の注目を集めたクラス・アクションで敗訴したことなどから，かなり沈静化したと言えるであろう．電磁波訴訟において，この類型の訴訟でなぜ原告が勝訴できないかと言えば，電磁波と人身損害との事実的因果関係を立証するのが困難であることが最大の要因である．また，その科学的因果関係を立証するための専門

家証言に要する費用が高額なことも，十分な立証が難しい理由のひとつとされている[15]．

この電磁波の影響に関する事実的因果関係の立証が困難であるという点については，第2類型の労働者災害補償保険法上の請求と，第3類型のコモンロー上の不動産に関する損害賠償請求でも変わらない．このため，これらの訴訟においても，例外的な事例を除けば，なかなか原告の請求が認められないのが現状である．

これに対して，第4類型の訴訟については，事情が異なる．この送電線等の建設のために自己の不動産が公用収用されたことにより，残地の不動産価値が下落したとして，その損失補償を請求する訴訟では，原告の請求を認めた判決が数多く存在している．その理由は，この訴訟類型では，たとえ送電線等から生ずる電磁波による健康被害が科学的に立証されていなくとも，送電線のもつ危険性が社会一般で認識されることで，不動産の市場価値が現実に下落したことが専門家の証言により立証されれば，損失補償を認めるという法理を採用する州が増加したためである．このような考え方はわが国にはなく，注目に値すると言えるであろう．

最後の第5類型の訴訟は，電磁波を発生させる携帯電話・PHSアンテナ施設（携帯電話基地局）の建設を制限する地方自治体の条例や，ゾーニング委員会による設置申請許可をめぐる争いである．この類型の訴訟は，電磁波訴訟の中で，公刊された判例が最も多いものとなっている．これは，全米で携帯電話基地局の設置に関する反対運動が起こったため，地方自治体がこれを受けて，移動通信用施設の設置を制限する条例を定めたことや，ゾーニング委員会などが携帯電話事業者等による基地局の設置許可申請を不許可とする事態が頻発したことに起因している．そして，携帯電話事業者等がこのような基地局設置許可申請の不許可処分などを不服として，その取消訴訟を提起するという形の訴訟が，全米各地で提起されたのである．

携帯電話事業者等は，この問題を解決するために，連邦議会に政治的圧力を

かけて，1996年連邦通信法[16]を成立させた．この連邦通信法により，州自治体の伝統的な規制権限をできる限り専占して，スムーズに基地局を建設することを狙ったのである[17]．しかし，この連邦通信法の成立によっても，紛争は収束しなかった．以後，この連邦通信法が，どの程度まで州の裁量権限を制限するものであるかが争点となり，再び州レベルでの紛争が多発することになったのである．

D. 本書の検討対象

　本書は，これらの電磁波に関連する訴訟類型の争点，法理論，および，具体的判例に焦点をあてて検討を行う．また，この検討においては，電磁波により，健康被害が生じているのか否かといった科学的因果関係論の正否については考察せず，その法的因果関係の立証を問題とする．

　また，本書では，これ以外の電磁波関連の法的問題については，考察の対象から除いている．具体的には，①電磁波に関する連邦および州の立法あるいは行政上の規制の詳細[18]，②電磁波に起因する損害が，企業包括賠償責任保険（Commercial General Liability Insurance）をはじめとする損害賠償保険において担保範囲に入るか否か等，損害賠償保険に関する論点[19]とこれに関連する訴訟[20]，③ＯＡ機器や通信機器などのデジタル機器から漏れた電磁波が他の電子機器に誤作動を引き起こす電磁的干渉（Electromagnetic Interference）に関する問題[21]，④電磁波あるいは，電磁波の利用に関係した特許に関する訴訟，⑤電磁波を利用した器具による証拠の取扱いをめぐる刑事訴訟法上の争点に関する訴訟，⑥酪農農家が用いる農業機器からの漏電により牛などに生態的影響を与え産出量が減ったことに対する損害賠償請求訴訟[22]，および，⑦建物等の工作物の建設により，周辺住民がテレビ電波などを受信できなくなったことに対する電波損害訴訟[23]については考察の対象外とする．

　なお，以下の考察では，上記の米国における第1類型から第5類型までの

電磁波訴訟を，2章から6章までの各章で考察し，この検討を踏まえて，日本法における示唆を7章で記述する．

1 　本書では，米国における EMF（Electric and Magnetic Fields），すなわち，電磁界（あるいは電磁場）に起因する訴訟を電磁波訴訟として捉え，主たる考察の対象とする．電磁界に関する用語法としては，わが国の報道などで電磁波という表現が定着しているので，電磁波（場合によっては電磁場）という表現を使用する．もっとも，後掲・注2の大朏博善『電磁波白書』が指摘するように，正確にはこの2つの用語の意味には差異がある場合があるので注意を要する（同書25頁以下を参照のこと）．なお，本書では，日本で論争となっている「電磁波問題」とは範疇の異なる損害賠償事件を2つ扱っている．それは，空軍レーダー曝露事件訴訟（建設作業の安全のために停止されたはずの高周波（radio-frequency radiation）に直接曝露したと主張された事件）とボーイング社労働災害訴訟の和解（MXミサイル製造過程で electromagnetic pulse radiation に曝露したと主張された事件）である．本来は考察の対象外とするべきかもしれないが，法律理論上の構成や因果関係の問題などが他の電磁波訴訟と基本的に変わらず，また，これらの事件を扱った法律論文も存在しないため，あえて考察の対象に含めた．

2 　わが国において電磁波に起因する健康問題について論じた文献は，かなりの数にのぼるため，ここではその代表的かつ一般向けの書籍に限って紹介するにとどめる．まず，電磁波健康被害の問題に警鐘を鳴らすものとして，ロバート・O・ベッカー（船瀬俊介訳）『クロス・カレント』（新森書房，1993年），天笠啓祐『電磁波の恐怖（増補版）』（晩聲社，1997年），高圧線問題全国ネットワーク編『高圧線と電磁波公害（増補改訂版）』（緑風出版，1997年），平澤正夫『電磁波安全論にだまされるな』（洋泉社，1997年）などがある．これに対して，電力会社側の立場からこの問題を解説したものとして，田中祀捷『電磁波はこわくない──究極の理解のための12章──』（電力新報社，1997年）が挙げられる．さらに，電磁波問題が社会運動化する現状に対して論争を提起した書として，大朏博善『電磁波白書』（ワック，1997年）がある．また，電磁波の健康への影響に関して，科学者の立場から，基本的な問題を総覧した最近の良書として，三浦正悦『電磁界の健康影響──工学的・科学的アプローチの必要性』（東京電気大学出版局，2004年）がある．

3 　Paul Brodeur, The Great Power-Line Cover-Up (1993).

4 　See Nancy Wertheimer & Ed Leeper, Electrical Wiring Configurations & Childhood Cancer, 109 Am.J.Epidemiology 273 (1979).

5 　この点については，日本語で読める文献のひとつとして，大竹千代子・東賢一『予防原則』（合同出版，2005年）159頁を参照のこと．

6   The Energy Policy Act of 1992, Pub. L. No. 102-486, 102 Stat. 2776 (1992) (codified at 42 U.S.C. 13478 (1994)).
7   同法は，連邦レベルにおける電磁波の強度の制限や放出基準を設定するものではない．
8   EMF・ラピッド・プログラムの内容については，前掲・注 2 の大朏博善『電磁波白書』148-151 頁と 250-252 頁に詳しい紹介がある．
9   National Research Council, Possible Health Effects of Exposure to Residential Electric and Magnetic Fields 1 (1996).
10 NIEHS REPORT on Health Effects From Exposure to Power-Line Frequency Electric And Magnetic Fields, Prepared In Response to The 1992 Energy Policy Act (PL 102-486, Section 2118) (1999) [hereinafter *NIEHS REPORT*]．このレポートは，NIEHS のサイトでダウンロードすることができる〈http://www.niehs.nih.gov/emfrapid/home.htm〉．また，この報告を扱った一般向けの論考として，荻野晃也「『ラピッド計画』――最終報告書の正しい読み方――」週刊金曜日 274 号 53 頁以下（1999.7.9）がある．
11 *See NIEHS REPORT*.
12 *See, e.g.,* Roy W. Krieger, *On the Line*, A.B.A.J., Jan. 1994, at 40, 40（電磁波訴訟は，すでにアスベスト訴訟と同様の様相を示してきた．しかしながら，電磁波というわれわれの生活のどこにでも存在しているものが，新たに訴訟の対象となった場合，かつてアスベスト訴訟が引き起こした衝撃すらも小さく見えるような事態を引き起こす可能性を秘めている）．
13 Zuidema v. San Diego Gas & Elec.Co., No. 638222(Cal.Super.Ct. Apr.30, 1993). なお，この裁判の具体的考察は，本書 2 章を参照のこと．ちなみに，電磁波にさらされたことに起因する人身損害賠償が最初に主張された訴訟は，Scott v. Houston Lighting & Power 事件であったが，原告の死亡により取り下げられた．*See* Stanley Pierce & Charlotte A. Biblow, *Electromagnetic Fields Attract Lawsuits,* NAT'L L.J., Feb.8, 1993, at 20.
14 *See generally* Richard C. Reuben, *Utility Power Plays- Their defenses are winning electromagnetic field suits-*, ABA J. (Dec.1996) at 18 [hereinafter *Reuben*].
15 *Id*.at 18.
16 Telecommunications Act of 1996, Pub. L. No. 104-104, 704（b），110 Stat. 151(1996).
17 *See id.,* Section 704 (a)（7）（B）（ⅰ）（Ⅱ）；704 (a)（7）（B）(iv).
18 これらの電磁波に関する立法や行政規制およびその立法規制の類型や立法政策論については，以下の文献を参照のこと．Barbara Ann Aurecchione, *EMF Regulation: Is Congress Riding the Wave of Paranoia?*, 18 SETON HALL LEGIS. J. 261 (1983); John W. Gulliver and Christine C. Vito, *EMF and Transmission Line Siting: The Emerging State Regulatory Framework and Implications for Utilities*, NR & E (Winter 1993) at 12; James H. Stilwell, *Walking the High Wire: Practical Possibilities for Regulatory Responses to the Electromagnetic Fields Quandary*, 15 REV. LIT. 141 (1996); Christopher A. Wilson, *Power Line EMF: A Proposed State Utility Regulatory Response*, 10 J.CONTEMP. HEALTH L. & POL'Y 469 (1994); Sherry Young, *Regulatory and Judicial Responses to the Possibility of Biological Hazards from Electromagnetic Fields Generated by Power Lines*, 36 VILL.L.REV. 129 (1991).
    なお，連邦通信委員会は，携帯基地局を含む通信施設から生じる電磁波放出関連規則を定めているが，この規則の合法性を争った訴訟があるので，簡単に紹介しておく．通信施設から生じる電磁波曝露に関する具体的な安全基準については本書では除外争点としていることからそ

の詳細には触れないが，興味のある方は，直接にこの判決を参照していただきたい．Cellular Phone Taskforce v. FCC, 205 F.3d 82 (2d Cir. 2000), *cert.denied*, 2001 U.S. LEXIS 127 (2001). この判決は，携帯電話問題に取り組んでいる諸団体や多数の個人（上訴人）が，連邦通信委員会（FCC）が下した決定を不服として訴えを起こした事実審判決に対する連邦第2巡回区控訴裁判所による判決である．上訴人は，連邦通信委員会が定めた①高周波放射線への最大曝露基準を定めた健康安全基準ガイドラインでは，より厳格な基準が採用されるべきであり，②当該ガイドラインにおいて一定の類型の通信施設が適用除外とされたことには問題があり，③連邦通信委員会が，国家環境政策法（NEPA）に基づいて環境影響評価書を提出しなかったことは，同法の手続違反にあたり，④連邦通信法のもとでも，州や自治体において電磁波の安全基準を定める権限が留保されるべきである等と主張している．本控訴裁判所は，これらの主張に対して，行政機関による専門性に基づいた決定を尊重する判断基準に基づいて審査を行い，連邦通信委員会の判断は，裁量権を逸脱したものではなく，また，根拠のないものではないとして，これらの規則を支持して，上訴を棄却している．連邦最高裁への裁量上訴も棄却されたため，この判決により連邦通信委員会の定めたこれらの規則の合法性が確定した．

19 これらの問題については，以下の論文を参照のこと．Eugene R. Anderson, Lawrence Chesler and Maxa Luppi, *Insuring Against Electric and Magnetic Field Claims*, 12-4 COMPUTER LAW. 11 (April 1995); Keith A. Meyer, *Securing Insurance Coverage For EMF Claims*, Pub. Util. Fort. (Feb. 15, 1992) at 29; Alan S. Rutkin, *Electromagnetic Fields and General Liability Policies: A New Series of Coverage Questions*, 42 FED'N INS. & CORP. COUS. Q. 49 (Fall, 1997).

20 なお，近年，携帯電話から発生した電磁波により被害を被ったとして提起される訴訟に関連して，保険関係の訴訟が目立つようになっている．これらの訴訟における事実関係は，ほぼ共通している．まず，ヘッドホンが装備されていない携帯電話を購入した消費者が，携帯電話から発生する電磁波により，必ずしも具体的な損害を特定しないまま人身損害を被ったとして，填補損害賠償を請求する訴えを提起する（クラス・アクションが多い）．

そして，このような訴訟において被告とされた携帯電話製造会社等が，商工業向け一般賠償責任保険（commercial general liability policies）に規定されている責任保険者の防御義務に基づいて，保険会社にこれらの訴訟を防御するように請求するものの，保険会社はこれに応じない．その結果，保険会社がその保険約款に基づいて，当該携帯電話電磁波訴訟を防御する義務がないとする宣言判決を求める訴え等が提起されるなどして，争われているのである．これらの訴訟における主たる争点は，人身損害を具体的に特定していない携帯電話電磁波訴訟において主張されている損害が，当該保険約款における「人身損害（bodily injury）」や，事故（accident）の「発生（occurrence）」に該当するものであるか否かである．

多くの事件では，保険会社がこれらの訴訟に対して，当該保険約款に基づいて訴訟を防御する義務がないと主張して，正式事実審理を経ないでなされる判決を求める申立てを行い，事実審がこれを認めて訴えを棄却している．その一方で，これを不服として被保険者（原審原告）が上訴した事件では，ほぼ共通して，これらの下級審判決の破棄・差戻しが命じられているという特徴がある．代表的な判決として，以下のものを参照のこと．N. Ins. Co. v. Balt. Bus. Communs., Inc., 68 Fed. Appx. 414 (4th Cir. 2003); Motorola, Inc. v. Associated Indem. Corp., 878 So. 2d 824 (La. Ct. App. 2004); Motorola, Inc. v. Associated Indem. Corp., 878 So. 2d 838 (La. Ct. App. 2004); Samsung Elecs. Am., Inc. v. Fed. Ins. Co., 202 S.W.3d

372 (Tex. App. 2006); Nokia, Inc. v. Zurich Am. Ins. Co., 202 S.W.3d 384 (Tex. App. 2006); Trinity Universal Ins. Co. v. Cellular One Group, 2007 Tex. App. LEXIS 96 (Tex. App. 2007).

21 筆者の予想に反して，米国における電磁的干渉に関する訴訟は，ほとんど見当たらず，次の判決が目に付いたくらいであった．これは，おそらく，製造業者が，顧問弁護士等からの指導で，この種の製造物責任について熟知しており，適切な警告文を付すなどの実務が徹底して行われているためであると推測される．なお，以下に挙げる判決を見ても，あまりわが国で参考になるとは思えなかったので，本文におけるひとつの類型として記述は行わないことにした．

Aucoin v. Medtronic, Inc., 2004 U.S. Dist. LEXIS 7217 (D. La. 2004). この事件の事実関係は，次のようなものである．原告は，メドトロニック社製の埋め込み型パルスジェネレータ（IPG）を体内に埋め込んでいた．原告は，後に，MRI（磁気共鳴画像装置）による診断を受けたが，MRIから生じる磁場の影響でIPGが正常に機能しなくなり，激しいショックを受けた．このため，原告は，再びIPGの埋め込み手術を受けなければならない等の損害を被ったとして，ルイジアナ州製造物責任法に基づいて，被告会社の警告義務違反等を理由に損害賠償を請求する訴えを提起した．裁判所は，①ルイジアナ州の判例法理では，製造業者の義務は，医師に対して，潜在的な副作用やリスクを警告しておけば満たされ，②同社のマニュアルでは，IPGが，MRIにより引き起こされる磁場によりショックなどを引き起こすことから，IPGを埋め込んでいる患者に対してMRIによる診断を行わないように医師と病院関係者に対する警告がなされており，③実際に原告に対してMRIによる診断を行った医師が，被告会社によるこの警告に気がついたにもかかわらず，誤って原告にMRIによる診断を受けるように命じたと証言していることから，被告による正式の事実審理を経ないでなされる判決の申立てを認め，訴えを棄却している．

なお，この電磁的干渉の問題のうち，航空システムに関する干渉については，次の論文を参照のこと．Carolyn Ritchie, *Potential Liability from Electromagnetic Interference with Aircraft Systems Caused by Passengers' On-Board Use of Portable Electronic Devices*, 61 J.AIR L.& COM. 683 (1996). また，日本語文献として，この電磁的干渉問題とそのシールドを扱ったものとして，日債銀総合研究所編・岩井善弘著『全解明 電磁波障害と対策』（東洋経済新報社，1996年）がある．

22 この問題について，以下の文献を参照のこと．Peter G. Yelkovac, *Homogenizing the Law of Stray Voltage: An Electrifying Attempt to Corral the Controversy*, 28 VAL.U.L.REV. 1111(1994).

23 日本におけるこの問題に関する考察としては，たとえば，中野進「ライオンズ・マンション電波障害訴訟——津地方裁判所四日市支部判決——」富士大学紀要26巻1号87頁以下（平成5年10月），同「ライオンズ・マンション電波障害訴訟——名古屋高等裁判所判決——」富士大学紀要26巻2号83頁以下（平成6年2月）を参照のこと．

第2章
人身損害賠償請求訴訟

　本章では，電磁波訴訟の中で，前述の第1類型，すなわち，電磁波によりガンに罹患した等の人身損害の賠償を求める人身損害賠償請求訴訟について考察する[24]．これらの訴訟の多くは，不法行為理論に基づく民事訴訟である．

　そこで，本章では，まず，電磁波に起因すると主張される人身損害賠償について，不法行為法に基づいた過失責任，製造物責任，および異常に危険な活動に起因する厳格責任について，それぞれの理論構成と適用上の問題を概観する[25]．これらの中では，特に，送電線などから放出される電磁波に対して製造物責任を適用することができるか否かが問題となる．

　次に，電磁波訴訟の中で最も立証が困難とされる因果関係の立証[26]について，理論的検討を加える．この類型の訴訟では，原告が，科学的根拠に基づき電磁波に対する曝露が身体的損害を引き起こしたことを立証しなければならない．その際に，米国では，一般的に民事訴訟も陪審により判断されることから，いかなる専門家証言が許容されるかという問題が争点となってきた．連邦最高裁判所は，この専門家証言の許容性の問題に関して1993年のDaubert v. Merrell Dow Pharmaceuticals, Inc.事件判決[27]によって従来の判断基準を大きく変更した．ここでは，この新たな判断基準と，それが電磁波による身体的損害賠償請求の因果関係の立証に与える影響についても考察する．

　第3に，電磁波に起因する人身損害賠償を請求する場合に，どのような損

害を請求できるのかが問題となる．わが国における不法行為による人身損害賠償は，被害者の被った損害を回復するための填補的損害賠償が原則となっている．米国では，これに加えて，加害者の側に強い反社会性が認められると，制裁的な賠償額を課す懲罰的損害賠償の請求が認められる場合があり，電磁波訴訟でも請求されることがあるので，概観しておく．また，従来の精神的損害賠償の枠組みを超えた「将来ガンになるかもしれないという恐怖に対する損害賠償（cancerphobia）」が，毒物不法行為訴訟（Toxic torts）において，一部の州で認められているが，これがやはりガンに罹患したとの損害が主張されることの多い電磁波訴訟で適用可能かどうかが争点になる．さらに，新たな損害賠償の類型である医学的モニタリングが，電磁波訴訟で請求可能か否かについても，考察することにする．

第４に，電磁波に起因するとされる身体的損害は，継続的不法行為として捉えられるので，その時効の起算点に関して，出訴期限法上の問題を概説する．

そして，最後に，具体的訴訟について，公刊された判例を中心に検討する．その際，まず電磁波の発生原因別に，①送電線等の電力施設，②携帯電話，③レーダー・ガン，④VDT（ビデオ表示端末）という順で分類し，その後で，⑤連邦不法行為請求法に基づく請求事例である空軍レーダー曝露事件を扱う．

A. 責任類型

1. 過失責任

過失（negligence）による行為とは，米国では，「危害に関する不合理なリスクについて，他者を保護する目的で法により確立された基準を下回る行為」と定義づけられている[28]．わかりにくい言い方であるが，この過失概念について，日米で大きな違いがあるわけではない．

原告が，加害者たる被告の過失責任を追及するためには，①加害者の行為が，

危害の事実上の原因となったこと（事実的因果関係），②原告の主張する損害が，法的保護の範囲に入ること（法的保護の範囲），③加害者が原告に危害が及ぶことを予見しえたこと（予見可能性），④予見可能性により肯定される注意義務に違反したこと（注意義務違反），⑤損害の範囲を立証すること，の5点が必要である[29].

本書では，①の事実的因果関係については，「B. 事実の因果関係の立証」のところで考察し，②の法的保護は，今日まで提訴された訴訟においては，ガンに罹患した等の比較的簡単に証明できる損害を申し立ててきたため特に立証上の問題とならず，⑤損害賠償の範囲は，「C. 損害賠償」で考察する．このため，ここでは，③の被告の予見可能性と，④注意義務違反の有無だけが検討課題となる．

ある状況において，加害者たる被告に対して注意義務を課すことができるか否かは，加害者が，原告に対して危害が及ぶリスクを予見することが可能であったか否かにより判断される[30]．電磁波に起因する人身損害に対する予測可能性とは，具体的には，電力会社，基地局を設置しようとする携帯電話会社等，または，電磁波を発生させる製造物の製造者等が，その損害に関するリスク，すなわち電磁波による健康被害のリスクを知っている，あるいは知っているべきであったかどうかである．

これらの事業者には，これまでの研究から得られた科学的知識があり，また，人身損害が発生する可能性のある問題については，積極的に調査・研究を行う義務があるものと考えられる．このため，そのような調査・研究を行ってこなかった場合には，その不作為自体が過失を構成する要素となる場合もあろう．米国では，実際に，多くの電力会社や携帯電話会社等が，このような調査・研究を，自主的に，あるいは，行政機関による許可を得るために遂行してきた．電磁波による人身損害の予見可能性は，この健康上のリスクについての現時点で利用可能な科学的根拠に基づく判断により決せられることになる．このため，後で検討する具体的な事例で明らかになるとおり，原告が，これまでの科学的

知見に基づいて，事業者に電磁波による健康被害についての予見可能性があったと裁判で立証することは，非常に困難であると言えるであろう．

もしも，実際の訴訟において，電磁波による健康上のリスクに関する予見可能性が認められた場合には，原告は次に，被告たる電力会社や携帯電話会社等が，そのようなリスクを回避するための相当の注意義務を払うのを怠ったことを立証しなければならない．この相当の注意義務を満たしたか否かの一般的基準として米国で用いられているのが，Learn Hand 判事により United States v. Carroll Towing 事件判決[31]で定立されたハンド・ルールと呼ばれる比較衡量基準である．この基準では，まず，①損害，②損害発生の蓋然性，③損害発生を予防するための費用，という3つの要素を前提とし，損害に損害発生の蓋然性をかけた値（すなわち予想される事故費用）が，損害発生を予防するための費用より大きければ過失があるとされ，それよりも小さければ過失がないと判断する．この比較衡量基準は，不法行為法（第2次）リステイトメントでも採用されている[32]．

電磁波に関する人身損害賠償請求においては，この事業者による注意義務違反を立証することは，困難であろう．なぜならば，①損害自体（ガンなどの疾病）には問題がないとしても，②その蓋然性の立証は，現時点で利用可能な科学的証拠をもって証明することは困難であり，さらに，③電力会社が損害発生を予防するためには，送電線等から発生する電磁波のレベルを極力下げる必要があるが，これには莫大な費用がかかるためである．また，裁判所は，通常，電力事業のもつ公益事業性も考慮することから，電力会社による注意義務違反を認定することをためらうものと考えられる．これらの諸点については，電力事業のみならず，携帯電話会社等による通信事業の場合にもあてはまる．

このように，過失責任に基づいて，電磁波による人身損害を請求することは，事実的因果関係，予見可能性，そして相当注意義務のいずれにも科学的立証が必要である．今日では，この立証に必要な専門家証人に対する連邦裁判所の用いる許容性の判断基準は，大きく緩和されている．しかし，後で見るとおり，

現段階の研究・調査結果に基づく限り，その立証は非常に難しいと言うべきであろう．

2. 製造物責任

a. 厳格責任と欠陥類型

　米国では，1960年代に入ると，欠陥のある製品を製造・販売している者に対して直接の契約関係や過失の立証がなくても，その責任を追及できるという判例法が形成された[33]．これが，厳格責任（無過失責任）に基づく製造物責任であり，アメリカ法律協会は，1965年に，不法行為法（第2次）リステイトメント402A条[34]において，このルールを定式化した[35]．

　この厳格責任理論の長所は，原告が過失責任の立証において要求される被告の注意義務違反を立証する必要がないことにある[36]．しかしながら，この402A条においても，事実的因果関係の立証が要件とされている点に変わりはない[37]．このため，電磁波に関する人身損害賠償請求訴訟において，厳格責任による製造物責任を主張する場合であっても，後で論じる事実的因果関係を，専門家証言により立証しなければならないというハードルがなくなるわけではない．

　この厳格責任に基づく製造物責任において問題となる欠陥概念は，通常，①製造上の欠陥，②設計上の欠陥，および，③指示・警告上の欠陥の3類型に分けて扱われている．これらの3つの欠陥類型は，わが国の製造物責任を考察するときにも用いられているが，一応簡単に説明した上で，電磁波訴訟への適用を検討することにする[38]．

　まず，製造上の欠陥とは，製造過程において何らかの問題があったため，ある特定の製品に製造者が意図していた仕様との間に差異が生じたことから，当該製品が他の仕様どおりに製造された同種の製品に比べて危険になり，通常有すべき安全性を備えていない場合を言う．製造上の欠陥の有無は，当該製品の設計・仕様を基準にしたり，同一工程の別の製品と比べることなどによって，

比較的容易に，かつ，客観的に判断することが可能である．この欠陥の有無に関する判断基準は，標準逸脱基準と呼ばれている．

　この製造上の欠陥は，電磁波による人身損害賠償を請求する場合には，うまく適合しない．なぜなら，たしかに電力によって生じる電磁波が有害である可能性はあるかもしれないものの，電力自体は，まさに意図されたとおりの機能を果たすものであるため，意図された仕様から逸脱しているとは言えないためである．

　第2類型の設計上の欠陥がある製造物は，仕様どおりに製造されてはいるものの，その設計・仕様自体に欠陥があるものを言う．設計上の欠陥としては，構造上の欠陥，安全装置の欠陥，意図されない使用に対する適合性などが問題となるが，いったん欠陥があると判断されると，その設計・仕様に従って製造された全製品に欠陥があることになる．設計上の欠陥に対しては，製造物が通常の消費者の期待する安全性を欠く場合に，欠陥の存在を認めようとする「消費者期待基準」や，製造物によってもたらされる危険が，その効用を上回る場合に，欠陥の存在を認めようとする「危険効用基準」が適用されるべきだとされている．

　電磁波訴訟において，電磁波による身体への危険を著しく減らすことができる利用可能な電磁波制御技術が存在する場合には，この設計上の欠陥の存在を主張することが可能であると考えられる．

　最後の類型にあたる指示・警告上の欠陥とは，製造上の欠陥や設計上の欠陥がない場合であっても，製品の使用方法についての適切な指示または製品の有する危険の可能性について，適切な警告がなされていない場合を指す．この欠陥の有無についても，消費者期待基準や，危険効用基準が適用されるものと考えられている．

　この欠陥類型は，電磁波に起因する人身損害賠償を請求する訴訟において，その危険性が適切に警告されていなかったと主張できるため，最も有効に主張できるものと考えられる．特に，被告たる電力会社や，携帯電話などの製造会

社に課された警告義務においては，電磁波による危険性について十分な知識がなかったという技術水準の抗弁が完全には機能しない[39]．このため，原告にとって有利な主張を展開できる可能性がある．

b．電力は製造物か役務の提供か

厳格責任に基づく製造物責任法理は，製造物にしか適用されない．携帯電話，レーダー・ガン，VDT（ビデオ表示端末）などの製品の場合には，製造物であるか否かという要件は問題とならない．しかしながら，送電線から生ずる電磁波による健康被害を製造物責任として主張する場合には，はたして電力，および，その送電から生じる電磁波が製造物であるか否かが争点となる．

原告が，送電線から生じる電磁波による人身損害について，製造物責任に基づいて損害賠償を請求する場合，まず，電磁波が，製造物か，あるいは，製造物の一部であることを証明しなければならない．電磁波そのものが製造物とは考えられないため[40]，製造物の一部であると主張することになろう[41]．この主張は，必ずしも的外れの議論とは言えない．なぜなら，電力の製造物責任に関する判例において，電力から生じた熱によって生じた損害について，裁判所は，電力そのものと，その結果生じる熱とを区別しようとする被告電力会社による抗弁には理由がないとした判例があるためである[42]．

次に，電磁波が製造物の一部であると主張する場合に，電力そのものが製造物か否かが問題となる[43]．1965年に不法行為法（第2次）リステイトメントが402A条を採用して以来，各州は，はたして電力が厳格責任を問われるべき製造物であるか否かという争点について判断を重ねてきた[44]．

通常，単に電力が不可視であるからという理由により，製造物たることが否定されるわけではない[45]．しかし，もしも電力が厳格責任の課されない役務の提供（サービス）であると判断されれば，製造物責任が適用されることはない[46]．事実，役務の提供と製造物とを厳格に区別している法域においては，送電システムと接触したことで人身損害を被った原告に対して，402A条に基づく損害

賠償請求そのものを否定した判例がある[47]．また，ニューヨーク州のいくつかの判例では，電力の供給はサービスであって，物（a good）ではないと判示されている[48]．このように，電力は，その供給がサービスであると判断される法域や，そもそも物に該当しないとされる法域では，製造物責任理論の適用可能性は排除されることになる．

c. 電力がどの時点で流通過程に入るかに関する判断基準

電力が，厳格責任を課される製造物に該当すると判断された場合，次に電力はどの時点で流通過程（the stream of commerce）に置かれたと考えられるかが問題となる．これは，判例が示すとおり，電力会社が当該電力を流通過程に置いたときに，はじめて製造物責任が課されることになるためである[49]．

この要件は，通常の製造物責任と同様のものであるが，電力に関しては，州により大きく判断が異なっている．まず，①半数以上の州が，メーター通過基準とも言うべき電力消費者のメーターを通過した時点で販売された（あるいは流通過程に置かれた）ものと判断している[50]．他の州では，②消費者が使用できる電圧になる変圧器を通過した時点で電力の販売がなされると考えるもの（消費者利用電圧基準）[51]，③電力が消費される工場や家庭などに到達した時点で流通過程に入るものとするもの（消費目的地到達基準）[52]，④送電線に電力が流された時点で流通過程に入ったと判断する基準（送電開始基準）[53]，⑤あまり明確とは言いにくい基準ではあるが，電力会社が製造物たる電力に対して排他的管理を放棄したことが立証された時点とする考え方（排他的管理消滅立証基準）[54]，⑥これまでのいくつかの基準を混合して用いる考え方（混合判断基準）[55]，が存在する[56]．

原告が，送電線から生じる電磁波に自宅で曝露したことにより健康被害を被ったとして損害賠償を請求する場合，州がどの判断基準を採用しているかによって，製造物責任に基づいた請求が可能となるかどうかが決まることになる．なぜならば，通常の電力供給システムにおける一般消費者は，④の送電開始基

準以外の判断基準が採用された場合には，電力が消費者の家屋に到達した時点で流通過程に置かれたと判断されるため，その前の段階である送電線等からの電磁波による被害を製造物責任に基づいて請求できなくなるためである．

事実，人身損害賠償請求訴訟が初めて陪審評決にまで至った1993年のZuidema v. San Diego Gas & Elec.Co. 事件判決[57]では，402A条を適用するに際しメーター通過基準が採用されたため，原告による厳格責任の主張が認められなかった[58]．原告は，厳格責任に基づく主張を行うにあたって，原告の身体的損害の主たる原因が家の中での電力から生じた電磁波によって引き起こされたことを立証しなければならないことになるからである[59]．結局，原告の弁護士は，402A条における因果関係を立証することができず，この厳格責任に基づく請求を取り下げることに合意したのである[60]．

このように，原告は，送電開始基準がとられる場合を除いて，送電線から生じる電磁波に起因する人身損害賠償請求を，製造物責任に基づいて請求することができないのである．

d. 電力供給の規制緩和による判断基準への影響

これまで，送電線から発生する電磁波に対する曝露への厳格責任の適用が正面から否定されてきた原因の一つは，多くの裁判所がメーター通過基準をとってきたためである．しかしながら，電力供給の規制緩和により，このメーター通過基準の見直しが行われ，厳格責任が適用される可能性がある[61]．

多くの裁判所が最終消費者のメーターを通過した時点で流通過程に入ったという判断を示してきたのは，その時点こそ，供給者と消費者との間で電力の売買がなされたと考えてきたためである[62]．確かに従来は，当該地域の電力会社が電力の唯一の生産者（製造者）かつ供給者であった．しかしながら，電力に関する規制緩和政策の中で，電力を発電する事業者が最終消費者のメーターを通過するはるか以前の時点で，電力流通システムに電力を供給するような場合が登場してきた．したがって，裁判所は，このような状況下にある消費者に対

してメーター通過基準を正当化し，そのままの形で維持することは困難になると予想されるのである[63]．

このため，裁判所は，電力製造者は，電力の供給・流通システムに電力を置いた時点で，まさに流通過程に入ったと判断する送電開始基準を採用する可能性がある．このように，電力製造者が送電した時点で，流通過程に入ったという判断基準がとられ，当該製造者に厳格責任を課すことが認められれば，発電した電力会社に対して，送電線による電磁波健康被害を厳格責任により追及できる理論的枠組みが確保される．しかし，電力を発電した事業者からは，送電線から生じる電磁波は，発電により起きたのではなく，送電により起きたものであり，送電や電力供給契約を行っている別の事業者に責任があるとする抗弁が可能であると思われる．このため，電力供給の規制緩和により，原告が勝訴する可能性が増すとは考えにくい．

3. 異常に危険な活動に起因する厳格責任

米国の不法行為の一責任類型として，異常に危険な活動（abnormally dangerous activities）に起因する厳格責任（無過失責任）というものがある．これは，異常に危険な活動を継続的に行う者は，それにより発生する恐れのある危害を防止するために最高度の注意を行使したとしても，当該活動から生じる第三者の身体，土地または動産に対する危害に対し責任を負い，厳格責任が課されるものである．この責任類型は，不法行為法（第2次）リステイトメントにおいても規定されている[64]．

裁判所は，電力に対してこの厳格責任を適用することを，一貫して拒否してきた[65]．その理由は，電力の利用が社会一般で日常的に行われるものであり，これを異常に危険な行為と考えるのは不適切であるというものであった[66]．このため，たとえ送電線から生じた電磁波による健康被害について，事実的因果関係が将来立証された場合であっても，裁判所がこの法理を適用する可能性は少ないと言えよう．また，携帯電話等の電磁波を問題とする製造物責任訴訟に

ついても，この法理の適用が認められることはないと思われる．

なお，レーダーの近くで作業を行ったなどの場合には，この法理の適用が認められる可能性がある．この事例については具体的な判例があるので，後で紹介することにする．

B. 事実的因果関係の立証

1. 専門家証言の必要性と許容性

これまで見てきたように，電磁波による人身損害賠償請求が，過失責任・厳格責任のいずれの理論に基づいて請求される場合であっても，原告は，電磁波に曝露したという事実と，原告の被った身体的損害との間に事実上の因果関係があることを立証しなければならない．この事実的因果関係は，加害者の行為がなければ被害者の権益侵害は生じなかったという条件関係（"but for" rule）によって決せられることになる．

しかしながら，1章で述べたとおり，送電線や携帯電話等から生じる電磁波が身体に有害な影響を及ぼすか否かについては，科学者の間に見解の相違があり，米国政府の調査によっても，確定的な結論が出されたわけではない．このため，原告は，この事実的因果関係を認める見解を主張する専門家を雇い，裁判で証言してもらうことで，この因果関係の存在を基礎付ける必要がある．

原告が，専門家証言によりこの事実的因果関係を立証するためには，次の2つの条件を満たさなければならない．その第1の条件は，原告が，裁判官に対して，電磁波の健康に対する影響を肯定する専門家証言は，法的に許容しうるものであると主張して認めてもらうことである[67]．米国の第1審における事実認定は，通常，陪審により行われる．専門家による証言は，その証言に権威が伴うことから，陪審の心証形成に大きな影響を与える可能性がある．このため，裁判官は，不適切な専門家証言が事実認定の基礎とならないように，その

専門家証言の許容性（admissibility）を事前に審査して，スクリーニングを行う役割が課せられている．原告は，このスクリーニングを突破しなければならない．

原告は，この第1条件を満たした後に，第2の条件である専門家証言により陪審を説得して，電磁波に曝露したことによる医学上のリスクは予見可能なものであり，かつ，それが実際に身体的損害を引き起こしたという事実的因果関係を評決の中で支持してもらう必要がある．

ここで問題となるのは，この第1条件である．原告にとっては，自己に有利な専門家証言について許容性が認められなければ，その事実的因果関係を立証する機会を失い，真の争点が存在しないことになって，被告による正式事実審理を経ないでなされる判決 (summary judgment) [68]を求める申立てが認められ，事実審理に入ることなく訴えが却下されてしまう結果となる．

このように，専門家証言が許容されるか否かによって，正式事実審理が行われるか否かが決まり，その結果，訴訟の勝敗も決まってしまう場合が多い．このため，陪審制の下で，どのような専門家証言が証拠として許容されるのかは重大な争点となり，その判断基準に関する判例法理が形成されてきた[69]．

連邦管轄下の民事訴訟では，近年までFrye基準と呼ばれる厳格な判断基準が用いられてきたが，1993年に，連邦最高裁判所がDaubert v. Merrell Dow Pharmaceuticals, Inc. 事件判決[70]により，科学的証拠の許容性をより柔軟に判断する基準を定立した．以下，この2つの許容性判断基準を概観した後，現在のDaubert事件判決により定立された基準が，電磁波訴訟にどのような影響をもたらすことになるのかを検討する．

2. Frye基準

専門家証言の許容性は，長きにわたってFrye v. United States 事件判決[71]において定立された判断基準に従ってきた．このFrye事件判決による基準は，1923年に確立されたもので，科学技術や知見に関する専門家証言は，その技

術が関連する科学コミュニティーにおいて信頼すべきものであると一般的に受け入れられている以外は，許容性がないとする判断基準であった[72]．

　この判断基準には，2つの分析が含まれている．すなわち，①まず，根拠となっている科学原則や方法の分野を特定した後，②その原則や方法が，当該科学分野の専門家に一般的に受容されているものであるか否かを特定するという2段階の分析方法が用いられているのである[73]．この2段階目の分析は，科学分野の専門家社会こそが，これらの問題に関して最も信頼でき，権威がある判断主体たりえるという前提に立っている[74]．そして，この判断基準の下では，関連する分野の科学者コミュニティー（学会等）において，厳しく精査され，広範に認められるに至った科学的な原則や方法だけが，専門家証言として許容性があると判断されることになる[75]．

　しかし，このFrye基準は，かねてから多くの批判にさらされてきた．その主たる理由は，特定の関連する科学分野における一般的受容という事実をどのように決定するのかについて，適切なガイドラインを設定していなかったことにある．

　そもそも，一般的受容とは言っても，過半数の賛意にまでは至っていないものの実質的に受容されている場合から，大多数の科学者の賛同を得ている場合まで，かなりの幅がある[76]．また，画期的な科学理論の提示や発見があったとしても，その科学分野で一般的に検証がなされ，承認を得るまでには相当の時間がかかる．このため，新たな科学理論や発見に基づいた専門家証言について，どの時点で一般的に受容されたものと考えるのかは，必ずしも容易に決定しえない．さらに，この基準の下では，事実審判事は，科学的方法論のどの部分が一般的に受容され，どの部分がそうでないのかについても，決定する必要に迫られる場合が生じる．

　このため，裁判所が，科学技術や知見に関する専門家証言の許容性を判断するときに，このFrye基準による判断を行うことは，司法の責任を放棄するのに等しいとまで批判されるようになったのである[77]．

3. 連邦証拠規則702条とDaubert事件判決の意義

このような批判を受けて連邦議会は，1975年に連邦証拠規則を制定し，その702条（Rule 702）で専門家証言についての規定を置いた．この702条は，「科学的，技術的またはその他の専門知識が，事実認定者の証拠の理解または争点事実の認定の助けになるときは，知識，技能，経験，訓練または教育によって専門家として認められた証人は，その意見その他の形で，これにつき証言することができる」と規定している[78]．

この702条では，第1に証人が「専門家」として認められること，第2に，証言が証拠の理解または争点事実の認定の助けになることという2つの要件が課されているのみであり，他にこの証言が関連性のある証拠であり[79]，信用性（reliability）があれば専門家証人の証言の許容性が肯定されるので，科学的証言に関する許容性が非常に柔軟なものとなったと理解されている．しかし，この連邦証拠規則が，Frye事件判決による一般的受容基準についてなんらの言及もしなかったため，702条の制定により，Frye事件判決による判断基準が否定されることになったのかどうかは，不明確なままであった．

この争点に決着をつけたのが，前述のDaubert v. Merrell Dow Pharmaceuticals, Inc. 事件判決[80]である．連邦最高裁判所は，この判決で，70年にわたって機能してきたFrye基準を否定し，連邦地方裁判所における専門家証言の許容性に関する判断基準は，連邦証拠法により規律され，Frye事件判決による一般的許容基準という要件は連邦証拠規則では要求されないと判示したのである[81]．

連邦地方裁判所が，科学的根拠に関する専門家証言の許容性を判断するときに，Daubert事件判決で示された判断基準を満たすためには，「当該証言の基礎となっている理由あるいは方法が科学的に有効であるか否かの事前の評価」を行わなければなければならない[82]．Daubert事件判決では，この決定を行うときに必要ないくつかの判断要素が示されている．

それは，①当該理論または方法（technique）がテストされたものであるか否か，②当該評価あるいは方法が，広くその領域で検討され，あるいは，出版されたものであるかどうか，③知りうる，あるいは，潜在的な誤りの可能性があるか否か，および，④当該科学コミュニティーにおけるその原則または方法が，一般的に受容されているか否かである．連邦最高裁判所は，Frye事件判決による判断基準に類似している④の一般的受容基準も，当該判断を用いるときに排除されるものではないと判示している[83]．

　これらの4つの判断要素は，いずれも単独で決定的な判断要素として扱われることはなく，総合的に判断されることになるので，④の一般的受容基準がFrye事件判決のように，単独で許容性の判断を決定するという構造にはなっていない．また，Daubert事件判決では，連邦証拠規則702条により具体化された判断基準は柔軟なものであり，許容性の判断についての焦点は，問題となっている原則と方法に置かれるべきであって，それらから帰結される結論に置かれるべきではないと判示している[84]．

　Daubert事件判決では，さらに，連邦証拠規則の下で，意見に関する証言について許容性が判断される場合には，積極的にこれを認める方向で解釈すべきこと[85]，および，連邦裁判所の判事には科学的証拠を審査する能力があると確信していること，という2点が繰り返し強調されている[86]．

　Daubert事件判決では，このような柔軟な専門家証言の許容性に関する判断基準が確立した．その一方で，非常に柔軟性をもった判断基準であることから，信頼性のない専門家証言までもが許容されることになるのではないかという疑問も生じる．事実，Daubert事件の被告は，従来のFrye事件判決による一般的受容基準を破棄した場合には，どのような証拠も許容される結果を生み，これによって陪審がばかげた非合理的な疑似科学（ジャンク・サイエンス）に基づいて混乱をきたす恐れがあると主張したが，連邦最高裁判所は，この主張を否定している[87]．連邦最高裁判所は，その理由として，被告はあまりに陪審の判断能力と対審システム一般について悲観的であることを挙げている[88]．

4. Daubert 事件判決の電磁波訴訟に対する意義

　電磁波訴訟を提起する原告にとって，Daubert 事件判決に採用された連邦証拠規則 702 条に関する解釈は，自らに有利に働き，少なくとも陪審による事実審理にまで持ち込むことができる可能性が広がったと評価しうるであろう．逆に，電力会社や携帯電話会社等の被告側にとっては，あまり歓迎すべき評価基準ではないかもしれない．従来の Frye 基準が維持されていれば，原告が申し出た専門家証人による宣誓供述書に対して，そのような見解は一般的に受容されていないと主張して，正式事実審理を経ないでなされる申立が認められることで，比較的短期に訴訟を終わらせることが可能であった．しかし，この Daubert 事件判決が示した総合的判断基準の下では，この申立てが認められにくくなる可能性がある[89]．

　それでは，Daubert 事件判決は，今後の電磁波訴訟における事実的因果関係の立証に関して，具体的にどのような影響をもたらすのであろうか．人身損害賠償請求訴訟において，その因果関係の立証に用いられる可能性の高い 2 種類の科学的証拠，すなわち，毒物学 (toxicology) に基づく証拠と，疫学的証拠について検討することにする．

　まず，毒物学における調査・研究は，通常，動物実験や細胞実験を伴うが，このような実験方法によって得られた結果は，毒物に対応する疾病のリスク要因を明らかにするものではあるが，①微量・長期間の投与（あるいは曝露）で，同様な結果が生ずるか否か，あるいは，②はたしてその結果がそのまま人間に対して適用しうるものであるか等については議論がある[90]．裁判所は，これまでのところ，このような毒物学に基づく証拠を，十分に尊重してきたとは言えない[91]．

　これに対して，疫学的証拠は，関連するリスクの増加が 2 倍以上であれば，優越的証拠による立証基準を満たし，集団的因果関係を立証したものと評価する判例が存在している[92]．さらに，たとえ疫学的証拠により 2 倍に満たないリ

スクの増加しか証明できない場合であっても，他の証拠と合わせて特定の原告の身体上の損害が，優越的証拠による立証基準を満たす場合があると判断した判例もある[93]．

　Daubert事件判決においても，連邦最高裁判所は，①疫学的証拠が十分にある場合には，疫学的証拠に基づかない専門家証言は認められず，②よって，動物の細胞実験，動物実験，および化学構造分析に基づく因果関係を証明しようとする証拠自体だけでは，許容性がないとの判断を示している．このため，疫学的証拠が存在しない場合に限って，毒物学に基づく因果関係の立証が証拠として認められる余地が，わずかながら残されていると言えよう．そのような証拠は，明白に誤りである場合にのみ，許容性が否定されることになるが，それ以外の場合は，事実審判事の広範な裁量に委ねられることになる[94]．

　もっとも，前述のZuidema事件判決[95]において，被告側によるジャンク・サイエンスという主張に打ち勝って，その科学的証拠を陪審に判断してもらうことに成功した原告側弁護士は，Daubert事件判決が，今後の電磁波による人身損害賠償請求訴訟において，それほど大きな効果をもつものではないとの見解を表明している[96]．これは，Daubert事件判決の前に下された同判決において，裁判所は，原告側の電磁波によって健康上の問題が引き起こされる可能性があるとする専門家証言を，被告がFryeテストに基づいて許容性を否定する主張をしたのを退けて，この証言を許容していたためである．それにもかかわらず，このZuidema事件で原告側が敗訴していることから，より説得性のある科学的証拠がそろわない限り，原告勝訴の可能性は少ないものと考えられる[97]．

C. 損害賠償

　電磁波により生じるとされる健康被害に対して，いかなる人身損害を請求できるかは，各州の損害賠償に関する法令や判例法理が異なるため，一概に言う

ことはできない.しかし,典型的には,過去および将来の医療費,失われた賃金,コンソーシアムの喪失(loss of consortium),および精神的損害賠償などが認められるであろう[98].ここでは,日本の不法行為における損害賠償としては認められていない懲罰的損害賠償(punitive damages)と,これまであまり紹介されてこなかった「将来ガンになるかもしれないという恐怖に対する損害賠償(cancerphobia)」と医学的モニタリングという救済について概観し,その上で,これらを電磁波訴訟で主張できるかどうかについて検討する.

1. 懲罰的損害賠償

　米国における人身損害の訴訟においては,被告の不法行為に強い反社会性が認められる場合,填補的損害賠償に加えて,懲罰的損害賠償の支払いが命ぜられることがある.この米国の懲罰的損害賠償に関しては,すでにわが国でも多くの優れた論文が存在していることから,ここでは詳述しない[99].

　それでは,電磁波に起因する健康被害に関して,この懲罰的損害賠償が認められる可能性はあるのであろうか.ある論者は,電磁波により引き起こされる可能性のある損害について,被告がそれを知りながら,このリスクを減らすための積極的な方策をとらず,社会一般に対しても警告措置や援助措置をとらず,また自らの行為の安全性について調査する研究を行わないのであれば,故意あるいは重過失により懲罰的損害賠償を請求できる可能性があるという[100].

　しかしながら,電磁波による健康被害について,被告企業側に過失があるという立証すら困難な状況において,故意・重過失があったと主張しても,裁判所が受け入れるとは考えにくい.このため,電磁波訴訟において,この懲罰的損害賠償が認められる可能性は低く,被告企業が電磁波の危険性を明白にした研究・調査などを隠しもっており,かつ,なんの対処もしなかったような場合にだけ認められることになると思われる.

2. 将来ガンになるかもしれないという恐怖に対する損害賠償

電磁波による曝露に関する科学的論文の中には，ガンの発症との関連性を指摘しているものがあるので，「将来ガンになるかもしれないという恐怖に対する損害賠償（cancerphobia）」に関する判例法理について検討する価値があると考える．

　ガンになるかもしれないという恐怖に対する損害賠償とは，有毒物質に曝露したため，その結果として生じる疾患に罹患するのではないかという精神的あるいは感情的苦痛に対して認められる損害賠償の一形態である[101]．この損害を主張する場合には，原告は，実際にガン等の疾患に罹患するリスクが増えたことを立証する必要はない[102]．ここで立証に必要なのは，有害物質に過去に曝露したことでガンになるかもしれないという原告の恐怖が合理的なものであることだけである[103]．この損害の立証については，多くの法域が立法上の規制を課している[104]．また，この損害を主張する訴訟は増える傾向にある[105]．

　しかしながら，これまでの毒物不法行為訴訟（toxic torts）において，この損害の賠償が認められた例では，原告に実際に生じた身体的損害や影響から，将来のガン等に罹患するという恐怖が促進されたことを立証しない限り，その賠償を認めていない[106]．このため，なんらかの身体的損害が現実にない限り，この損害の主張が認められることはないと言ってよい[107]．このことを電磁波訴訟の原告に当てはめれば，現実になんらかの身体的な損害を被り，これが将来においてガン等の疾患に罹患するという恐怖が促進されたと立証しなければならないことになるが，その立証は必ずしも容易ではないであろう．

　送電線から生じる電磁波に曝露したことにより，この損害が認められるか否かについては，後で紹介するカリフォルニア州の上訴裁判所による判決がある[108]．この事件で，原告は他の8つの請求権に基づく主張に加えて，このガンなどの重大な疾病に将来罹患するかもしれないという精神的恐怖に対する損害の賠償を請求した．しかし，同裁判所は，原告の訴えを棄却している．その中で，この損害賠償請求については，原告に身体的損害が生じていない場合において，このガン等の重大な疾患に将来罹患するかもしれないという請求が認められるためには，

29

原告が，当該曝露によって，将来心配されるガンに罹患することが信頼できる医学的あるいは科学的見解によって証明された場合に限られると判示されている．

この判決は，米国において，積極的に精神的損害賠償を認めようとする法域で下されたものである．このため，現時点の科学的証拠をもってしては，送電線に起因する電磁波への曝露によって，この精神的苦痛に関する損害賠償請求が認められる可能性は，ほとんどないと言えるであろう．

3. 医学的モニタリング

伝統的な不法行為法に基づいて人身損害賠償請求を行う場合に，身体的損害の立証が必要とされてきた[109]．しかしながら，多くの毒物不法行為訴訟（toxic torts）で争われる事例においては，原告が有害物質に曝露してから何十年にもわたって身体的損害が顕在化しない場合がある[110]．たとえば，細胞や遺伝子などの損傷などがその例である[111]．従来の不法行為理論によれば，原告はその症状が発症してはじめて損害賠償請求を行うことができることになるので，このような長期の潜伏期間のある損害に対して，迅速な救済を与えることができない．しかし，その一方で，このような将来において顕在化するかもしれない損害を，一般的な損害賠償に組み入れると，将来においても損害が顕在化しない者に対してまで賠償を認めてしまうおそれがある[112]．

このため，特定の州では，このような原告と被告の利益のバランスをとるために，いくつかの予備的請求を認めている．その代表的なものが，前述の「将来ガンになるかもしれないという恐怖に対する損害賠償（cancerphobia）」と，ここで説明する医学的モニタリングである[113]．ここでは，後者の医学的モニタリングについて説明し，さらに，この請求が，電磁波による身体損害賠償請求の一部として認められるかどうかについて考察する．

医学的モニタリングに関する損害（medical monitoring damages）とは，原告が被った健康上のリスクの増大に関して，その発症を防ぐため，あるいは，すくなくともその発症を早期に発見するために医療検診を行い，これに必要な

費用を原告に対する損害賠償として認めるものである[114]. この医学的モニタリングを，どのような方法で実施するかについては論争があるものの[115]，多くの州で損害賠償の一形態として認められている．しかし，その立証責任については，州によってかなりの差異が見られる[116].

　この医学的モニタリングを，顕在化していない損害について最初に認めたのは，ニュージャージー州における Ayers v. Township of Jackson 事件判決[117]である．この判決では，医学的モニタリングを認める場合に考慮すべき5つの判断要素が明らかにされ，これが他の州でも支持されるに至っている．その判断要素とは，①当該化学物質に対する曝露の重大性と程度，②当該化学物質の有毒性，③当該化学物質に曝露した者が罹患する可能性のある疾病の重大性，④このように曝露した個人が当該疾病を発症する確率がどの程度増加したか，⑤初期検診の意義と化学物質に対する曝露の影響をモニタリングすることの合理性および必要性，である[118].

　この医学的モニタリングに関する主張には，3つの特徴があると言われている．その第1は，当該曝露が被告の過失により引き起こされたことが要件とされているため，医学的モニタリングに関する損害を請求すること自体が，過失責任に立脚する独立した損害賠償請求の一形態となったことである．しかし，Ayers 事件判決では明確に述べられていないものの，学者や司法関係者の間では，医学的モニタリングに基づく損害賠償請求だけで訴訟を提起することはできず，別の損害と法律上の請求が必要であると考えられている．第2は，Ayers 事件判決の第5の要素が示唆しているように，医学的モニタリングを行うことが有益であると判断された場合にのみ，この損害賠償は認められるということである．第3は，Ayers 事件判決の要素を立証するためには，資格のある医師による検査が必要とされるので，その検査結果自体が証拠として認められれば，曝露と有毒性に関する立証要件が事実上満たされることである[119].

　さらに，これらの3つの特徴に加えて，この医学的モニタリングに関する

損害が認められたことは，Daubert事件判決と合わせて考えると，より科学的証拠に関する許容性を認める結果を導く点が重要であると思われる．なぜならば，この損害賠償請求の立証においては，曝露と罹患可能性のある疾病との因果関係がある程度証明されればよく，この因果関係を明確に立証しなければならない身体的損害賠償に比べ，その立証責任の度合が軽減されており，より広範な専門家証言の許容性が期待できるためである[120]．

それでは，この医学的モニタリングという損害類型を，送電線などの電力施設，携帯電話基地局，あるいは，携帯電話などの製造物による電磁波による健康被害に対して，請求することは可能であろうか．この請求の可否については，理論的に次の2点の問題を考察する必要がある．その第1は，従来の毒物不法行為訴訟（toxic torts）すなわち，有毒物質に起因する不法行為損害賠償請求という類型の中に，化学物質ではない電磁波への曝露を含めてよいのかどうかという問題である．第2は，もしも電磁波への曝露が，この訴訟類型の中に入るとすれば，この曝露が，Ayers事件判決の示す5つの要素を満たすことができるかどうかが問題となる．

まず，電磁波に曝露することが，従来の有毒物質に起因する不法行為損害賠償の枠組みに入るものであるか否かという点，すなわち，電磁波を「有毒物質」として把握しうるか否かが問題となる．ある学説は，この点について，以下の理由により肯定的に解している[121]．この学説によると，毒物不法行為訴訟の定義の範疇を，有毒物質に曝露したことによる身体的およびそれに関連する損害に関する不法行為に狭く解する必要はなく，化学物質のみならず，バイオ被害や電磁波に対する曝露なども含めて考えるべきであるとされている[122]．問題は，この学説の論者も認めているとおり，電磁波への曝露と身体的損害への因果関係の立証ができることが，毒物不法行為訴訟理論を適用する場合の前提になるので，現時点では困難が予想される．

それでは，第2の問題であるAyers事件判決の示す5つの要素を，電磁波訴訟の原告が満たすことができるであろうか．この点については，化学物質へ

の曝露を電磁波に曝露したことと読み替えると，第2の要素を満たすための電磁波曝露の「有害性」の立証と，第4の要素である電磁波に曝露した個人が当該疾病を発症する確率がどの程度増加したか，を立証する必要があるが，現時点では非常に難しいと思われる[123]．

D. 出訴期限法

　米国における出訴期限法（statute of limitations）とは，被害者またはその遺族である原告が，被告に対して損害賠償を請求できる期間を定めた訴訟法上の規定である．身体的損害賠償請求における出訴期限の始期は，その身体損害の発生時であるのが原則である．しかし，米国における身体的損害に関する出訴期限は，1, 2年などの短期間に設定されていることが多いことから，被害者がその被害に気づいたときには，この期限がすでに過ぎており，そのままではその適切な法的救済が達成されない可能性がある．電磁波による身体的損害賠償を求める場合にも，この問題が争点となる．

　多くの州では，このような事態を避けるため，出訴期限の起算点として，判例法上，発見起算時の原則（discovery rule）を採用し，原告が損害の発生を知ったとき，被害とその原因との因果関係を知ったとき，もしくは，一般的な合理的知力があると考えられる者が知るべきときを，起算点とするルールを確立している[124]．また，たとえこの発見起算時の原則が適用されても，やはりその出訴期限を過ぎているような場合には，継続的侵害（継続的不法行為）の主張がなされる場合もある[125]．

E. 具体的訴訟の検討

　以下，これまで述べてきた人身損害賠償請求に関する理論的問題が，具体的な訴訟の中でどのように適用・判断されているかを見ることにする．検討の順

序としては，電磁波の発生原因別に，①送電線等の電力施設，②携帯電話，③レーダー・ガン，④VDT（ビデオ表示端末）の判例を見た後，⑤連邦不法行為請求法に基づく空軍レーダーサイト曝露事件判決を扱うことにする[126]。

なお，ここで取り上げる判例は，個々の判例における理論適用を問題にするため，主に公刊されているものに限った[127]。また，これらの判例では，人身損害賠償請求に加えて，財産的損害賠償などの請求がなされている場合があるが，これらの法理論については，4章以下で検討する。

1. 送電線等の電力施設から発生する電磁波による身体的損害賠償請求訴訟

a. Zuidema v. San Diego Gas & Elec. Co. 事件判決

1993年4月30日にカリフォルニア州において下されたZuidema v. San Diego Gas & Elec. Co. 事件判決[128]は，電磁波曝露による人身損害賠償が請求された事件のうち，初めて陪審評決に至ったものである。

原告のMallory Zuidemaは，生後9ヵ月で，非常にまれな腎臓障害（nephroblastomatosis）と小児腎臓ガン（a pre-cursor to Wilm's tumor）であると診断された[129]。原告の家は，被告電力会社の送電線に取り囲まれており[130]，その電磁波のレベルは，通常の送電線による電磁波曝露の最大15倍にまで達していた[131]。原告および被告の専門家証言では，同家の様々な場所における電磁波の強さは，24.91ミリガウスから40ミリガウスにわたるものであった[132]。1991年に5歳になったMalloryとその両親は，被告電力会社に対して，過失に基づく人身損害賠償と私的ニューサンスに基づく財産的損害賠償[133]とを求めて訴えを起こした[134]。なお，原告は，懲罰的損害賠償を求めず，填補損害賠償だけを請求している[135]。

原告は，被告会社の過失について，次のように主張した。すなわち，Malloryが受胎した1986年以後において，被告会社は高圧送電線から生じるこのような強いレベルの電磁波に曝露することで小児ガンが引き起こされるこ

とを知っていたか，あるいは，知っているべきであった．そして，このような重大なリスクに関して，原告を含めた顧客に対して通知・警告する義務を怠ったことが過失にあたると主張した[136]．また，原告は，その準備書面において，被告会社の電磁波問題に関する広報活動が非常に不適切であったとする主張を行っている[137]．

　原告は，事実的因果関係を立証するために，詳細な医学的証拠を提出し，かつ，電力会社が電磁波の強さを減らすために用いることができた様々な技術に関する証拠を提出した．この過失に関する詳細な主張・立証活動とは対照的に，私的ニューサンスに基づく主張は，わずかしかなされなかった．

　陪審は，原告に対する過失，私的ニューサンスに基づくいずれの主張も認めない評決を出し，裁判所は原告の訴えを棄却した．この被告勝訴の陪審評決において，陪審は，Malloryが出生した1986年時点において，被告会社が，原告に潜在的な健康被害に関して警告を行わなかったことは，不合理なことではなく過失を構成しないと判断している[138]．なお，裁判所が，原告が主張しようとした厳格責任による製造物責任を，メーター通過基準により退けているが，この判断は，カリフォルニア州におけるこの分野の判例法理に基づくものであるため，致し方ないことであると思われる．

b. Jordan v. Georgia Power Co. 事件判決

　Jordan v. Georgia Power Co. 事件判決[139]は，原告が，寝室から50フィート以下しか離れていない高圧電線による電磁波に10年間曝露したことにより，非ホジキンリンパ腫瘍（Non-Hodgkin's Lymphomas）に罹患したとして，電力会社に対して，その損害賠償を請求した事件である[140]．また原告は，自らの損害賠償に加え，その家族も高いレベルの電磁波に曝露したとして，填補損害賠償のみならず，懲罰的損害賠償をも請求した[141]．原告のこれらの請求は，①不法侵害，②私的ニューサンス，③過失，④本質的に危険な行為，⑤過失による不実表示，⑥不法接触，に基づいてなされた[142]．

原告と被告それぞれの専門家証人は，原告の非ホジキンリンパ腫瘍が電磁波に起因するものであるか否かについて，真っ向から対立する証言を行った[143]．裁判官は，陪審評決の前に，職権により不法接触に基づく請求と懲罰的損害賠償の請求を退けた．その後，中心的な争点となった事実的因果関係に関して，陪審評決が出された[144]．陪審は，送電線から生じる電磁波と原告の疾病との間には事実的因果関係がないと判断したため，被告勝訴の判決が出された[145]．このため，原告は上訴した．

　この上訴審で，上訴人（原審原告）は，まず，被上訴人（原審被告）側の専門家証人による原審での証言に問題があったとして，次のように主張した．すなわち，同専門家証人は，特定の証拠を提示しないで，医学界では送電線による電磁波により上訴人が罹患した非ホジキンリンパ腫瘍になることはないと考えられていると証言しているが，この証言内容は，専門家証人は他者の見解を証言することはできないとする判例法理に反する，と主張したのである[146]．

　上訴裁判所は，同州の専門家証言に関する法理は，連邦最高裁判所によるDaubert事件判決の打ち出した基準とは異なると前置きしながら，この主張を認めて差戻しを命じるとともに，差戻審において争点となる以下の3点についても判示した[147]．

　第1の争点は，被上訴人が電磁波は不可視であることから不法侵害を構成しないと主張しているのに対して，上訴人は電気技師である専門家証人により，電磁波は測定可能なものであり，物理的法則に従う性質のものであるという証言を得て，不法侵害にあたると主張している点である[148]．上訴審は，原審が，この争点に関して，被上訴人の申立てによりなされた正式事実審理を経ないで下された判決を支持し，電磁波がいかなる危害をもたらすかについて確定的な科学的結論が得られていないことから，電磁波による侵害の性質が，現時点で不法侵害を構成することはないと判示した[149]．もっとも，上訴審は，この点について科学が進展し，将来において，電磁波に起因する不法侵害が成立する可能性を否定するものではないとの留保を付している[150]．

第２の争点は，電磁波を原因として，私的ニューサンスに基づく不動産に関する損害賠償が認められるか否かである．同州の判例法理において私的ニューサンスを立証するためには，①通常人にとって財産利用に関する不利益があると認識されること，②原則としては物理的侵害に限られるが，騒音・振動・悪臭などについては，それが部分的公用収用（partial condemnation）を構成するに至る場合に限って認められるとした上で，これらが上訴人により立証されないと判断して，原審の判断を支持している[151]．

　第３の争点は，上訴人が，陪審を構成した者の１人は，被告会社から電力供給を受け，配電している会社との利害関係のある者であるとして，その不適格を主張したものである．この点については，差戻審において，上訴人が陪審員に関して州法の規定する要件が満たされていないことを立証できれば，その主張が認められると判示している[152]．

　この判決では，次の２つの点が注目される．まず専門家証人による証言内容について，証人は自らが所属する科学共同体の一般的見解について，特に具体的な証拠もないまま，意見として述べることは認められないとする伝聞証拠の法理を用いて，その証言内容のあり方に制限を課している点である．また，不法侵害と私的ニューサンスの主張に対しては，古典的な判例法理により，電磁波による侵害がこれらの法理に妥当しないと判断している点が注目される．

c．Glazer v. Florida Power & Light Co. 事件判決

　Glazer v. Florida Power & Light Co. 事件判決[153]は，慢性骨髄性白血病（Chronic Myelogenous Leukemia）に罹患した夫と妻が，自分たちがこの病気に罹患した原因が，寝室の近くにある配電設備（transformer）と配電線（a distribution line）から生じる電磁波にあるとして訴えた事件である．原告である夫は，過失，妻の不法死亡による損害（wrongful death），私的ニューサンス，不法侵害，不法接触，およびコンソーシアムの喪失（loss of consortium）を主張している．なお，この訴訟が提起されてから２年後，原告の専門家証

人である電気技術者が，原告の寝室で測定された電磁波は，寝室の裏側に位置する地中に埋設された水道管（water main）に流れていた電流によるものであることを発見したため，原告は，そのように主張を変更している[154].

被告会社の配電線から放出される電磁波について，原告側の専門家証人は，このレベルの電磁波により白血病になることはない，と証言している．しかし，原告は，①被告が電磁波のもつ危険性を原告に警告すべき一般的注意義務を怠ったこと，②特に，水道管を通っていた電気から生じた電磁波について警告すべき義務があった等の主張をしている[155].

これに対して被告は，①原告による不法死亡の請求は，妻の死亡から2年以上を経過しているため出訴期限法により認められず，②水道管は，別の公益事業会社の所有するものであり，被告会社は，この水道管に対して何の管理も及ぼすことができないので責任を負うことはない，と主張した[156].

原審は，被告による出訴期限法に基づく抗弁について，発見起算時の原則を適用して，これを退けた．これに対して，第2の争点については，被告の主張が認められたことから，その正式事実審を経ないでなされる申立てにより訴えが却下されたため，原告が上訴した．

上訴審は原審の判断を支持し，訴えを却下した．この上訴審判決では，もしも被告会社が上訴人（原審原告）により主張されているような危険性についてより優越的な知識をもっているのであれば，他の公共事業会社の所有する水道管に管理権の及ばないという事実によっては，その一般的注意義務を免れることはできないと判示し，義務の存在を肯定した[157]．しかしながら，同裁判所は，上訴人側による専門家証人は，水道管から生じる電磁波がガンの原因であることを立証する科学的研究を提示することができなかったと判断した[158]．送電線から生じる電磁波のレベルが弱く，ガンの原因とはならないことについては，争いがない．このため，被上訴人（原審被告）は，争点となった注意義務を負っていないとして[159]，訴えを棄却したのである．このように，本判決では，事実的因果関係の立証が，専門家証言により適切に提示されていなかっ

たことが敗訴の要因となっている．

d. San Diego Gas & Elec. Co. v. Covalt 事件判決

San Diego Gas & Elec. Co. v. Covalt 事件判決[160]は，送電線に関する電磁波訴訟に共通する争点を網羅した判決である[161]．原告は，送電線から生ずる電磁波により，精神的苦痛を受け，また，自宅が居住に適さなくなり，その財産価値が減少したと主張した[162]．

原告は，身体的損害に関しては5つの，財産的損害に関しては3つの法律上の主張を行った．まず，身体的損害賠償については，①医学的モニタリング，②故意により精神的苦痛を与えたこと（intentional infliction of emotional distress），③過失による精神的苦痛（negligent infliction of emotional distress），④厳格責任に基づく製造物責任，⑤過失に基づく製造物責任が主張された[163]．また，不動産に関する損害賠償は，①不法侵害，②私的ニューサンス，および③逆収用（inverse condemnation）に基づく主張がなされた[164]．

これに対して，被告会社は，①公益事業法1759条が，公益事業委員会による決定等に対する審査権限は州最高裁判所に専属管轄権があると規定していることから，本裁判所には本件訴訟の事物管轄権（subject matter jurisdiction）がなく，②原告は損害に関する法律上の主張を適切に行っていないことから訴訟要件を満たしていないとして，訴答不十分の申立て（a demurrer motion）により，訴えの却下を申し立てた[165]．被告会社は裁判所がこの申立てを認めなかったため，上訴裁判所に対して，裁判管轄権に関する禁止令状（a writ of prohibition）を求める手続を行った[166]．

上訴裁判所は，この申立てにより，全ての審理を上訴審で行うことを決定した[167]．上訴裁判所は，身体的損害賠償を求める5つの法律上の主張について，被上訴人（原審原告）は，上訴人（原審被告）の送電線から生じる電磁波による身体的損害を被ったとの事実の主張をしておらず，単にこれに曝露したことをもって，ガンやその他の重大な疾患に罹患するかもしれないという恐怖から

39

精神的苦痛を被ったと主張しているにすぎないと判示した[168]．そして，Potter v. Firestone 事件判決[169]において定立された第２条件[170]，すなわち，信頼できる医学的あるいは科学的証拠に基づく知識により，被告会社の送電線から生じる電磁波に曝露することで，将来ガンに罹患するであろうと信じられることが立証されていないと判示した[171]．このため，裁判所は，原審による精神的損害賠償に関する全ての主張を認めなかった[172]．

さらに，同裁判所は，医学的モニタリングを求める損害賠償請求は，単独で主張することはできず，他の伝統的な不法行為法に基づく主張が立証された場合に限って認められる損害の一類型であると判示した[173]．裁判所は，さらに，カリフォルニア州公益事業委員会（CPUC）の広範な裁量権を認め，不動産損害に関する３つの法律上の主張に対して司法的判断を下すことは，CPUCの送電線および電磁波に関する一般的規制権限に矛盾することになるとした[174]．この判断により，上訴審は，事実審が，この問題に関する事物管轄権がないと判示した．このため，被上訴人（原審原告）が上告した．

カリフォルニア州最高裁は，この争点に関するCPUCの裁量権限を認めたものの[175]，事実審における争点に関する全ての判断が，CPUCの裁量権限と矛盾するかどうかについて判断し，これらの争点の一部は同州の実体法に基づいて請求可能な主張が認められると判示した[176]．

その上で，これらの争点について，以下のような判断を下した．まず，①身体的損害賠償に関する主張は，上告人がこの主張を取り下げたので問題にならず[177]，②不法侵害については，騒音・ガス・振動などの不可視性の侵害については，そのような粒子やエネルギーが原告の不動産の上に及び侵害している事実があるか，または，実際に不動産に物理的損害が存在することが必要であるが，上告人が主張している電磁波による侵害は，このいずれをも満たすものではないため認められないと判示した[178]．

また，③私的ニューサンスの場合には，不法侵害と異なり，不動産に対する実際の侵害を立証する必要はなく，不動産を利用する利益に対する侵害を立証

するだけで十分であるが，その一方で，上告人は，（ⅰ）その利用に関する侵害が実質的かつ現実のものであること，および，（ⅱ）その侵害が不合理なものであることを立証する必要がある．このため，たとえ上告人の主張するガンに罹患するという恐怖が私的ニューサンスにおける損害に該当するものであったとしても，上告人は，（ア）合理的な判断能力を有する者が，電磁波によりガンになるという実質的な恐怖を経験するかどうかの客観的立証，および，（イ）主張されている侵害が重大なもので，被上告人公益事業会社の社会的公益性を上回るものであることを立証しなければならない．しかしながら，この（ア）と（イ）の2点の立証により導かれる結論は，CPUCによる60Hzの電磁波からは健康上の被害がもたらされることはないという結論と真っ向から反することになることから，認められないと判示した[179]．

さらに，④逆収用を主張するためには，可視性の侵害が要件となるが，本件ではこの要件が満たされていないため，これに代わる別の要件，すなわち侵害が当該財産に対する直接的かつ特定されたものであることを証明しなければならないが，上告人はこの立証責任を満たしていないと判示した[180]．

州最高裁は，このように，上告人の主張する不動産侵害に対する3つの法律上の主張を全て否定し，原審の判断を支持して，上告を棄却した[181]．

このカリフォルニア州最高裁判決の特徴は，電磁波による人身損害の可能性や安全性に関する判断は，同州の公益事業委員会の裁量により決定されるという管轄権の問題として捉えている点にある．このように，州公益事業委員会が，電磁波による健康への影響や安全基準を定める排他的な裁量権限をもつものと判断され，このような基準に対する審査が州の最高裁判所やその他の上訴裁判の専属管轄になっているような州では，もはや，公益事業委員会が定めた電磁波の安全基準が満たされている事実関係において，人身損害賠償を請求すること自体が，事実上不可能であると言えるであろう．

この判決のもう一つの特徴は，公益事業委員会の裁量権限を広く認めながら，不動産侵害に関するコモン・ロー上の請求の可能性を排除しなかったこと

である．しかし，これらについても，カリフォルニア州最高裁は，伝統的な判例法理を適用して，これらの主張を認めなかった．もっとも，同州では，私的ニューサンスの適用範囲が判例法上拡大しているため，この請求についてはかなり厳しい条件を列挙した上で，最後には再び公益事業委員会が定めた安全基準に依拠して，この請求を退けるというロジックがとられている．このため，カリフォルニア州においては，不動産に関するコモン・ロー上の損害賠償請求についても，この最高裁判決以後，その主張が認められる可能性はなくなったと言えるであろう．

e． Ford v. Pacific Gas & Elec.Co. 事件判決

上記のCovalt事件判決の後に，同じカリフォルニア州で，送電線に近接して居住する住民からの訴訟とは別の類型の訴訟が提起された．このFord v. Pacific Gas & Elec.Co. 事件[182]は，被告会社とは別の第三者により雇用されていた送電線関係のエンジニアの妻らが，夫が脳腫瘍により死亡したのは，業務遂行過程で多年にわたり，被告会社の送電線から生じる電磁波に曝露したことが原因であるとする不法死亡と製造物責任に基づいた損害賠償請求訴訟を提起したものである[183]．

被告会社は，これに対して，訴答不十分の抗弁を提出し，公益事業法1759条がカリフォルニア州公益事業委員会（CPUC）に送電線から生じる電磁波に関する規制権限を授権している以上，裁判所には事物管轄権がないと主張した[184]．

州地方裁判所は，①CPUCがこの問題に関する排他的管轄権をもつとの判断を示すとともに，②原告から提出された科学的証拠の一部は，本件に関連性がないとする被告側の抗弁を認め，訴えを棄却した．このため，原告が上訴した[185]．

上訴裁判所は，前述のCovalt事件判決が出たあとの事件であることを踏まえ，まず，被上訴人が警告義務に違反しているとする上訴人の主張は，CPUCの安全基準と矛盾するものであることを理由として認めなかった[186]．

次に，上訴人は，行政権と司法権の分離を根拠としたフロリダ州の判例に依拠して，CPUCが安全基準に関する排他的管轄権をもつとする解釈に反対する主張を行っている．この上訴人の主張に対して，上訴裁判所は，上訴人が引用したフロリダ州の判決では，カリフォルニア州のような制定法による特別の授権の効果に関する議論がないことを理由に，これを退けている[187]．

　第3に，上訴人は，夫がガンに罹患したのは，その長期の潜伏期間を考慮すれば，1970年代および1980年代であり，これはCPUCの安全基準が設定される前であることから，この不法死亡の請求は，CPUCの政策と矛盾するものではなく，よって，Covalt事件判決とは区別されるべきであると主張した．この主張に対して，上訴裁判所は，かつて，CPUCがこのような安全基準を定めていなかったのは，同委員会が，そのような基準を定める必要がないと判断していたためであり，もしもこのような状況の下で損害賠償を認めることになると，同委員会の政策決定権限を損ねる結果になるとして，上訴人の主張を認めなかった[188]．

　第4に，上訴人は，CPUCが定めた1993年基準は，（ⅰ）新たに建設される公益事業施設に対してだけ適用され，また，（ⅱ）この基準は電磁波に関する民事紛争には適用されないとする制定意思が不明確であることから，上訴人の請求には適用されないと主張した．この上訴人の主張に対して，上訴裁判所は，（ア）CPUCは，既存の公共事業施設における電磁波の影響に関する調査を引き続き行っており，（イ）公益事業法1759条が，公益事業委員会にこの問題に関する排他的管轄権を与えて地方裁判所による司法判断の機会を排除したのは，CPUCではなく州議会であることを理由に，上訴人の主張を退けた[189]．

　第5に，上訴人は，この訴えが人身損害賠償請求訴訟であるのに対して，Covalt事件判決はニューサンスに基づく財産上の損害だけについて判示しているので，同事件判決の判断とは区別されるべきであると主張した．これに対して，上訴裁判所は，①公益事業法1759条は人身損害賠償請求について例外規定を置いておらず，また，②人身損害賠償の請求そのものが，CPUCの安

全基準の下では，電磁波は直接的な健康被害をもたらすものではないとしている判断と，より直接的に矛盾する結果を生むとして，この主張を退けた[190]．

第6に，上訴人はCPUCの管轄の下で定められた1993年基準は，電磁波による住民等に対する影響を定めた基準であることから，職業上の曝露である本件には該当せず，同委員会の排他的管轄外にあると主張した．しかし，上訴裁判所は，このような限定的解釈は適切ではなく，立法者が特に職業上の安全基準についてだけ除外事項としたものとは認められないとして，その主張を退けた[191]．

第7に，上訴人が提出した1995年以後に公刊された科学的調査結果では，電磁波への職業上の曝露と脳腫瘍の積極的な関連性が示唆されており，これらの調査結果は，CPUCが1993年基準を定めたときに考慮されていないにもかかわらず，原審がこれらの証拠を採用しなかったことには誤りがあると主張した．しかし，上訴裁判所は，最高裁判所がCovalt事件判決で判示したように，これらの新たな証拠をもっても，CPUC基準で示された判断を覆すような科学的証拠の進展はないとして[192]，この主張を退けた．

以上の判示に基づいて，上訴裁判所は，原審判決を支持し，上訴人による訴えを棄却した[193]．

f. Indiana Michigan Power Co. v. Runge 事件判決

このIndiana Michigan Power Co. v. Runge事件判決[194]では，州公益事業委員会による電力供給事業の安全性についての管轄権が，司法上の救済を排除するものではないとして，前述のカリフォルニア州最高裁判決と異なる構成をとっている点が注目される．

原告は，1989年に，インディアナ・ミシンガン電力会社（IMPC）が管理する送電線に近接する家に移り住んだ[195]．しかし，その直後，原告がポストの支柱を裏庭に立てるため，穴を掘ったときに，草の葉でするどく切られたような感じを足首に受け，さらに，2時間後に頭痛に襲われた．また，約2ヵ月

後，この裏庭にいた原告，親戚およびその友人らは，軽いショック症状に襲われた[196]。

この症状が起きた後，原告はすぐにIMPCに連絡をとり，被告会社の被用者が翌月に裏庭の電磁波測定を行った[197]。同被用者は，この測定結果について原告に通知する旨を約束したが，この約束は果たされなかった[198]。

さらに1ヵ月後，被告会社の被用者2名がこの場所の電磁波の再測定を行った[199]。また，同家の妻は，12月に自宅で自ら妊娠の結果が分かるキットを使い，妊娠したことを確認したが，そのあとすぐに流産した[200]。被告は，この後，この場所に住んでいることが健康上の被害をもたらすか否かについて，専門家の見解を求め始めた。そして，同家はこの家から引っ越し，これらの原因が被告会社の管理する送電線から生じる電磁波によるものであるとして，本件訴訟を提起した[201]。

原審は，原告側の専門家証言の許容性を認める一方で，被告による正式事実審理を経ないでなされる判決の申立ての一部を認めた[202]。

これに対して，IMPCも，原審に裁判管轄権がないこと，および，以下の原告の個々の主張に対してIMPCが行った正式事実審理を経ないでなされる判決を求める申立てが認められなかったことについて中間上訴（interlocutory appeal）した[203]。IMPCが問題とした原告による法律上の主張とは，①被告の送電線の設計・建設・維持管理に過失があるとする主張，②被告の送電線から生じる電磁波が原告の財産に対する不法侵害を構成するという主張，③被告の送電線から生じる電磁波が原告の財産に対する私的ニューサンスを構成するという主張，④被告が原告に対して，電磁波によって引き起こされる可能性のある健康に有害な影響についての警告義務違反，⑤被告が原告に対して電磁波に関する情報を提供しなかったという約束義務違反，および，⑥懲罰的損害賠償の主張である[204]。

このIMPCによる中間上訴に対して，原告は，①原審が，原告の提出した特定の証拠の許容性を認めなかったこと，および，②原審が原告による被告の過

失に関する主張に対して，IMPCの正式事実審理を経ないでなされる判決を求める申立てを認めたこと，との２つに対して交差上訴（cross-appeal）した[205]．

　この上訴裁判所判決では，原審の判断に対して，一部棄却および差戻しが命じられた[206]．この上訴審における中心的争点は，原審にこの事件に関する管轄権があるか否かである．上訴人（原審被告）は，まず，被上訴人（原審原告）の主張する請求原因の根幹にあるのは，被上訴人の所有する不動産上で，送電線から生じた電磁波のレベルが非常に高いという点にあるが，この主張は，州の電力供給に関する安全性等の規定そのものが問題とされることになるので，この問題の管轄権は，州公益事業委員会の総会にあると主張した[207]．この主張の中で，上訴人は，公益事業委員会には金銭的損害賠償を認める権限がないことを認めながらも，第一次管轄権の法理（the doctrine of primary jurisdiction）に基づいて，事実審が被上訴人の訴えについて裁判管轄権を行使できるのは，同委員会により，原告の不動産における電磁波が安全なものではないという判断がなされた後に限られると主張した[208]．これに対して，被上訴人は，事実審に事物管轄権があると主張した[209]．

　上訴裁判所は，この争点に関して被上訴人（原審原告）の主張を支持し，以下のように判示した[210]．同州の最高裁判決では，事実審が，ある紛争について行政手続の範囲内にあるか否かを判断する基準として，「他の救済手段を尽くすこと（exhaustion of remedies）」を要求する法理と，「第一次管轄の法理」とを明白に区別している．この最高裁判決では，他の救済手段を尽くすことを要求する法理が管轄権の有無を決定する法理であるのに対して，第一次管轄の法理は，管轄権の有無を決める絶対的基準ではなく，原則的にはその判断に裁量の幅が存在する原則である．この２つの法理のうち，本件に対してどちらを適用すべきかが問題となるが，最高裁の示す判断基準に従えば，「他の救済手段を尽くすこと」を要求する法理は適用されるべきではない．なぜなら，①この法理が適用されるのは，司法的救済に代わる他の救済方法が法律により定められている場合に限られ，かつ，②その救済方法が適切でない場合と，③

その救済方法に意味がなく，また衡平的見地からその救済方法が適用されるべきでない場合には，当事者は，同法理の適用から免れられるとされているためである[211]。

そして，上訴裁判所は，IMPCは，被上訴人（原審原告）が公益事業委員会の定める規定に対して異議を唱えたことを立証しておらず，また，公益事業委員会に被上訴人が求める金銭的損害賠償に代わる適切な救済方法があることを立証していないと判示した。このため，原審には被上訴人による請求に対する事物管轄権があり，また，公益事業委員会は本件のいかなる争点についても決定する法的な権限をもたないので，第一次管轄の法理も適用されないと判示した[212]。

また，上訴裁判所は，原審が，上訴人（原審被告）による正式事実審理を経ないでなされる申立てを，被上訴人（原審原告）により主張された①懲罰的損害賠償，②不法侵害，③私的ニューサンス，④警告義務違反，⑤通知義務違反，⑥送電線の設計・維持・管理に関する過失，⑦T.R.56（c）に基づく証拠の許容性，について認めなかった判断を支持した[213]。さらに，原審が，被上訴人による上訴人側の供述宣誓証言を否定する申立てを認めなかったことも支持した[214]。

また，上訴人・被上訴人双方が，連邦最高裁判所によるDaubert事件判決で示された法理に依拠して，被上訴人（原審原告）側の専門家証人による証言の許容性を争った点に関しては，同州の証拠法に基づいて，被上訴人側の証拠には科学的信憑性がないと判断して，その許容性を否定した[215]。

以上から，上訴裁判所は，原審の判決を，被上訴人側の専門家証言の許容性を認めたことを除いて支持したうえで，差戻しを命じたのである[216]。

この判決の意義は，州の公益事業委員会が州立法により適切な救済方法をもたない場合には，司法的救済が排除されることはないとの判断を示した点にある。すなわち，州の公益事業委員会が，送電線から生じる電磁波の安全性に関する基準を定める権限を保持しているということにより，裁判所の事物的管轄

権が排除されるわけではないことを明確にしたことにある．これは，カリフォルニア州最高裁判決とは，対照的な判断であると言える．

各州が，今後，この問題についてどのような判断を下すかは，州の立法・判例法理の差異から一概に予想はできない．なぜならば，州法上の公益事業委員会に対する授権の範囲や規定の仕方，あるいは，本判決で考察された行政上の救済の適否をどのように司法的に判断するかなどの判例法理が，州ごとに異なっているためである．

2. 携帯電話から発生する電磁波による損害賠償請求訴訟

送電線による電磁波に起因して身体的な損害を被ったとする損害賠償請求訴訟は，敗訴が続いていることもあり，その数は減少傾向にある．これに対して，近年では，携帯電話（cellular telephones）等から発生する電磁波によりガン等に罹患したとする製造物責任訴訟が見られるようになってきた[217]．この携帯電話製造物責任訴訟では，送電線による電磁波と比較して，①50フィートほど離れた発生源である送電線と比較すると，電磁波を発生させる携帯電話のアンテナが，人体，特に脳のすぐ近くで用いられていることと，②送電線から生じる電磁波は約60Hzと低いレベルの周波数であるのに対して，携帯電話の放出するのは800～900MHzであることから，送電線からの電磁波よりもより健康上のリスクが大きいと主張されている．

今日まで，科学者は，この携帯電話から発生する電磁波が人体に有害な影響をもたらすものであるか否かについて，十分な合意を形成するに至っていない．いくつかの研究が，携帯電話により発生する電磁波が，健康に悪影響を及ぼす可能性があるとしている一方で[218]，この電磁波に有害性はないとする研究結果も報道されている[219]．

ここでは，これまで公刊された判例により，具体的な携帯電話の電磁波により健康被害を被ったとの主張がされている人身損害賠償請求訴訟を検討していく．

a. Reynard v. NEC Corp. 事件判決

　携帯電話の電磁波により，原告の妻が脳腫瘍にかかり死亡したと主張されたReynard v. NEC Corp. 事件判決[220]では，この事実的因果関係の基礎となる医学分野における専門家証言の許容性が争点となった．また，この判決は，連邦管轄下で連邦証拠規則がそのまま適用された事例であることから，前述のDaubert事件判決で示された専門家証言に関する許容性判断基準が，電磁波訴訟においてどのように適用されるかを見るのに適切な事例であると思われる．

　原告の妻 Susan Elen Reynard は，被告 NEC アメリカが製造し，GTE Mobilent of Tampa が電波による通話サービスを提供していた携帯電話を使用していた[221]．原告は，①この携帯電話には欠陥があり，②その設計に過失があるとして，③この携帯電話から生じる電磁波（electromagnetic radiation）により妻が脳腫瘍となり，あるいは，その脳腫瘍が進行し，これにより妻が死亡したとして，その損害賠償を請求した．原告は，予備的請求として，携帯電話の使用により，妻にもともとあった脳腫瘍が悪化したことに対する損害賠償を請求した[222]．

　被告会社は，事実的因果関係の問題について，正式事実審理を経ないでなされる判決を求める申立てを行い，2人の医学博士による宣誓供述書を提出した[223]．このうちの1人である Storm 博士は，電磁波曝露に関する全米安全基準の草案を起草した全米規格制定機関の当該問題に関する委員会の議長であり，原告の主張には医学的・科学的根拠がなく，疫学的証拠によってもその関連性は認められていないとの宣誓供述書を提出している[224]．もう1人の供述者である Sutton 博士は，脳腫瘍の研究および臨床の権威で，やはり1978年以来，電磁波の安全性基準を決める委員会のメンバーである．彼は，原告の妻の脳腫瘍が携帯電話の使用により起きたと考えられる合理的・医学的蓋然性はないと供述している[225]．被告会社は，これらの宣誓供述書により，原告の主張には医学的根拠がないことが明らかになったとして，今度は，原告側に，許容性があると認められる専門家証言により，医学的な因果関係を立証する責任が転換された

と主張した[226]．被告側はさらに，原告側専門家証人による証言録取書における供述は，医学的因果関係を立証するものではなく，原告は，これらの専門家証言についてDaubert事件判決の許容性判断基準を満たしていないと主張した[227]．

裁判所は，原告に対して，被告による正式事実審理を経ないでなされる判決を求める申立てを却下するためには，真正な争点を形成するに足る事実を示すために，医学的因果関係に関する許容性のある証拠を提出する義務があると判示した[228]．

そのうえで，裁判所は，原告が提出した証拠には，①事実的因果関係の立証に必要な「あれなくばこれなし（but for test）」という条件関係が示されておらず，原告側の唯一の専門家証言による宣誓供述書においても，原告の妻の腫瘍が携帯電話の使用を開始する何年も前にできたものであることが認められており[229]，②この腫瘍が携帯電話の使用により進行が早まって死亡したとする同証言も，研究成果の写しや科学・医学界において認められている発言がなんら参照されておらず，理論的な仮定の域を出ないものであるから，正式事実審理を経ないでなされる判決を求める申立てを却下するに足る真正な争点を形成するための事実を示していないと判示した[230]．

また，裁判所は，③Daubert v. Merrell Dow Pharmaceuticals, Inc. 事件判決[231]および，その差戻審判決[232]における専門家証言の許容性判断基準に基づいて，原告側の唯一の専門家証言では，（ⅰ）専門家証人たる医学博士が本件訴訟のために行った調査以外は，同博士による科学的・医学的研究結果が同宣誓供述書には全く言及されておらず，（ⅱ）同博士は，死亡した原告の妻を診察したことも，そのカルテを精査したこともなく，（ⅲ）原告の妻が使用していた携帯電話，あるいは，その他の携帯電話の使用に関する調査研究および原告の妻が曝露したとされる種類の電磁波に関する言及もなく，（ⅳ）同博士がこの訴訟のためだけに行った調査・分析・結論は，広くその領域で検討され，あるいは出版されたことはないので，この専門家証言には許容性が認められないと判断した[233]．

このため，被告会社による正式事実審理を経ないでなされる判決を求める申立てが認められ，原告は敗訴した[234]．

筆者から見ても，この訴訟における原告側の医学的因果関係を立証する専門家証言は，あまりにも弱く，信憑性に欠けるものであるので，本判決においてその許容性が認められなかったのは，Daubert基準のもとで適切であると考えられる．また，送電線から生じる電磁波による健康被害については，一定の調査・研究の積み重ねがあり，その関係性を示唆する疫学的研究も公表されているため，被告側の正式事実審理を経ないでなされる判決を求める申立てが却下され，陪審による事実判断に至る判例が見られるのに対して，この1995年の判決では，携帯電話に関しては，これに類するような原告側に有利な科学・医学分野における研究や調査が蓄積されていなかったことが伺える．このため，携帯電話に関する電磁波訴訟では，相当の疫学的証拠が揃うまでは，この事実的因果関係が陪審審理にまで至ることはまれであると考えられる．

b. Verb v. Motorola, Inc. 事件判決

Verb v. Motorola, Inc. 事件判決[235]は，モトローラを含む多くの携帯電話製造者[236]を被告として，携帯電話から発生する電磁波による健康被害の損害賠償を請求した訴訟であり，クラス・アクションである[237]．原告は，事実審において，①商品の黙示的保証責任（implied warranty of merchantability），②特定目的適合性の黙示的保証責任（implied warranty of fitness for a particular purpose），③明示の保証責任，④マグヌースン・モス担保条項法[238]，⑤過失責任，⑥厳格責任，⑦消費者詐欺（consumer fraud），および⑧欺瞞的取引方法（deceptive trade practices）に基づいて[239]，（ⅰ）被告会社により製造された携帯電話の特定の設計そのものが，原告の健康上のリスクを増大させるものであり，（ⅱ）携帯電話から生じる電磁波には，科学的調査によれば「生物に対する影響（biological effects）」があり，（ⅲ）被告会社は，1992年以前には，携帯電話を使用しているときの電磁波に関する実験により得られた情報がな

かった等の事実について，社会に公表しておらず，(iv) 被告会社は携帯電話の使用により健康に関する被害が生ずる可能性について警告せず，(v) 原告は，携帯電話からの電磁波による健康被害を恐れてその利用回数を減らすなどの対応策をとったことから，携帯電話を購入し利用するうえでの価値が減少したことで損害を被り，(vi) また，精神的損害を被った，などと主張した[240]．被告は，これらの主張に対して訴えの却下を申し立てた[241]．

イリノイ州クック郡巡回裁判所は，被告の申立てを認め，①この問題に関しては，連邦通信委員会（FCC）または連邦食品薬品局（FDA），あるいはその双方の権限が，連邦事実審における裁判管轄権を専占しており，また，②原告は救済の対象となるべき損害を主張していないと判示した．このため，原告は上訴した[242]．

イリノイ州第1地区上訴裁判所は，判例法で確立されている専占法理に基づいて，①連邦通信委員会規則には，携帯電話がもたらす健康問題についての直接的な規定はないものの，②連邦議会が同委員会に対して携帯電話全般に関する規則制定権限を包括的に授権していることから，これにより，州司法機関による司法的救済までもが専占されたかどうかを検討しなければならないが，同委員会規則は携帯電話については電波割当等と事業主体に関する規定をもつのみであり，携帯電話の公共の安全を規定する権限はないので，この包括授権による専占は成立していないが，③連邦食品薬品局が，電磁波を発生させる電子機器に起因する国民の健康問題に関して直接的に規定しており，特に，電子製造物放射線管理法（the Electronic Products Radiation Control Act, 21 U.S.C.S. 260kk (a) (1) (1995)）は，同局に公衆衛生および安全に関する事項について保護が必要と認められるときは，これに関する安全基準を制定する権限を与えているので，いかなる州も，同法により授権された連邦食品薬品局が定める安全基準と相反する権限をもつものではないと判断した[243]．

上訴裁判所は，さらに，上訴人（原審原告）の主張する将来の身体的損害および携帯電話の価値の減少は，単に推測的なものにすぎず[244]，警告義務違反

等の法律上の主張も，理論的な可能性に基づく損害を主張しているだけであり，具体的な人身損害などの法の救済に値する損害に関する事実を主張していないと判示した[245]．このため，裁判所は，上訴人の全ての主張を認めず，訴えを棄却した[246]．

　この判例を読むと，上訴人の弁護団は，具体的な損害を立証しないまま多くの法律上の主張を羅列している．これは，裁判所が，被告会社に対して，安全性に関する警告を付す判決を下すように説得しようとした努力の結果であろうが，無理があるように思われる．

　なぜ上訴人の弁護団がこのような主張をしたかを推測すると，おそらく，携帯電話により身体的損害を被ったと主張する原告を代理して訴訟を起こすと，①携帯電話利用者全部をクラスとするクラス・アクションに比べ，脳腫瘍などの電磁波の影響によると推定される損害を被った人々しか対象にできないこと，②脳腫瘍などの具体的損害が携帯電話から生じる電磁波により発生・促進されたなどの事実的因果関係を，専門家証言により立証しなければならず，現時点での科学的・医学的証拠に基づく限り，この立証が困難であり，また，③自己に有利な専門家証言を申し出ても，その許容性が否定され，陪審により判断される本案審理に入ることなく敗訴が確定することが予想されたからではなかろうか．

　この判例のもうひとつの特徴は，連邦法における携帯電話の安全基準が，州法に基づいて起こされた訴訟について，どこまで影響をもたらすのかについて，説得力のある判断を下していることである．この判決のように，連邦法上の携帯電話に関する安全基準が，これに関する州法を専占していると判断されると，その専占がどこまで及ぶかという問題は残るものの，電磁波を問題とする携帯電話製造物責任訴訟は，州裁判所における訴訟では，まず勝訴の見込みがなくなることになる．そうなると，後は，連邦裁判所において，直接に携帯電話に関する連邦法上の安全基準の適否を争う訴えを提起するしかないことになろう．

c. Schiffner v. Motorola, Inc. 事件判決

この Schiffner v. Motorola, Inc. 事件判決[247]では，原告は，被告会社の製造・販売した携帯電話について，①なんらかの安全上の問題があること，および，②同製品およびその利用に伴い，潜在的に健康上の問題があることを公表しなかったことをもって，製品の価値が減少したという損害を主張して訴えを起こした[248]．原審は，すでに述べた Verb v. Motorola, Inc. 事件判決（Verb 事件判決）[249]に依拠して，原告の主張する州法に基づいた救済は，連邦法により専占されていると判示して，被告会社による訴えの却下を求める申立てを認めた．このため，原告が上訴した[250]．

上訴裁判所では，上訴人（原審原告）は，Verb 事件判決における専占による判断に異議を唱えたものの，以下の理由により認められないとの判断が示された[251]．まず，①上訴人は，電子製造物放射線管理法には，直接的に，明示的な専占が規定されていないと主張しているが，Verb 事件判決で正しく理由付けられているように，連邦議会が明白な授権を行っているので，上訴人の主張は認められず，②上訴人は，電子製造物放射線管理法は携帯電話の機能について何の基準も設定していないため，連邦法と州法とは抵触しないと主張しているが，これも Verb 事件判決で述べられているように，積極的にこの問題に関する規定がなく，連邦法と州法との抵触がないことをもってして，必ずしも専占が適用されないわけではなく，③上訴人は，Verb 事件判決が専占法理の適用を除外した連邦地裁判決を区別した理由付けについて異議を唱えているが，専占に関する判例法は，適用される連邦法または事実が異なれば区別されることがあり，この点で同事件判決の判断は正しく，④電子製造物放射線管理法における適用除外条項では，同法は他の法による救済を代替するものではないと規定していることから，上訴人は，州法に基づく請求は認められるべきであると主張しているが，確かに Verb 事件判決では一般除外条項について議論されていないものの，イリノイ州最高裁判所が連邦最高裁判所判決に基づいて下した判決では，このような連邦法上の一般適用除外条項が存在する場合であって

も，州法に対する黙示的専占の可能性がなくなるわけではないと判示されていることから，必ず州法上の請求が認められることになるわけではないと判示した[252]．

このように，上訴審は Verb 事件判決を支持し，上訴人の主張は連邦法により専占されているとして，原審の判断を支持し，上訴を棄却した．ただし，最後に，上訴人が主張するように，Verb 事件判決とは異なり，本件原告は，賠償の対象となる損害を主張しているとの判断を付している[253]．

この判決では，Verb 事件判決における専占の判断がそのまま支持され，新たに争点となった適用除外条項についても，上訴人の主張を退けている．しかし，本判決における専占および適用除外条項に関する理由付けは，それほど説得力のあるものではなく，抽象的議論に終始している．このため，この判決の示す論理により，この専占についての判断が確立したとは言えないであろう．

d. Motorola, Inc. v. Ward 事件判決

Motorola, Inc. v. Ward 事件判決[254]では，原告は，自分が悪性の脳腫瘍を罹患したのは，1989 年 6 月から 1990 年 11 月の間に平均して月に 25 時間携帯電話を使用したことによるものであると主張した[255]．そして，被告会社による正式事実審理を経ないでなされる判決を求める申立てに対抗して，電磁波の健康に対する影響を研究している医学博士 2 名の証言供述書を提出し，原告の脳腫瘍が携帯電話の使用により起きたことは，「合理的な程度」の確実性があるとする証拠により立証されていると主張した[256]．しかしながら，原審は被告の申立てを認めて訴えを却下したことから，原告は上訴した[257]．

上訴裁判所でも，①これらの専門家証言は，電磁波がガンを引き起こすというメカニズムを説明しておらず，統計的に有意な証拠もなく，具体的にどのようにそのような結論が導かれたかが説明されていないこと，②このような証拠に基づいて陪審に判断させるのは適切ではないこと，③本裁判所が近年判断した電力会社の送電線に関する不動産損害賠償請求訴訟である Jordan v. Georgia Power Co. 事件判決[258]において，電磁波が健康被害を引き起こすか否かについては科学的に明白な証拠がなく，将来そのような因果関係が明らかになれば別であるが，現時点では，正式事実審理を経ないでなされる判決を求める申立てを認めており，また，この Jordan 事件判決以後，この問題に関する科学的進展があったわけではないことを理由に，原審判決を支持して上訴を棄却した[259]．

この判決の特徴は，専占に関する争点については全く触れず，専門家証言の許容性についてだけ判断していることにある．筆者は，この判決文を読む限りにおいて，裁判所が原告側の専門家証言の許容性を否定したことは妥当であると考える．やはり，疫学的調査結果が不十分である限り，携帯電話から生じる電磁波により人身損害を被ったとして提起される訴訟は，陪審による本案審理に進むことができず，却下される事態が当面続くものと思われる．

e. Newman v. Motorola, Inc. 事件判決

Newman v. Motorola, Inc. 事件は，携帯電話から生じる電磁波により脳腫瘍が起きたと主張されている訴訟の中で代表的な事件として，全米の注目を集めた[260]．原告は，この連邦地方裁判所における訴訟で敗訴したことから，これを不服として，連邦第4巡回区控訴裁判所に上訴した．以下では，この上訴審における判決[261]を概観する．

クリストファー・J・ニューマン博士は，1992年から，1998年3月に脳腫瘍があると診断されるまで，モトローラ社製の携帯電話を利用していた．同博士は，この間，同携帯電話のアンテナを引き出さずに右耳に近づけて，約343時間にわたり使用していた[262]．

携帯電話は，高周波（radio-frequency radiation）を放出しており，これに対する曝露は，局所吸収量（SAR）により測定される．連邦通信委員会は，携帯電話に関する最大局所吸収量に関する規則を制定しており，また，政府や民間の研究者も，携帯電話の利用から生じる高周波に曝露することで健康にど

のような影響を与えるかについて，長年にわたり研究を行ってきた．これらの研究では，携帯電話の利用により脳腫瘍が発生するという因果関係が，一般的に確立されたわけではない．それにもかかわらず，上訴人（原審原告）であるニューマン博士は，携帯電話を利用したこと，特に，これから生じる高周波により，悪性脳腫瘍に罹患したと主張している．同博士とその妻は，2000年8月28日に，この損害の賠償を求めて，モトローラ社等を被告とした製造物責任訴訟を提起した[263]．

　裁判の開始にあたり，両当事者は証拠開示手続を行い，一般的な因果関係および特定の因果関係に関する専門家証人を指名した．この手続の最後に，両当事者は，それぞれ相手方の専門家証言を排除するための申立てを行った．連邦地方裁判所は，両当事者からこの点に関する意見を聞いた上で，原告は，一般的な因果関係および特定の因果関係を明らかにするための信頼できる証拠または関連性のある証拠を提示していない，と結論付けた．そして，原告の提示した事実的因果関係に関する全ての専門家証言を排除することを求めた被告による申立てを認めた．この結果，原告には事実的因果関係を立証するために陪審に提示しうる証拠がなくなったため，同裁判所は，被告が申し立てた正式事実審理を経ないでなされる判決を求める申立てを認め，訴えを却下した[264]．

　この連邦地裁判決に対して，原告は，許容性が認められず排除された専門家証言のうち，疫学者であるレナート・ハーデル博士による証言の排除については，証拠の許容性に関して連邦最高裁により確立されたDaubert基準に反していると主張して上訴した[265]．

　連邦第4巡回区控訴裁判所は，原審がハーデル博士による専門家証言を排除した判断の適否について，裁量権の濫用があったか否かという判断基準により審査を行った．ここでの争点は，連邦証拠規則702条について，連邦最高裁が専門家証言の許容性を判断する基準として確立したDaubert基準により判断した場合，ハーデル博士による証言に信頼性と関連性があるか否かである[266]．

　控訴審は，ハーデル博士による証言について原審が指摘したいくつかの問題

点のうち，2つの問題に絞って判断を下している．その第1の問題点は，ハーデル博士による研究では，携帯電話の利用者に悪性脳腫瘍が生じるリスクが増加したことが示されていないと判断されている点である．ハーデル博士は，自らの研究に基づいて，携帯電話の利用により脳腫瘍一般が生じるリスクが増加すると証言しているものの，この証言は，一定の良性腫瘍，特に，聴神経鞘腫（benign acoustic neurinomas）の発生に関する研究に基づいている．このため，原審では，上訴人（原告）であるニューマン博士は悪性脳腫瘍を患っているのであり，聴神経鞘腫を罹患しているわけではないので，ハーデル博士が依拠している携帯電話の利用と聴神経鞘腫の発生に関する研究が，本件にどのような関連性があるのかについて，質問がなされている．また，原審では，第2の問題点として，ハーデル博士の研究の信頼性に関する質問がなされている．この質問がなされた理由は，同博士の研究が，携帯電話の利用時間が増えると腫瘍が発生するリスクが高くなるという線量反応関係（dose-response relationship）を示していなかったためである．これらの質問に基づいて下された原審の判断は適切であり，ハーデル博士の証言は関連性と信頼性の双方について問題がある．よって，本控訴審裁判所は，原審がハーデル博士による専門家証言を排除するにあたり，その裁量権を濫用したとは認められないとして，上訴を棄却した[267]．

　筆者が見るに，この連邦地方裁判所および連邦控訴審裁判所による判断は妥当である．原告・上訴人が提示した専門家証言は，本件の事実的因果関係を立証するためには，関連性・信頼性がなく，不適切である．この判決で明らかになったように，現段階での疫学研究に基づく限り，携帯電話の利用により悪性脳腫瘍に罹患したとして填補的損害賠償を請求する訴えを提起しても，勝訴することは非常に困難であると言える．

　f．Pinney v. Nokia, Inc. 事件判決

　このPinney v. Nokia, Inc. 事件は，州法上の製造物責任法（または判例法

理）等に基づいて，携帯電話から生じる電磁波の安全性に関して提起された多数のクラス・アクションに対する判決の一つである．連邦控訴裁判所レベルでの判決であり[268]，かつ，日本の電気メーカー各社（NEC，松下，三洋，ソニー，三菱）のアメリカ法人も，米国企業と並んで被告とされていることから，本書で取り上げる意義があると思われる．もっとも，その主たる争点は，このクラス・アクションが，州法に基づいて州裁判所で行われるべきか，それとも連邦問題として連邦裁判所によりなされるべきかという米国の連邦制度にかかわる裁判管轄権に関するものである．このため，わが国で直接的に参考になるものではないことから，簡単な紹介を行うにとどめる．

　この訴訟は，もとはジョージア州，ルイジアナ州，ニューヨーク州，および，ペンシルバニア州の州裁判所において提起された５つのクラス・アクションである．原告は，ノキア社をはじめとした携帯電話製造業者および販売会社（被告製造業者等）に対して訴えを起こした．原告は，これらの携帯電話が，安全ではないレベルの高周波（radio-frequency radiation）を放出しており，かつ，被告製造業者等は消費者にこれらの事実を隠してヘッドホンなしに販売してきたことで，生体的な悪影響を受けたと主張して，ヘッドホン付きの携帯電話を購入するための費用等をクラス・アクションで請求している．被告製造業者等は，これらの５つのクラス・アクションを連邦裁判所に移送するよう申し立てた．これに対して，広域係属訴訟裁判官会議（Judicial Panel on Multidistrict Litigation）が，これらの全ての事件をメリーランド州連邦地方裁判所へ移送することを命じて，正式事実審理前の手続が統合して行われることになった．連邦地方裁判所は，原告が，これらの５つの事件のうち，州籍相違が成立していない４つの事件を州裁判所に差し戻すように求めた申立てを却下した後，原告が州法に基づいて主張している請求は，全て連邦通信法により専占されているとの理由により，５つの全ての事件を，却下した．原告は，これを不服として上訴した[269]．

　連邦第４巡回区控訴裁判所は，上記の４つの事件については，連邦法上の

事物管轄権がないことから下級審判決を破棄し，州籍相違により連邦管轄が成立する5つ目の事件については，以下のとおり，州法上の請求に対して連邦法による専占が成立しないことを理由として，下級審判決を破棄している[270].

原審判決において，被告製造業者等の申立てにより連邦通信法による専占が認められたのは，原告が求めている救済を認めると，連邦議会が，連邦通信法により，全ての無線通信装置の高周波の放出レベルを統一的に規制しようとした意図と矛盾することになるためであると理由付けられていた[271].

しかし，原審原告が訴状で主張している請求を見る限り，製造上の欠陥，健康リスクに対する警告義務違反といった7つの主張全てが州法に基づいており，その法的解釈が問われているのであって，これらは実質的に連邦法上の争点を構成するものとはならない．このため，原審が，被告による専占に基づく抗弁を認容し，連邦管轄を認めている点に誤りがある[272].

原審被告は，連邦通信法による高周波の放出レベルに関する規制は，携帯電話から高周波が発生する場合に関しても適用があり，これが非合理的に危険なものであるか否かは，連邦問題であると主張しているが，これは誤りである．原審原告が依拠している各州法では，危険効用基準の下で，携帯電話が非合理的に危険なものであるかを判断する場合，連邦法上の規制基準を遵守しているか否かは，その判断要素の一つにすぎない．また，請求の根拠とされている州法の一つであるペンシルバニア州法では，厳格責任に過失概念を持ち込むことを否定していることから，原審被告に厳格責任を問えるかどうかを判断するときに，連邦法上の高周波の放出レベルの規制基準を遵守しているか否かは，関係性がないものと判断される．以上から，たとえ原審被告が連邦法上の高周波の放出レベルの規制基準を遵守している場合であっても，原審原告は州法上の厳格責任法理に基づいて，設計上の欠陥を立証できる余地がある[273].

また，原審被告が，連邦規制の枠組みに「十分な連結関係（sufficient connection）」が存在している場合には，実質的な連邦問題に関する法理に従って連邦管轄が認められるという新理論を主張しているが，認めることはできな

い[274].

　次に，州法上の請求が全て専占される完全専占（complete preemption）により，連邦管轄が認められるか否かは，確かに争点になるので，検討する必要がある．完全専占が認められるためには，原審被告が，①原審原告の請求は，連邦法上の請求であると認識できること，および，②連邦議会が，当該連邦法に基づく請求が，全ての排他的救済であることを意図していたこと，の2点を立証しなければならない．しかし，連邦通信法は，携帯電話により被害を受けたと主張している消費者に対して排他的な救済を規定していない．同法で規制の対象となっているのは，通信事業者であり，被告はこれに該当しないため，そもそも同法の201条と207条に基づく訴えそのものが認められないのである．したがって，ここでは，完全専占は存在していない[275]．

　最後に，州籍相違に基づいて連邦管轄が認められる原審原告について，原審が請求を却下している点について判断する．連邦議会が，連邦通信法において，携帯電話から生じる高周波の放出レベルの規制基準に専占の効果を与えたという証拠は存在していない．このため，残された争点は，携帯電話サービスを全米で利用できるようにするためのネットワークを確立するという連邦議会の目的が，原審原告が求めている救済が障害となって達成することができないことになるのか否かである．しかし，原審原告が求めている携帯電話にヘッドホンを付けるという救済が，この目的達成のための障害になるとは考えられない[276]．

　以上の理由により，本控訴裁判所は，4つの事件につき連邦管轄権がないことから，連邦地裁がこれらを最初の訴えがなされた州裁判所にそれぞれ移送するために差し戻すよう命じ，また，州籍相違が存在する5つ目の事件については，連邦通信法による専占を認めた原審判決を破棄し，差戻しにより審理のやり直しを命じた[277]．

　筆者が見るに，このクラス・アクションを提起した原審原告の弁護団は，電磁波訴訟のうち人身損害賠償を請求する訴訟が次々に敗訴する状況の中で，相当に訴訟戦術を考えつくしてクラス・アクションを提起している．そして，そ

の戦術は，これまでのところ，正式事実審理に入る前の門前払いの形で却下されていないという点で，成功を収めている．携帯電話電磁波訴訟で人身損害賠償を請求すると，事実的因果関係の立証が困難である．このため，ヘッドホン付きのものを請求するという少額の賠償を請求する形をとりながら，クラス・アクションとしてその規模と影響力とを確保している．また，連邦管轄下の訴訟にすると，訴訟が統合され，かつ不利な要素も増えることから，州法に基づく請求に限定した上で，州ごとのクラス・アクションという形を採用している．今後，これらのクラス・アクションが，最終的に勝訴するかどうかについては疑問が残るものの，本判決で原審により州裁判所に移送されることになった事件も含めて，全米の多くの州裁判所において，争われ続けることになった．

3. レーダー・ガンから発生する電磁波による人身損害賠償請求訴訟

警察官が，交通取締りに用いるレーダー・ガンの使用によりガンになったと主張する製造物責任訴訟が提起されている．この Edwards v. Kustom Signals,Inc. 事件判決[278]では，原告の弁護士は，原告の白血病とレーダー・ガンとの因果関係を，動物実験による証拠により立証しようとしたが，陪審は，レーダー・ガン製造者に有利な評決を下した[279]．この評決が出されたあとの陪審員に対するインタビューでは，原告による因果関係の主張が受け入れられなかったことがわかっている[280]．

このレーダー・ガンから発生する電磁波に関する訴訟については，公刊された判例がないので，この評決に関する上記の簡単な紹介にとどめる．いずれにしろ，このレーダー・ガンの製造物責任訴訟で原告が勝訴した例はないものと思われる．

4. VDT（ビデオ表示端末）から生じる電磁波による人身損害賠償請求訴訟

公刊された判例ではないが，米国の法律判例データベースの Lexis で公開さ

れている連邦控訴審判決で，コンピュータ画面から生じる電磁波により，ガンに罹患したとして身体的損害賠償を請求した事件があったので，ここに紹介する．

この Hays v. Raytheon Compay 事件判決[281]では，KLM 航空のシカゴ事務所で予約受付の業務を行っていた被用者2名が[282]，ともに子宮ガンに罹患し，このうち1名は死亡した[283]．原告は，この原因はコンピュータ・ターミナルの画面から生じる電磁波が原因であるとして，同モニターの製造者に対して損害賠償請求訴訟を起こしたが，原審は被告による正式事実審理を経ないでなされる判決の申立てを認め，この訴えを却下した[284]．このため，原告が上訴したのが，この判決である[285]．

連邦第7巡回区控訴裁判所は，Daubert v. Merrell Dow Pharmaceuticals, Inc. 事件判決[286]で確立した専門家証言の許容性に関する判断基準を適用し，①上訴人側の医学博士による専門家証言では，コンピュータ画面から生じる電磁波に継続して曝露することより子宮ガンに罹患するとされているが，この医学的関係性を立証する有効な科学的方法があると証言しながらも，その具体的方法については言及されておらず，また，当該証人がその方法を用いて原告が罹患したとする具体的な事実上の因果関係の立証についてもなにも言及していないことから，このような専門家証言は認められず，②この専門家証言では，どのレベルの電磁波が危険であるのかについて言及されていないため信憑性がなく，③業務遂行中に，被上訴人が製造したコンピュータ画面から生じる電磁波に曝露したことが有害であったとする証言にも具体的立証がないことから，この専門家証言には許容性が認められないと判断した[287]．

その上で，裁判所は，原審がこの専門家証言を排除し，被上訴人（原審被告）による正式事実審理を経ないでなされる申立てを認めて訴えを却下した判決を支持した[288]．

63

5. 連邦不法行為請求法に基づく人身損害賠償請求訴訟

Chernock v. U.S. 事件判決[289]は，原告が空軍基地内のレーダーの近くで業務を行っていたときに，この高周波（radio-frequency radiation）に直接的に曝露した結果，人身損害を被ったとして訴えを起こしたものである．この事件の特徴は，これまで紹介した判例が，全て州法に基づいた主張がなされているのに対して，ここでは被告が空軍であるため，連邦不法行為請求法による主張がなされている点にある．

フロリダ州の空軍基地において，建設業者3名が，レーダー施設に隣接するビルの作業用通路の改修工事を行うことになった[290]．軍は，作業の安全のため，レーダーの機能を停止させ，ビーコン等の微弱な電磁放射だけを稼動させる措置をとることにし，その旨を彼らに通知した[291]．レーダーの停止が作業開始前に確認され，彼らは作業に入ったが，作業中にめまいなどを感じ，また作業後に湿疹等が出たため病院に行った結果，レーダー放射による曝露が原因であると診断されたため，これら3名の建設業者は，連邦不法行為請求法（the Federal Tort Claims Act）[292]に基づく損害賠償請求を行った[293]．

原告は，①レーダー放射自体が，非常に危険な行為（an ultrahazardous activity）に該当するので，政府は厳格責任を負い，②作業が実際に行われていたときにレーダーは機能を停止しておらず，また，政府は，原告にこの事実を通知していなかったことから過失責任を負い，③レーダー基地において業務上の利用者（business invitee）の地位にあった原告に対して，施設の所有者たる政府は，レーダーに関する隠れたる危険に関して警告を行う注意義務をはたしておらず，④稼動していたビーコン等から放射される電磁波に曝露したことで身体的損害を受けた，と主張した[294]．

裁判所は，原告によるこれらの主張を，全て認めなかった．すなわち，①連邦不法行為請求法の下では，政府は，準拠法たる州の非常に危険な行為に関する不法行為法において厳格責任を負わないことが判例法において確立している

ので，この主張は認められず，②この事件で，政府が建設業者の作業中にビーコン等を停止しなかったこと自体は，連邦不法行為請求法が認める政府の裁量事項の中に入ると認められるため，政府がビーコン等を停止せず，また，その事実を原告に通知しなかったとしても，不法行為は成立せず，③政府が当該施設の利用者に対して安全を確保するための注意義務をはたしていなかったという主張は，全てのレーダーが稼動した場合であっても，作業中の行為に対して健康上の損害をもたらすという証拠はないことから，隠れたる危険についての注意義務違反は存在せず，④作業中にレーダーが稼動していたという事実が立証されていないため，政府が過失によりその機能を停止させなかったという主張は認められず，⑤ビーコン等の電磁波放射による作業場のレベルは，0.02mW/cm²と，空軍の安全基準である10mW/cm²よりはるかに低く，この曝露により損害が発生したとする主張は立証できず，また，⑥原告の損害をレーダー放射による曝露であると判断した医師の証言は，高周波（radio-frequency radiation）と電磁波（electromagnetic radiation）とを混同しており，信頼できる証拠として採用することはできないため，この過失責任に基づく主張は認められないと判断して，原告による訴えを棄却した[295]．

　この判例で重要なことは，異常に危険な活動（ultrahazardous activity）による厳格責任と，原告は利用者（invitee）であるとする厳格責任に基づく主張が退けられ，被告による過失の有無によって，その責任が決定されるべきであるとした点にある[296]．この過失責任基準がとられている以上，原告は，自らに有利な電磁波に関する調査や研究に関する証拠が許容されなければ，勝訴することはできない．他の電磁波に基づく人身損害賠償請求訴訟と同様に，やはり因果関係の立証が最も困難な要素であったといえる．

F. 人身損害賠償請求訴訟の今後の見通し

　これまで送電線に関して6判例，携帯電話について6判例，その他の3判例（合計15判例）を具体的に検討してきた．これらの訴訟のうち，直接に人

身損害賠償を請求した訴訟については，原告が勝訴した判例は存在していない．ここでは，その原因を法理論の面から分析するとともに，今後の見通しについて述べることにする．

まず，これらの電磁波による人身損害賠償を請求する訴訟において最大の問題となるのは，裁判所において司法的救済を求めることができるか否かである．これは，送電線から発生する電磁波に関しては，カリフォルニア最高裁がSan Diego Gas & Elec. Co. v. Covalt 事件判決[297]で示したように，州公益事業委員会の電磁波に関する身体への影響を判断する権限が重視され，身体的損害賠償に関する裁判所の事物的管轄権が否定されてしまえば，もはや門戸が閉ざされたことになる．

また，これとは逆に，Indiana Michigan Power Co. v. Runge 事件判決[298]で判示されたように，州公益事業委員会には司法的救済に代わる救済方法がないことを主たる理由として，裁判所の事物管轄を肯定する州もある．これは，すでに述べたとおり，州法上の公益事業委員会に対する授権の範囲や規定の仕方，あるいは，行政上の救済の適否をどのように判断するかなどの判例法理が州ごとに異なるため，この事物的管轄の有無は州ごとに判断が割れることになろう．

これに対して，携帯電話の安全性については，連邦法による専占を肯定する判例が2つ存在していた[299]．もしも，この判断が今後他の判例でも支持されれば，携帯電話の電磁波による人身損害賠償請求訴訟は，全米で司法的救済の余地がほぼ閉ざされることになろう．その一方で，Pinney v. Nokia, Inc. 事件判決[300]のように，人身損害賠償請求を行わない代わりに，携帯電話に予めヘッドホンセットが付いていなかったという点を損害としたクラス・アクションは，州裁判所における訴訟が，これからも継続することになると思われる．この類型の訴訟に勝ち負けの形勢がつくには，いましばらく時間がかかるであろう．

次に，原告が，事実的因果関係を立証するために申し出る専門家証言の許容

性については，これが中心的争点となった9判例のうち，送電線関係では2つが肯定（陪審は因果関係を否定）[301]，2つが否定されており[302]，携帯電話では3判例とも否定[303]，レーダー・ガンでは肯定（陪審は因果関係を否定）[304]，VDTでは否定[305]という判断に分かれている．

送電線関係で2つの判例が専門家証言の許容性を認めているのは，やはり送電線については疫学的証拠によりその相関性を示す研究が蓄積されているためだと考えられる．レーダー・ガンについては，公刊されていない判例であるため，詳細は不明である．携帯電話とVDTでは，現時点で電磁波による身体的影響に関する科学的根拠が希薄なことから，この判断結果は妥当であろう．なお，Daubert v. Merrell Dow Pharmaceuticals, Inc. 事件判決[306]で確立した専門家証言の許容性に関する判断基準がそのまま適用された連邦管轄の3判例（携帯電話[307]とVDT[308]）では，いずれも，その許容性が否定されている．

さらに，専門家証言の許容性が認められ，具体的な陪審による事実判断が下された3つの判例[309]においても，事実的因果関係の立証がネックとなって，原告は敗訴している．このため，電磁波に起因するとされる人身損害賠償請求は，今後，その健康被害に関する医学的研究や疫学的調査により，健康被害に関するより高度な蓋然性が立証され，また，個々の原告についての事実的因果関係が立証できる方法が確立されない限り，原告が勝訴することは難しいように思われる．

このような状況の下で，電磁波訴訟に取り組んでいる弁護士の中には，将来の電磁波訴訟における主たる対象は，人身損害賠償請求訴訟ではなく，不動産関連の訴訟であろうと考えるようになった者もいる[310]．また，公用収用に対する損失補償を請求する場合には，費用のかかる科学的証明を必要としない州が多いことから注目に値する．本書では，この不動産損害賠償請求訴訟は4章で，公用収用に関する訴訟は5章で取り扱う．

24　本章では，前掲注16の*Reuben*論文に加え，以下の米国法文献を参照した．Michael C. Anibogu,*The Future of Electromagnetic Field Litigation*,15 PACE ENVTL. L. REV. 527 (1998); Mark S. Atterberry, *The Strict Liability of Power Companies for Cancer Caused by Electromagnetic Fields*,19 S.ILL.U.L.J. 359 (1995) [hereinafter *Atterberry*]; Paul W. Barnard, *EMF Litigation After Daubert: The Implications for Power Line Toxic Tort Plaintiffs*, 16 J. PROD. & TOXICS LIAB. 305 (1994); E. Gregory Barnes, *A Blitz Fails: An Insider Tells How the Zuidema Jury Sided with SDG&E......Despite Unprecedented Media Pressure*, PUB. UTIL. FORT. (July 1, 1993) at 10 [hereinafter *Barnes*]; Kristopher D. Brown, *Electromagnetic Field Injury Claims: Judicial Reaction to an Emerging Public-Health Issue*, 72 B.U.L.REV. 325 (1992); Bruce H. DeBoskey, *Electromagnetic Radiation and Cancer: Recent Developments*, Trial (July 1995) at 18; Bruce H. DeBoskey, *The Killing Fields: Electromagnetic Radiation and Cancer*, TRIAL (September, 1993) at 54; C. Michelle Depew, *Challenging the Fields: The Case for Electromagnetic Field Injury Tort Remedies Against Utilities*, 56 U.PITT.L.REV. 441 (1994) [hereinafter *Depew*]; Gary Edmond & David Mercer, *Trashing "Junk Science"*, 1998 STAN.TECH.L.REV. 3 (1998); Shubha Ghosh, *Fragmenting Knowledge, Misconstruing Rule 702: How Lower Courts Have Resolved the Problem of Technical and Other Specialized Knowledge in* Daubert v. Merrell Dow Pharmaceuticals, Inc., 1 J.INTELL.PROP.1 (1999)[hereinafter *Ghosh*]; Roland A. Giroux, Daubert v. Merrell Dow: *Is This Just What the EMF Doctor Ordered?*, 12 PACE ENVTL. L. REV. 393 (1994) [hereinafter *Giroux*]; Laura Grasso, *Cellular Telephones and the Potential Hazards of RF Radiation: Responses to the Fear and Controversy*, 3 VA. J.L. & TECH. 2(1998); Leonard S. Greenberger, *EMF: From the Outside Looking*, PUB. UTIL. FORT. (Jan.1, 1996) at 14; Jean Hellwedge, *Scientists find no evidence of health risks from residential EMF exposure*, TRIAL (January 1997) at 76; Richard D. Holahan, Jr., *Electromagnetic Fields and Human Health: Chasing the Answer to Benjamin Franklin's 250-Year-Old Question*, 16 J. PROD. & TOXICS LIAB. 77 (1994) [hereinafter *Holahan*]; Roy W. Kreiger, *On the Line*, ABA J. (January 1994) at 40; Pamela J. Laquidara, *Litigating Nonionizing Radiation Injury Claims: Traditional Approaches to a Contemporary Problem*, 10 B.C. ENVTL. AFF. L. REV. 965 (1982); Paul Lacourciere, *Environmental Takings and the California Public Utilities Commission: The Covalt Decision*, 5 HASTINGS W.-N.W. J. ENV. L. & POL'Y 115 (1998); Patricia E. Lin, *Opening the Gate to Scientific Evidence in Toxic Exposure Cases: Medical Monitoring and Daubert*,17 REV.LITIG.551 (1998) [hereinafter *Lin*]; Philip M. Manley, *EMF: A Tort Whose Time Hasn't Come, But May*, PRAC. REAL EST. LAW. (Jan.1997) at 7; Howard Marks, *Electromagnetic Forces from Overhead High-Voltage Transmission of Electricity: Establishing Causation Using Toxicological and*

Epidemiological Evidence Under a Post-Daubert Standard, 13 J. ENVTL. L. & LITIG. 163 (1998); Mark R. Patterson, *Conflicts of Interests in Scientific Expert Testimony*, 40 WM & MARY L.REV. 1313(1999); Melissa Penn, *Lethal Lines: Establishing a Personal Injury Case Against a New Jersey Utility For Harm Caused by Electromagnetic Fields*, 20 RUTGERS COMPUTER & TECH.L.J. 663 (1994); Christopher J. Petri, *Don't Be Shocked if Missouri Applies Strict Products Liability to Electricity, But Should It?*, 62 MO.L.REV. 611 (1997) [hereinafter *Petri*]; Marco Quazzo, *Electromagnetic Fields And Defect Claims: Will Manufacturers Be Liable for Personal Injuries?*, 11-3 COMPUTER LAW. 21 (Mar.1994); Joseph W. Rasnic, *The Electromagnetic Field Controversy and its Implications for Superconductor Development*, 11 VA. ENVTL. L. J. 131 (1991); Allen L. Rutz, *After the Meter: Energy Products Liability in a Deregulated Environment*, 26 CAP.U.L.REV. 421 (1997) [hereinafter *Rutz*]; Nicholas Shannin, *Converging Theories: An Analysis of the Future of Medical Monitoring as a Remedy for the Victims of Powerline Radiation Torts*, 7 J. LAW. & PUB. POL'Y 127 (1995) [hereinafter *Shannin*]; James H. Stilwell, *Straddling the Wire: Electromagnetic Fields and Personal Injury Suits*, 14 REV.LIT. 545 (1995) [hereinafter *Stilwell*] ; Margo R. Stoffel, *Electromagnetic Fields And Cancer: A Legitimate Cause of Action or A Result of Media-Influenced Fear?*, 21 OHIO N.U.L. REV. 551(1994); Patsy W. Thomley, *EMF at Home: The National Research Council Report on the Health Effects of Electric and Magnetic Fields*, 13 J. LAND USE & ENVTL. L. 309 (1998); Benjamin J. Wolf, *"Can You Hear Me Now?": Cellular Phones and Mass Tort Litigation after Newman v. Motorola, Inc.*, 14 ALB. L.J. SCI. & TECH. 267 (2003); *Note,§§2-102, 2-105, 2-106-Utility Providing Electricity Not a Seller of "Goods"- Article 2 Warranties Accordingly Inapplicable*, 29 UCC L.J.320 (1996). また，本章における理論的検討においては，前掲の文献に加え，以下の邦語文献を参照した．木下毅『アメリカ私法』(有斐閣，1988年)，椎橋邦雄「アメリカ民事訴訟における専門家証人の証言適格」早法72巻4号187頁以下，樋口範雄「製造物責任の判例の変遷」小林秀之責任編集・東京海上研究所編『製造物責任法体系Ⅰ』48頁以下，平野晋「アメリカの教訓——悪質クレームとジャンク・サイエンスを中心に——」木川統一郎編『製造物責任法の理論と実務』(成文堂，1994年)187頁以下，松本恒雄・小林秀之「製造物責任法理」小林秀之責任編集・東京海上研究所編『製造物責任法体系Ⅰ』76頁以下，渡辺千原「事実認定における『科学』——合衆国のベンデクティン訴訟を手がかりに（一）・（二）」民商116巻3号19頁以下，同4・5号189頁以下．

25 　これらの他に，電磁波による身体的損害賠償を求める訴訟において，理論的には，故意に他人の身体に接触することと考えて，暴行(battery)を構成すると考えられなくもない．しかし，電磁波が，暴行における身体の接触という要件を満たすと裁判所に認められるとは考えにくいので，ここでは取り上げなかった．
　また，製造物責任訴訟においては，保証責任(warranty)，不実表示責任(misrepresentation)に基づいて損害賠償請求を行うことも可能であり，事実，具体的な訴訟の中で主張されている．しかし，裁判所は不法行為法上の構成における因果関係論の立証などに分析の重点を置いて，これらの主張について具体的検討を行っていないので，本書では取り扱わないこととした．なお，この製造物責任訴訟における保証責任・不実表示責任については，たとえば，前掲・注24

の樋口範雄「製造物責任の判例の変遷」(特に63-71頁)を参照のこと.

26　電磁波に関連した人身損害賠償請求訴訟の原告側弁護を担当した何人かの弁護士は,この因果関係の問題について最初の勝訴を得ようと,因果関係が否定されないような原告を注意深く選んでいたと言われている.ある弁護士事務所は,電磁波訴訟を提起するにあたって,次の3つの判断基準を用いていたという.それは,①原告の家族とその血縁関係にある者が,ガンにかかった病歴がないこと,②電磁波に対してさらされたレベル,そして,③公益企業が電磁波のレベルを弱めようとしている努力に対する考察,である.*See Utilities Warned: Juries May Not Wait for Conclusive Scientific Evidence in EMF Damage Cases*, ELECTRIC POWER ALERT, Oct.28, 1992, at 1.

27　113 S.Ct. 2786 (1993).

28　Restatement (Second)of Torts § 282(1965).

29　この過失に関する要件は,不法行為(第2次)リステイトメント281条に定式化されている.Restatement (Second)of Torts § 281(1965).

30　*Id.* § 283(1965).

31　159 F.2d 169, 173 (2d Cir. 1947).

32　Restatement (Second)of Torts § 291(1965).

33　米国の製造物責任理論の形成については,たとえば,松本恒雄・小林秀之「製造物責任法理」小林秀之責任編集・東京海上研究所編『製造物責任法体系Ⅰ』(弘文堂,1994年)76頁以下を参照のこと.

34　Restatement (Second)of Torts §402A(1965).

35　不法行為(第2次)リステイトメント402A条は,以下のように規定する.
402A条　使用者または消費者に物理的損害を与える製品について,売主が負う特別の責任
(1) 製品を販売する者は,その製品が,使用者もしくは消費者,またはその財産に不相当に危険な欠陥を伴う状態にあったときには,それによって最終的使用者,消費者,またはその財産に生じた物理的損害について,以下の場合には,責任を負わなければならない.
　(a) 当該売主がこのような製品を販売することを業とし,かつ,
　(b) 販売された時の状態から実質的な変更なしに,製品が使用者または消費者に到達することが予測され,かつ実際に到達した場合.
(2) 前項の規定は,以下の場合にも適用される.
　(a) 当該売主が製品を準備し販売するにあたってあらゆる可能な注意を尽くした場合,および
　(b) 使用者または消費者が売主から製品を購入したわけではなく,また両者の間にその他いっさいの契約関係がない場合. *Id.*

36　*Id.* §402A(2)(a).

37　*Id.* §402A(1).

38　米国の製造物責任法理の概略や欠陥類型については,たとえば,(株)安田総合研究所『製造物責任(第2版)』(有斐閣,1992年)を参照のこと.また,わが国の製造物責任については,多くの良書が出ているものの,代表的なものとして,次の文献を参照のこと.升田純『詳解 製造物責任法』(商事法務研究会,1997年).

39　*See* Beshada v. Johns-Manville Prod.Corp., 447 A.2d 539 (N.J.1982)(被告会社が,製品を流通過程においた時点では,アスベストの危険性は,知られていなかったとする利用可能な

技術水準の抗弁 (state-of-art) は認められない)。

40　州法によっては、テレビやラジオ塔から生じる電波と異なり、送電線からの電磁波については「固有の価値」がないので、製造物の定義から排除されうる場合がある。 *See* Wash.Rev.Code Ann.§7.72.010(3)(West 1992); Idaho Code §(6-1402)6-1302(3)(1990).

41　*See* Atterberry, *supra* note 24, at 363-364.

42　*See e.g.,* Pierce v. Pacific Gas & Elec.Co., 212 Cal.Rptr. 283 (Cal.Ct.App.1985).

43　本書では直接的には扱わないが、電磁波による健康被害を契約法上の保障義務違反として主張する場合には、この電力が「物」か否かが問題とされることになる。この点については、判例の見解は分かれている。まず、これを否定する判例においては、統一商事法典第2章における保証 (warranty) の規定は、電力自体は統一商事法典2-105条における「物 (goods)」ではないので、電力を供給する公益企業には適用されないとする。そして、公益企業は、すでに厳しく規制されており、この点で一般の市場における売買とは異なっており、公益企業が、その様々な製造物 (products) の販売に起因して保証義務を負うかどうかは、立法府の判断に委ねられるべきであると結論付けている。*See* New Balance Athletic Shoe, Inc., v. Boston Edison Co., 1996 Mass.Super.LEXIS 496 (1996). これに対して、インディアナ州等では、このような状況において公益企業に責任があるとする判例も存在する。*See* Helvey v. Wabash County REMC, 278 N.E.2d 608 (1972); Petroski v. Nothern Indiana Pub.Serv.Co., 171 Ind.App. 14, 354 N.E.2d 736 (1976) (この Petroski 判決では、電力会社の責任を、顧客の電気メーターを通過した場合に限定している)。

44　*See* Petri, *supra* note 24, at 615-619.

45　*See* Smith v. Home Light & Power Co., 734 P.2d 1051, 1054 (Colo.1987).

46　Restatement (Second)of Torts §402A(1)(1965).

47　*See, e.g.,* Smith v. Home Light & Power Co., 734 P.2d 1051 (Colo.1987). なお、この点については、次の論文を参照のこと。　Gregory G. Hollows, *Comment, Torts of Electric Utilities: Can Strict Liability Be Plugged In?*, 11 Loy.L.A.L.Rev. 775 (1978).

48　*See, e.g.,* Zoller v. Niagara Mohawk Power Corp., 137 A.D.2d 947 (3d Dep't 1988).

49　*See, e.g.,* Smith v. Home Light & Power Co., 734 P.2d 1051, 1055 (Colo.1987); Petroski v. Indiana Pub.Serv.Co., 354 N.E.2d 736, 747 (Ind.Ct.App.1976); Aversa v. Public Serv. Elec. & Gas Co., 451 A.2d 976 (N.J.Super.Ct.App.Div. 1982).

50　*See, e.g.,* Ransome v. Wisconsin Elec. Power Co., 275 N.W.2d 641 (この判決は、おそらく最初に電力に対して厳格責任に基づく製造物責任を課した判例である)。

51　*See* Smith v. Home Light & Power Co., 734 P.2d 1051 (Colo.1987).

52　*See* Petroski v. Indiana Public Service Co., 354 N.E.2d 736 (1976).

53　*See* Houston Lighting & Power Co. v. Reynolds, 765 S.W.2d 784 (Tex. 1988).

54　*See* Aversa v. Public Service Electric & Gas Co., 451 A.2d 976, 980 (N.J.Super.Ct.App. Div. 1982).

55　*See* Public Serv.Ind., Inc. v. Nichols, 494 N.E.2d 349 (Ind.Ct.App. 1986).

56　ここにおけるそれぞれの基準名は、筆者が便宜的につけたものである。

57　Zuidema v. San Diego Gas & Elec.Co., No. 638222(Cal.Super.Ct. Apr.30, 1993). なお、この裁判の具体的考察は、本書2章E.1.a. を参照のこと。

58　注26の*Depew*論文464頁注129に記載された原告弁護士に対する電話インタビュー(Feb.25, 1994)による．
59　*Id*．
60　*Id*．
61　*See Rutz,supra* note 24, at 451-52.
62　*See, e.g.*, Ransome v. Wisconsin Elec.Power Co., 275 N.W.2d 641, 643 (Wis. 1979).
63　*See Rutz,supra* note 24, at 446-48.
64　*See* Restatement (Second)of Torts § 519(1965).
65　*See generally* Roger W. Holmes, *Note, Strict Liability for Electric Utility Companies: A Surge in the Wrong Direction*, 29 Suffolk U. L. Rev.161 (1995).
66　*See Rutz,supra* note 24, at 430-431.
67　一時期，専門家証言に対する許容性の判断基準が緩和されれば，単に専門家証言であるということだけで，「ジャンク・サイエンス(junk science)」まで許容されてしまうとの批判がなされたことがあった．*See* Peter Huber, Galileo's Revenge: Junk Science in the Courtroom (1991). しかし，この見解は，後述する連邦最高裁判所による Daubert v. Merrell Dow Pharmaceuticals, Inc.,113 S.Ct. 2786 (1993) により信頼性が揺らぐことになった．この点については，同判決の弁護士の手による次の論文を参照のこと．*See* Kenneth J. Chesebro, *Galileo's Retort: Peter Huber's Junk Scholarship*, 42 Am.U.L.Rev. 1637 (1993). また，「ジャンク・サイエンス」とう概念自体が，「正しい科学(good science)」という概念との対置モデルであることから，このモデルの設定自体が，法・政治・科学の諸利益が複合化した現代において，有効性に欠けることを指摘してジャンク・サイエンス論争の根底にある問題点を明らかにした論文として，以下を参照のこと．Gray Edmond & David Mercer, *Trashing "Junk Science"*, 1998 Stan.Tech.L.Rev.3 (1998). このジャンク・サイエンスに関する邦語論文としては，平野晋「アメリカの教訓——悪質クレームとジャンク・サイエンスを中心に——」木川統一郎編『製造物責任法の理論と実務』(成文堂，1994年)187頁以下がある．
68　正式事実審理を経ないでなされる判決(summary judgment)は，訴答書面や宣誓供述書などの資料に基づいて，陪審による事実審理に入る前に事件を解決できるため，裁判所にとっては効率的な訴答運営を図ることができるとともに，この判決を申し立てる者に対して迅速な救済を与えることができる．しかしその一方で，この形で判決を下すと，合衆国憲法修正第7で認められている陪審審理を受ける権利を侵害する恐れがある．このため，裁判所は，この申立てについて，判例法理により，慎重かつ厳しい判断基準を設定している．なお，正式事実審理を経ないでなされる判決については，以下を参照のこと．Jack H. Friedenthal, Civil Procedure (1985) 432-444.
69　わが国では，民事訴訟の事実認定において科学的共同体の見解をどのように評価すべきかが十分に検討されてこなかったことを指摘し，米国モデルの分析からこの問題にアプローチした論文として，前掲・注24の渡辺千原「事実認定における『科学』——合衆国のベンデクティン訴訟を手がかりに(一)・(二)」がある．また，米国における専門家証言の許容性の問題に焦点をあてた論文として，前掲・注24の椎橋邦雄「アメリカ民事訴訟における専門家証人の証言適格」を参照のこと．
70　113 S.Ct. 2786 (1993).

71　293 F.1013 (D.C.Cir.1923).
72　*Id*. at 1014.
73　*See* Paul C. Giannelli, *The Admissibility of Novel Scientific Evidence*: Frye v. United States, *a Half-Century Later*, 80 COLUM. L. REV. 1197, 1208 (1980).
74　*See* Jay P. Kesan, *An Autopsy of Scientific Evidence in a Post-Daubert World*, 84 GEO. L.J. 1985, 1990 (1996).
75　*Id*.
76　*Cf*. CHARLES T. MCCORMICK, MCCORMICK ON EVIDENCE 203, at 868-69 (John W. Strong ed., 4th ed. 1992).
77　*See*, *e.g.*, United States v. Stifel, 433 F.2d 431 (6th Cir. 1970).
78　Fed.R.Evid.702.
79　Fed.R.Evid.402.
80　113 S.Ct. 2786 (1993).
81　*Id*.at 2794.
82　*Id*.at 2796.
83　*Id*.at 2796-97.
84　*Id*.at 2794.
85　*Id*.
86　*Id*.at 2796.
87　*Id*.at 2798.
88　*Id*.
89　*See* Micael E. Withey, *Providing Causation in EMF-Based Claims: It's the Method, Not the Madness!*, 1(2) SHEPARD'S EXPERT & SCI.EVID.Q. 181, n.171, at 186 (1993).
90　*See* BERNARD D. GOLDSTEIN & MARY SUE HENIFIN, REFERENCE GUIDE ON TOXICOLOGY, in REFERENCE MANUAL ON SCIENTIFIC EVIDENCE 181, 186-87 (Federal Judicial Center ed., 1994).
91　*See* In re Paoli R.R.Yard PCB Litig., 35 F.3d 717 (3rd Cir.1994).
92　*See*, *e.g.*, In re "Agent Orange" Prod. Liab. Litig., 597 F. Supp. 740, 785 (E.D.N.Y. 1984); Daubert v. Merrell Dow Pharm., Inc., 43 F.3d 1311, 1316 (1995).
93　たとえば、Daubert判決の差戻審で連邦第9巡回控訴裁判区は、この判断基準をとっている。*See* Daubert v. Merrell Dow Pharm., Inc., 43 F.3d 1311 (1995).
94　*See* McCullock v. H.B. Fuller Co., 61 F.3d 1038 (2d Cir. 1995).
95　Zuidema v. San Diego Gas & Elec.Co., No. 638222(Cal.Super.Ct. Apr.30, 1993).
96　Bill Kisliuk, *Junk-Science Debate Opens Up*, RECORDER, June 29, 1993, at 1, 1.
97　なお、これまで述べてきた科学的専門家証言に関する許容性の判断基準は、連邦証拠規則あるいは、これに類似する証拠規則と判断基準をもつ州においてのみ妥当することに注意を要する。なぜなら、古典的な一般受容基準を維持しようとする州の場合には、依然としてFrye判決に類似した判断基準が適用されているためである。
98　電磁波により子供が小児白血病にかかったと主張される場合を想定すると、この子供自身の損害賠償に加え、子供の苦しみを目の当たりにしている親族にも、精神的損害賠償が認められる場合が多いであろう。*See* Ochoa v. Superior Court, 703 P.2d 1 (Cal.1985).

99 最近の論文では，以下の2つが参考になる．籾岡宏成「アメリカ合衆国における民事陪審と懲罰的損害賠償・前編」北海道教育大学紀要 人文科学・社会科学編57巻1号65頁，
伊藤壽英「アメリカ新判例を読む──日本法へのインプリケーション(40) 懲罰的損害賠償に関する憲法上の制約とその具体的基準── State Farm Mut. Auto. Ins. Co. v. Campbell, 538 U.S.__, 123 S.Ct. 1513 (2003)」ジュリスト1251号185頁．
100 Roy W. Kreiger, *On the Line*, A.B.A.J., Jan. 1994, at 40, 45.
101 Nancy Campbell Brown, *Note, Predicting the Future: Present Mental Anguish for Fear of Developing Cancer in the Futures as a Result of Past Asbestos Exposure*, 23 MEM. ST.U.L.REV.337, 338 (1993). また，最近の論文としては，次のものを参照のこと．James F. d'Entremont, *Fear Factor: The Future of Cancerphobia and Fear of Future Disease Claims in the Toxicogenomic Age*, 52 LOY.L.REV. 807 (2006).
102 Robert L. Willmore, *In Fear of Cancerphobia*, 56 DEF.COUNSEL J. 50, 51 (1989).
103 *Id*.
104 *Id*. at 178.
105 *See generally* Robert A. Bohrer, *Fear and Trembling in the Twentieth Century: Technological Risk, Uncertainty and Emotional Distress*, 1984 Wis.L.Rev. 83; Arvin Maskin, *Cancerphobia: An Emerging Theory of Compensable Damages*, 31 J. OCCUPATIONAL MED. 427 (1987).
106 W.PAGE KEETON et al., PROSSER AND KETTON ON THE LAW OF TORTS §41, at 269 (5th ed. 1984).
107 *See, e.g.,* Eagle-Picher Indus., Inc. v. Cox, 481 So.2d 517 (Fla.Dist.Ct.App. 1985), *review denied*, 492 So.2d 1331 (Fla.1986).
108 San Diego Gas & Elec. Co.v.Covalt, 920 P.2d 669 (Cal.1996).
109 *See* W. PAGE KEETON et al., PROSSER AND KEETON ON THE LAW OF TORTS 30, at 7 (5th ed. 1984).
110 JENNIFER L. KELSEY et al., METHODS IN OBSERVATIONAL EPIDEMIOLOGY 14-16 (1986) (ここでは，有害物質に継続的ではあるが少量ずつしか曝露したり摂取しなかった場合には，5年から40年後にこの物質に起因する症状が現れることがありうるとされている).
111 Eric Watt Wiechmann, *Curse of the Unsick: Update on Latent Injury Claims in Toxic Tort Cases*, 25 BRIEF 10, 45 (Summer 1996).
112 *Id*.at 10.
113 なお，このような予備的請求の一つとして「健康リスクの増大に対する損害 (increased risk damages)」も存在するが，電磁波関連訴訟においては，その立証が非常に困難であると思われるため，ここでは説明を省略する．
114 この医学的モニタリングについては，次の論文を参照のこと．Allen T. Slagel, *Medical Surveillance Damages: A Solution to the Inadequate Compensation of Toxic Tort Victims*, 63 IND.L.J. 849 (1988). もっとも原告にこのような損害賠償を認めた場合に，後で実際に身体的損害が発生した場合に，再び損害賠償請求権を認めうるかという問題が生ずるが，学説では肯定的な態度をとるものが多い．たとえば，以下の論文を参照のこと．*See* Leslie S. Gara, *Medical Surveillance Damages: Using Common Sense and the Common Law to Mitigate the Dangers Posed by Environmental Hazards*, 12 HARV.ENVTL.L.REV. 265, 270-71 (1988).

また，最近の論文として，以下を参照のこと．Richard Bourne, *Medical MonitoringWithout Physical Injury: The Least Justice Can Do for Those Industry has Terrorized With Poisonous Products*, 58 SMU L.Rᴇᴠ. 251 (2005).

115 *See* George W. C. McCarter, *Medical Surveillance: A History and Critique of the Medical Monitoring Remedy in Toxic Tort Litigation*, 45 Rᴜᴛɢᴇʀꜱ L. Rᴇᴠ. 227, 253 (1993) (この論文では，このような医学的モニタリングの費用を，原告が他の用途に使うなどの事態を防ぐために，裁判所が監督する信託によって運営されるべきであるとの見解をとっている).

116 *See* Hagerty v. L & L Marine Servs., Inc., 788 F.2d 315 (5th Cir. 1986), *modified*, 797 F.2d 256 (5th Cir. 1986) (この判決では，連邦海事法の下で，医学的モニタリングを認めている).

117 525 A.2d 287 (N.J. 1987).

118 *Id*.at 312. この他にも，この判決で確立された 5 つの要素をさらに詳細にした判断基準を用いている州もある．これについては，以下の判決を参照のこと．Potter v. Firestone Tire & Rubber Co., 863 P.2d 795 (Cal. 1993); Hansen v. Mountain Fuel Supply Co., 858 P.2d 970 (Utah 1993).

119 *See Lin,supra* note 24, at 564-565.

120 *Id*. at 567-568.

121 *See Shannin,supra* note 24, at 135-389.

122 *Id*. at 135.

123 *Id*. at 137-140. この引用論文の著者は，その理論的可能性を肯定しつつも，具体的な立法がなされるまで司法は判断を控える可能性がある等の別の理由により，この救済が困難であると判断している．*Id*. at 141-142. しかし，筆者は，そのような別の理由がなくとも，Ayers 判決の第 2，第 4 要素を現時点で提出されている科学的証拠や専門家証言によって満たすことは，事実上不可能であると考える．

124 *See* Electric Power Bd. v. Westinghouse Elec.Corp., 716 F.Supp. 1069 (E.D.Tenn. 1988).

125 電磁波訴訟においては，これまで見てきたような身体的損害賠償の請求とともに，財産的損害に対する賠償請求，ならびに差止請求などが合わせてなされる場合が多い．財産的損害賠償請求には，通常，州の出訴期限法により，身体的損害とは別の期間が設定されている．さらに，差止請求に関しては，エクイティ上の消滅時効が適用されるなど，事実審理に入る前に複雑な争点を形成する場合もある．

126 なお，注 1 で述べたボーイング社労災事件の和解（MX ミサイル製造過程で electromagnetic pulse radiation に曝露したと主張された事件）については，ここでは扱わず，3 章の労働者災害補償法上の請求のところで取り上げる．

127 論文などで言及されたものの公刊されていない事件は，数多くある．送電線関連に限っても，たとえば，次のような事件が挙げられる．Bullock v. Northeast Utilities, No. CV92-0326697 (Conn.,New Haven Jud.Dist.Super.Ct. filed Dec. 19, 1991)(Melissa Bullock とその母親が，彼女が被った非常に希な脳にできたガンは，コネティカット州 Meadow Street における変電所と送電所によるものであるとして訴えたとされるケース); Johsz v. Sothern California Edison, No.726765 (Cal., Orange County Super.Ct. filed Mar. 14, 1994)(オフィスビルの

地下にある変電所から生ずる高いレベルの電磁波により，同じビルで働く多くの労働者がガンに罹患したと主張された事件);Bicki v. Houston Power & Light, No. 9462495 (Tex., Harris County Dist.Ct. filed Dec. 27, 1994)(11 の家族が，送電線とビルのワイヤーによる電磁波によって，彼らの子供がガンに罹患したと主張した事件．これらの子供のうち 8 人は，急性リンパ性白血病 (acute lymphocytic leukemia) と診断されている．原告は，電力研究所 (the Electric Power Research Institute) を，被告とともに，共同謀議者 (a co-conspiration) に加え，信用できない研究，世論の操作，および，政府が規制を制定することを妨げていると，主張したとされる．しかし，これらの事件が記述された論文が公表された後でも，判決が公刊されていないということは，訴えが取り下げられたか，敗訴した可能性が強いと思われる).

128 Zuidema v. San Diego Gas & Elec.Co., No. 638222(Cal.Super.Ct. Apr.30, 1993). なお，この判決は公刊されていない．
129 Plaintiff's Brief at 2, Zuidema (No.638222).
130 Id.
131 Julie Gannon Shoop, *Lawsuits Link Cancer to Radiation From Power Lines*, 28 Trial, July 1992, at 13.
132 Id. at 9-11．EPRI により行われた全米の家庭における電磁波の強さに関する調査では，調査対象となった家庭の 1％だけが，4.41 ミリガウスを越えるレベルの電磁波環境にあった．Id. at 10-11.
133 Zuidema 一家は，この曝露のため家を売らなければならず，その結果損害を被ったと主張した．Id.
134 E.Gregory Barnes, *A Blitz Fails*, PUB.UTIL.FORT., July 1, 1993, at 10.
135 Id.at 10.
136 Plaintiff's Brief, at 2, Zuidema(No.638222).
137 Id.at 8.
138 被告会社の弁護士によると，Zuidema 判決において評決が出されたあとの陪審員たちへのインタビューによってわかったことは，陪審員は，原告勝訴の判決を出したいという気持ちが強かったにもかかわらず，原告側の弁護士と，その専門家証人によって電磁波とガンとの因果関係が十分に立証されなかったため，非常に残念に思ったということであった．さらに，陪審員たちは，少なくとも訴訟で問題となった 1986 年から 1990 年の期間については，公益事業会社には警告義務はなかったと評価していた．*See Barnes,supra* note 24, at 10.
139 466 S.E.2d 601 (Ga.App.1995).
140 Id.at 603.
141 Id.
142 Id.
143 Id.at 604.
144 Id.
145 Id.
146 Id.
147 Id.at 605.
148 Id.

149 *Id*.at 606.
150 *Id*.
151 *Id*.
152 *Id*.at 606-07.
153 689 So.2d 308 (Fla. Dist. Ct. App. 1997).
154 *Id*.at 309-10.
155 *Id*.at 310 n.5.
156 *Id*.at 311.
157 *Id*.at 312.
158 *Id*.at 313.
159 *Id*.
160 920 P.2d 669(Cal.1996).
161 *See id*.at 678-79.
162 *See id*.
163 *See id*.at 679.
164 *Id*. さらに，原告は，電磁波を原告の財産およびその周辺に及ぼさないことを求める差止請求をしているが，裁判所は，その他の理由により，この請求を認めていない．
165 *See id*.
166 *See id*. この手続は，被告会社が判例法 (Waters v. Pacific Telephone Co., 12 Cal.3d 1 およびこの争点に関連する判例) に基づいて，裁判所は，公益事業委員会の広範な裁量権を妨げ，あるいはこれと矛盾する司法的判断を下すことができないとする主張に基づいてなされたものである．
167 *See id*.
168 *See id*.at 680.
169 Potter v. Firestone Tire & Rubber Co., 863 P.2d 795(Cal.1993).
170 Potter 判決における将来ガンになるかもしれないという精神的損害賠償請求が認められるための2つの要件のうち第1の要件は，被告の過失により，原告がガンに罹患する可能性のある毒性物質に曝露したこと，である．
171 *See* San Diego Gas & Elec. Co. v. Covalt, 920 P.2d 669 (Cal.1996).
172 *Id*.
173 *Id*.at 680 n.18.
174 *Id*.at 681.
175 *Id*.at 687-94.
176 *Id*.at 694.
177 *Id*.
178 *Id*.at 695-96.
179 *Id*.at 696-97.
180 *Id*.at 697-700.
181 *Id*.at 705.
182 Ford v. Pacific Gas & Elec. Co., 60 Cal.App.4th 696 (1997).

183 *Id*.at 699-700.
184 *Id*.at 700.
185 *Id*.
186 *Id*.at 702-03.
187 *Id*.at 703.
188 *Id*.at 703-04.
189 *Id*.at 704.
190 *Id*.
191 *Id*.at 704-705.
192 *Id*.at 705-706.
193 *Id*.at 708.
194 717 N.E.2d 216(1999).
195 *Id*.at 222.
196 *Id*.
197 *Id*.
198 *Id*.at 222-23.
199 *Id*.
200 *Id*.at 223.
201 *Id*.
202 *Id*.at 223-24.
203 *Id*.at 224.
204 *Id*.at 220-21.
205 *Id*.at 221.
206 *Id*.
207 *Id*.at 224.
208 *Id*.
209 *Id*.
210 *Id*.at 224-27.
211 *Id*.
212 *Id*.
213 *Id*.at 227-30.
214 *Id*.at 230.
215 *Id*.at 230-39.
216 *Id*.at 239.
217 この携帯電話から発生する電磁波に対する社会的関心は，1993年にDavid Reynardが，その妻が脳腫瘍で死亡したのは携帯電話から生ずる電磁波によるものであるとして訴訟を提起し，これが大々的に報道されたことに端を発する．なお，この事件の判決が，後掲のReynard v. NEC Corp.判決である．これ以後，マスコミは，携帯電話による電磁波の健康への影響に関する議論を多く掲載してきた．*See, e.g.*, David Kirkpatrick, *Do Cellular Phones Cause Cancer?* FORTUNE, March 8, 1993, at 82

218 オーストラリアの研究者が，ねずみを使った動物実験により，携帯電話から生じる電磁波と似た電波がガンを引き起こす可能性があるとの報告を行っているが，この結果は人体にも同様の結果をもたらすことを示唆するものではない. Jonathon Marshall, *Cell Phones Linked to Cancer in Mice; Radiation Study Finds Twice the Normal Rate*, S.F.CERON., May 9, 1997, at A1.
219 *See, e.g., Scientists Find No Cancer Indications in DNA Study*, MOBILE PHONE NEWS, June 17, 1996, at 3.
220 887 F.Supp.1500(Fla, 1995).
221 *Id*.at 1502.
222 *Id*.
223 *Id*.
224 *Id*.at 1502-03.
225 *Id*.at 1503.
226 *Id*.at 1502.
227 *Id*.at 1503.
228 *Id*.at 1504.
229 *Id*.at 1505-06.
230 *Id*.at 1506-07.
231 113 S.Ct. 2786 (1993).
232 Daubert v. Merrell Dow Pharmaceuticals, Inc., 43 F.3d 1311(9th Cir. 1993).
233 Reynard v. NEC Corp., 887 F.Supp. 1500 (Fla., 1995).
234 *Id*.at 1509.
235 672 N.E.2d 1287 (Ill.Dist.Ct.App. 1996).
236 *See id*. at 1288. 被告は，モトローラ社の他に，三菱電気，ノキア移動電話，オーディオヴォックス，東芝，パナソニック通信システム，沖電気，サザーン・ベル移動システム社である．
237 米国のクラス・アクションについては，たとえば，浅香吉幹『アメリカ民事訴訟法』(弘文堂，2000年)37頁，大村雅彦・三木浩一編『アメリカ民事訴訟法の理論』(商事法務，2006年)225頁を参照のこと．
238 マグヌースン・モス担保条項法(Magnuson-Moss Warranty Act, 15 U.S.C. 2301-2312 (2000))とは，1975年に成立した連邦法であり，消費者向け製品に関する保証について，製造者と売主は，詳細でわかりやすく，かつ目立つように記載すること等を求めた立法である．同法については，たとえば，以下の文献を参照のこと．Katie Wiechens, *Arbitrating Consumer Claims under the Magnuson-Moss Warranty Act*, 68 U.CHI.L.REV.1459 (2001).
239 672 N.E.2d 1287,1289.
240 *Id*.at 1289-92.
241 *Id*.at 1289.
242 *Id*.at 1292.
243 *Id*.at 1292-93.
244 *Id*.at 1293-96.
245 *Id*.

246　　*Id*.
247　　697 N.E.2d 868 (1998).
248　　*Id*.at 870-71.
249　　672 N.E.2d 1287 (Ill.Dist.Ct.App. 1996).
250　　Schiffner v. Motorola, Inc., 697 N.E.2d 868 (1998).
251　　*Id*.at 871.
252　　*Id*.at 871-874.
253　　*Id*.at 874-876.
254　　478 S.E.2d 465(1996).
255　　*Id*.at 465-66.
256　　*Id*.
257　　*Id*.
258　　466 S.E.2d 601(Ga.App.1995). これは，前述の送電線関連の判例の中で，2番目に紹介した判例である．
259　　Motorola, Inc. v. Ward, 478 S.E.2d 465 (1996).
260　　*See* Judge throws out ＄800M lawsuit claiming cell phone-cancer link, AP, at 〈http://www.usatoday.com/tech/news/techpolicy/2002-09-30-cell-phone-cancer_x.htm〉 (last visited Feb.19, 2007).
261　　Newman v. Motorola, Inc., 78 Fed. Appx. 292 (4th Cir. 2003).
262　　*Id*. at 293.
263　　*Id*. at 293-24.
264　　*Id*. at 294.
265　　*Id*.
266　　*Id*.
267　　*Id*. at 294-95.
268　　Pinney v. Nokia, Inc., 402 F.3d 430 (4th Cir. 2005).
269　　*Id*. at 439-41.
270　　*Id*. at 439.
271　　*Id*. at 441.
272　　*Id*. at 442-46.
273　　*Id*. at 446-47.
274　　*Id*. at 448-49.
275　　*Id*. at 449-51.
276　　*Id*. at 458-59.
277　　*Id*. at 459.
278　　No. C911173SAW(N.D.Cal.Jan.20 1993). この判決は公刊されていない．
279　　*Defense Verdict Issued in Rader Gun Case; Jury Found No Link With Policeman's Cancer*, 22 O.S.H.Rep.(BNA)1543, 1554 (Jan 27, 1993).
280　　*Id*.
281　　Hays v. Raytheon Co. & Raytheon Serv.Co., 1994 U.S.App.Lexis 8415 (7th Cir. 1994).

282 *Id*.at *2.
283 *Id*.
284 *Id*.at *1.
284 *Id*.
286 113 S.Ct. 2786 (1993).
287 Hays v. Raytheon Co. & Raytheon Serv.Co., 1994 U.S.App.Lexis 8415 (7th Cir. 1994), at *6-18.
288 *Id*.at *18.
289 718 F.Supp. 900 (1989).
290 *Id*.at 901.
291 *Id*.
292 28 U.S.C.§§1346(b), 2671-2680.
293 718 F.Supp.900, 902-904 (1989).
294 *Id*.
295 *Id*.at 904-906.
296 *Id*.at 906.
297 920 P.2d 669(Cal.1996).
298 717 N.E.2d 216(1999).
299 Verb v. Motorola, Inc., 672 N.E.2d 1287 (Ill.Dist.Ct.App. 1996); Schiffner v. Motorola, Inc., 697 N.E.2d 868(1998).
300 Pinney v. Nokia, Inc., 402 F.3d 430 (4th Cir. 2005).
301 Zuidema v. San Diego Gas & Elec.Co., No. 638222(Cal.Super.Ct. Apr.30, 1993); Jordan v. Georgia Power Co., 466 S.E.2d 601 (Ga.App.1995).
302 Glazer v. Florida Power & Light Co., 689 So. 2d 308 (Fla. Dist. Ct. App. 1997); Indiana Michigan Power Co. v. Runge, 717 N.E.2d 216(1999).
303 Reynard v. NEC Corp., 887 F.Supp.1500(Fla., 1995); Motorola, Inc. v. Ward, 478 S.E.2d 465(1996); Newman v. Motorola, Inc., 78 Fed. Appx. 292 (4th Cir. 2003).
304 Edwards v. Kustom Signals, Inc., No. C911173SAW(N.D.Cal.Jan.20, 1993).
305 Hays v. Raytheon Co. & Raytheon Serv.Co., 1994 U.S.App.Lexis 8415 (7th Cir. 1994).
306 113 S.Ct. 2786 (1993).
307 Reynard v. NEC Corp., 887 F.Supp.1500(Fla., 1995); Newman v. Motorola, Inc., 78 Fed. Appx. 292 (4th Cir. 2003).
308 Hays v. Raytheon Co. & Raytheon Serv.Co., 1994 U.S.App.Lexis 8415 (7th Cir. 1994).
309 Zuidema v. San Diego Gas & Elec.Co., No. 638222(Cal.Super.Ct. Apr.30, 1993); Jordan v. Georgia Power Co., 466 S.E.2d 601 (Ga.App.1995); Edwards v. Kustom Signals, Inc., No. C911173SAW(N.D.Cal.Jan.20, 1993).
310 Victoria Slind-Flor, *Fertile Fields of Litigation*, NAT'L L.J., Apr.26, 1993, at 1, 8.

第3章
労働者災害補償保険法に基づく請求[311]

A. 労働環境における電磁波と連邦職業安全衛生法の適用

　職場において，電磁波が労働者に身体・健康上のリスクをもたらす可能性がある場合，①事前に想定しうるリスクから労働者を保護しようとする労働安全衛生法による規制と，②実際に損害が起きた場合に労働者災害補償保険法に基づく請求が適用されるか否かの問題とに分けて考えることができる．本章では，労働者災害補償保険法に焦点をあてて考察するが，その前に米国における労働安全衛生法規が電磁波をどのように規制しているかについて概観しておきたい．

　米国では，連邦職業安全衛生法 (the Occupational Safety and Health Act of 1970)[312]が連邦レベルの立法として，労働環境における安全確保について，包括的に規定している．本法の5条(a)項は，使用者に対して，①被用者が，死亡や重大な人身上の危害にさらされたり，または，そのような可能性のある業務に従事しないようにする義務と，安全な業務遂行を行える場所を提供する義務（一般的義務）を課すとともに，②本法の下で公布された労働安全衛生基準を遵守する義務（特定基準遵守義務）を課している[313]．

　前者の一般的義務は，全ての職場における労働環境に適用しうる具体的な労働安全衛生基準を整備することは期待できないため，特定の安全基準が定められていない場合であっても，使用者に安全衛生上の懈怠があれば，その責任を

追及することができるようにする機能を果たすものである[314]．したがって，特定の安全基準が定められている場合には，この一般的義務に基づいて，使用者の責任が問われることはない．

このため，本書で問題としているレベルの電磁波について，特定基準が定められているかが問題となる[315]．同法では，労働環境における非イオン化放射 (non-ionizing radiation) についての規定があるものの[316]，これはラジオ周波 (radio frequencies) に関する電磁放射 (electromagnetic radiation) に対する規制である．また，これらの規定は，継続的および断続的曝露に関する「勧告的 (advisory)」基準にすぎず，強制力をもつものではない[317]．

そこで，特定基準遵守義務が存在しない現状において，はたして使用者が一般的義務として，労働者を電磁波による身体的被害から保護する義務を負っているのかが問題となる．連邦労働省長官が，使用者の一般的義務違反を問うためには，①使用者が安全な労働環境を提供できなかったこと，②問題となっている危険が，当該使用者により認識されていたか，当該使用者が属している産業において一般的に認識されていたものであること，③その危険が，死亡もしくは重大な人身損害を引き起こしたこと，または，引き起こす可能性があったこと，および，④当該使用者が，この危険を排除する，あるいは，実質的に減少させるための実行可能な手段が存在したこと，を立証しなければならない[318]．

現時点における電磁場に関する情報や科学的知識に基づく限り，連邦労働省長官は，これらの4要件のうち，第2の危険に関する認識要件および，第3の現実の損害の存在あるいは蓋然性について立証するのは難しく，また，第4要件についても，おそらく困難であると思われる．このため，電磁波の身体的影響に関する今後の研究により，その科学的因果関係が明らかにならない限り，使用者に対して，連邦職業安全衛生法上の一般的義務違反を追求することはできないと言える．

このように，事前に電磁波がもたらすリスクから，連邦職業安全衛生法により労働者を保護することができない現状においては，事後的な補償，すなわち，

労働者災害補償保険法の適用による救済が可能か否かが問題となる．以下では，この問題を検討していく．

B. 電磁波による人身損害に対する労働者災害補償保険法の適用

1. 米国における労働者災害補償保険法の概観

　米国の労働者災害補償保険制度は，連邦管轄となる特定の被用者と一定の職域分野を除けば，現在でも州法に委ねられている．労働者災害補償保険制度は州ごとに異なっているので，以下では，電磁波に起因すると主張された具体的な労災事件を検討する前提として，その基本的特徴だけを概観しておく．

　まず，労災補償の対象となるためには，わが国と同様に，業務遂行性[319]と業務起因性[320]とが要件とされている．使用者の過失は問題とならない．また，職業病も補償の対象となり，その範囲の確定のために「雇用から生じた疾病」等の要件が一般的に課されている．州によっては，特定の職業病と職種との関連について，例示的に一定の疾病を列挙する特別規定などを設けることで，事実的因果関係の立証責任を軽減している場合もある[321]．電磁波により労働災害を被ったと主張する場合，ガンや白血病などの非特異的疾患が対象となることが多いため，当該疾患が雇用から生じたという業務起因性に関する立証が争点になると考えられる．

　米国の労災補償制度が，わが国のものと大きく異なる点は，労災補償が労働災害に対する排他的救済とされている点である．すなわち，労働災害が，使用者の故意や通常ありえないようなレベルの重大な過失により起きた場合にのみ，労災補償より多額の賠償が認められる可能性のある民事損害賠償を求める訴えを提起することが認められ，それ以外の場合には労災補償しか認められないのである．このため，原告たる被用者あるいはその遺族は，しばしば，当該損害は州労災法の適用除外となる事例であって，民事損害賠償の請求が認められる

という主張を行うのである[322].

2. 電磁波に関する具体的請求事例の検討

a. Dayton v. Boeing Co. 事件判決

　Dayton v. Boeing Co. 事件判決[323]は，1975年に，ボーイング社の元被用者が，電磁パルス（electromagnetic pulse）とレーザー放射（laser radiation）に曝露したことによる損害賠償を求めて連邦地裁に訴えを起こした損害賠償請求事件である[324]．原告は，この損害は州の労働者災害補償保険法の対象とはならず，コモン・ロー上の損害賠償請求が可能であると主張した．これに対して，被告会社は，①被告は労働者災害補償保険法の適用対象となる使用者であり，かつ，②原告の主張する損害は，原告が雇用されていたモンタナ州およびミズーリ州における労働者災害補償保険法等の適用対象であるため，原告の請求は，これらの立法に基づく請求に限定され，コモン・ローに基づく請求は排除されると主張した[325]．

　モンタナ地区連邦地方裁判所は，まず原告の主張する損害は，ミズーリ州労働者災害補償保険法に規定されている部分的な障害（partially disabled）に該当し，コモン・ローに基づく訴訟は認められないとして，訴えを棄却した[326]．以下，原告の主張と裁判所による判断の概略を記しておく．

　原告は，ミズーリ州労働者災害補償保険法における「放射線障害（radiation disability）」という定義においては，放射能（radioactive），エックス線（x-rays），イオン放射（ionizing radiation）による損害が対象となっており，原告の主張する損害の原因となった電磁パルス（electromagnetic pulses）が含まれていないため，原告の損害は，同法の適用を受けるものではないと主張[327]した．この原告の主張に対して，裁判所は，放射線障害を規定する条文の文言は，その目的に沿って解釈すると，原告が主張する限定解釈をとることは適切ではなく，原告の被った損害はこれに該当するとして，コモン・ロー上の救済は認められないと判示している[328]．

b. Strom v. Boeing 事件

この Strom v. Boeing 事件[329]は，公刊されている判例ではないため，ここでは簡単な紹介にとどめる．この事件は，1988 年にボーイング社の被用者である Robert Strom が，MX ミサイル製造業務に従事しているときに，同社がミサイルから生じる放射能 (radiation) は安全であるという誤った情報を提供したことにより，電磁パルス放射（electromagnetic pulse radiation）に曝露した結果，白血病に罹患したとして，800 万ドルの損害賠償を求める訴えを提起したものである[330]．

1989 年 10 月，裁判所は，業務の遂行上，電磁パルス放射にこれまで曝露してきた，あるいは今後曝露することが予想される約 700 名のボーイング社の被用者に対して，クラス・アクションにおけるクラスの認定を求める申立てを認めた[331]．しかし，事実審が開始される 2 日前に，ボーイング社は，①原告と 50 万ドルで和解するとともに，②会社から独立した地位にある医師により，他の 700 人の被用者の健康状態をモニターするために必要な費用をカバーするための 20 万ドルの基金を設立し，さらに，③今後約 10 年間にわたって当該被用者への特別健康診断プログラムの設立を約束して和解した．また，同社は，その後，問題となったミサイル製造について，その業務遂行方法を変更した[332]．

この事件は，電磁波による身体的損害賠償を請求する他の事件とは異なり，より強いレベルの電磁パルス放射が原因となった点で区別する必要がある．しかしながら，そのような場合であっても，原告が，会社側から他の労働者に対するモニタリング等を含めた和解を勝ち取った意味は大きいと言える．

c. In re Brewer 事件

In re Brewer 事件[333]は，ワシントン州タコマにある Kaiser Aluminum 社の電解室（the pot room）における業務に 17 年間にわたり従事してきた被用者が，自らが罹患したガンは，当該業務に伴う電磁波曝露により起きたとして労

災保険の給付請求を行った事件である．この事件も公刊されたものではないので，簡潔な記述にとどめたい．

この事件では，原告を診断した医師が，電磁波曝露の結果によりガンが発生したと結論づけたことから，ワシントン州労働産業省は，本件請求においては労災保険の給付請求に必要な因果関係に関する十分な立証基準（the more-probable-than-not standard of causation）が満たされているとして，同請求を認めた．これは，米国において公的に電磁波がガンを引き起こす原因であるとする因果関係を認めた最初の決定であると言われている．会社側は不服申立てをする予定であると報じられていたが，現在まで，公刊された判決が出ていないことからすると，不服申立てを行わなかったか，和解したものと思われる．

この事件も，本書で主たる問題として取り上げている電磁波よりも強いレベルのものが原因となっている．しかしながら，通常の不法行為訴訟よりは因果関係の判断基準が緩和されている労働者災害補償保険法における判断基準のもとでは，一定以上の強さの電磁波とガンとの因果関係が認められることがあることを明らかにした事例として意義がある．

d．Pilisuk v. Seattle City Light 事件

Pilisuk v. Seattle City Light 事件[334]は，米国における電磁波関連の労災事件として最も著名なもののひとつとされている．しかし，この事件も公刊された判例ではないので，その概要を記述するにとどめる．

本件は，1991年に死亡した被用者の遺族である Roberta Pilisuk による労災保険の給付請求事件である．この妻は，夫が死亡したのは，シアトル市電力会社でケーブル接続業務担当者および電気工事士として約7年間にわたり勤務していたときに，電磁波に曝露したため白血病になったことが原因であると主張した[335]．ワシントン州労働産業省は，この請求を1992年に否定した．ワシントン州労働者災害補償上訴委員会は，労働産業省による決定を支持し，電磁波が当該被用者の白血病を引き起こしたものではないとの決定を下した[336]．

e.　電磁波労災給付請求の判例傾向

　このように，これまで法律論文等で取り上げられてきた電磁波関連の労災保険の給付請求事件や民事損害賠償請求事件を見ると，MX ミサイル製造業務に関する Strom v. Boeing 事件[337]での和解，アルミニウム会社の電解室での業務による電磁波曝露がガンの原因として認定された In re Brewer 事件[338]のように，レーザー放射等の強いレベルのものに曝露したことによる請求は認められる傾向にある．しかし，一定レベル以上の電磁波による損害であっても，Dayton v. Boeing Co. 事件判決[339]のように，州の労働者災害補償保険法によりカバーされるとして，民事損害賠償請求は否定されるものも見られる．

　本書で主として対象としているレベルの電磁波に関しては，ケーブル接続業務に従事したことで白血病になったと主張された Pilisuk v. Seattle City Light 事件[340]が，これに該当するかもしれないが，この労災事件では，事実的因果関係の存在が認められなかった．このように見ると，このレベルの電磁波に関する現在の科学研究および医学研究による証拠に基づく限り，労災保険の給付請求において緩和されている事実的因果関係の立証基準の下においても，電磁波に起因する身体的損害についての因果関係を立証することは困難であると言えよう．

311　本章に関する記述は，前掲注 24 における Stottel 論文と Anibogu 論文に加え，以下の文献を参考にした．JACK B. HOOD, et al., WORKERS' COMPENSATION AND EMPLOYEE PROTECTION LAW(2nd ed. 1990); Sean T. Murray, *Comparative Approaches to the Regulation of Electromagnetic Fields in the Workplace*, 5 TRANSNAT'L L. & CONTEMP.PROBS 177 (1995); Julie Gannon Shoop, *Workers' Comp Claim Approved for Cancer from Electromagnetic Fields*, TRIAL (September 1994) at 17. なお，邦語文献としては，以下を参照した．中窪裕也『アメリ

カ労働法」(弘文堂，1995年)，三柴丈典「アメリカにおける労災予防権の検討——とくに労働安全衛生法 (OSHA) の一般的義務条項との関わりについて」季刊労働法181号139頁以下 (1995年).

312　29 U.S.C. §§651-678 (1994).
313　Section 5(a) of the Act, 29 U.S.C. §654(a).
314　DAVID P. TWOMEY, A CONCISE GUIDE TO EMPLOYMENT LAW 112, 121 (1986).
315　注20のYoung論文を参照のこと.
316　29 C.F.R.§1910.97(1992).
317　See Western Union Telegraph Co., Glenwood Earth Station, O.S.H.R.C. Docket No. 80-4873 (May 18, 1981), 9 O.S.H.C.(BNA) 2093 (1981), at 69 and Swimline Corporation, O.S.H.R.C. Docket No. 12715 (Dec.31, 1975), 1975-1976 O.S.H.D.(CCH) ¶20,379(1975) (この両方の事例とも，29 C.F.R. §1910.97(a) (1) (iii) によって規定されているが，これらの条項の効力について定めた29 C.F.R.§1910.97(a) (2) (i) では，これらの条項が強制力のある基準ではなく，勧告的基準であるとしている).
318　David P. Twomey, A Concise Guide to Employment Law 112, 121 (1986).
319　JACK B. HOOD, et al., WORKERS' COMPENSATION AND EMPLOYEE PROTECTION LAWS 70 (2nd ed. 1990).
320　*Id*. at 61.
321　*Id*. at 82.
322　*Id*. at 34.
323　Dayton v. Boeing Co., 389 F.Supp. 433 (1975).
324　また，原告の妻も，コンソーシアムの喪失に基づく損害を請求した. *Id*. at 34.
325　*Id*.
326　*Id*. at 435
327　*Id*.
328　*Id*. at 435-36.
329　No. 88-2-10752-1 (Wash.Super.Ct., settlement approved, Aug.15, 1990).
330　See Thomas P. Cody, *Assessing the Health Risks of Electromagnetic Fields: The Problem of Scientific Uncertainty in Electric Power Line Regulation*, 20 COLONIAL L. 24, 32(1991).
331　*Settlement Reached in Boeing Exposure Suit*, 5 TOXICS L.REP. 12, at 404, 405 (Aug.22, 1990).
332　*Id*.
333　See In re Brewer, No. T-743915/N364175) (Wa.Dept. of Labor and Industries).
334　See Denise Warkentin, Seattle City Light Wins EMF Lawsuit Brought By Worker, Elec. Light and Power, Jan. 1, 1995, at 3 (construing Pilisuk v. Seattle City Light, Claim No. T-448239 (Wash. Bd. Indus. Ins. App. 1994)).
335　See *id*.
336　See *id*.
337　No. 88-2-10752-1 (Wash.Super.Ct., settlement approved, Aug.15, 1990).
338　See In re Brewer, No. T-743915/N364175) (Wa.Dept. of Labor and Industries).

339 Dayton v. Boeing Co., 389 F.Supp. 433 (1975).
340 *See* Denise Warkentin, Seattle City Light Wins EMF Lawsuit Brought By Worker, Elec. Light and Power, Jan. 1, 1995, at 3.

第4章
不法侵害・私的ニューサンスに基づく不動産損害賠償請求訴訟[341]

　これまで，電磁波訴訟のうち，人身損害賠償請求訴訟と労働者災害補償保険法に基づく請求を見てきたが，この章では，コモン・ローに基づく不動産に関する損害賠償請求を検討する．この類型の訴訟では，送電線等から生じる電磁波に関する訴訟が考察対象となる．コモン・ローにおける不動産損害賠償請求訴訟では，不法侵害と私的ニューサンスに基づく請求が可能である．ここではまず，不法侵害に基づく請求について見た後，私的ニューサンスによる請求を検討する．

　なお，公用収用に伴う損失補償については，次の5章で検討するものとする．

A. 不法侵害訴訟

1. 不法侵害訴訟の利点

　送電線等から生じる電磁波による被害について，不法侵害（trespass）に基づく訴えを提起し，実質的な損害があったと認容されると，その損害賠償の範囲について，いくつかの利点が存在している．

　まず，不法侵害が立証された場合には，たとえ被告が不法侵害により当該不動産に対して実質的な損害が起きることを予想しえなかった場合でも，損害賠

93

償責任が課せられる場合があることが挙げられる[342]．第2に，陪審により，精神的損害賠償が認められる可能性があることから[343]，より大きな額の損害賠償を得られる可能性がある[344]．第3に，故意による不法侵害（intentional trespass）の場合には，懲罰的損害賠償が認められる場合がある[345]．第4に，継続的不法侵害の場合には，差止請求が認められる可能性がある[346]．そして，第5に，不法侵害訴訟の場合には，一般に州の出訴期限法において，通常，長い出訴期限が認められていることも利点として挙げられよう[347]．

そこで，以下，不法侵害請求の要件や抗弁について概観したあと，この請求が電磁波訴訟において適用可能性があるのか否かについて検討する．

2. 不法侵害訴訟の概観

a. 不法侵害とは何か

不法侵害とは，故意または過失により他人の所有する土地へ侵入すること，すなわち，他人の土地の排他的所有（exclusive possession of land）に対する不法な物理的侵入（unlawful invasion）を意味する[348]．なお，以下では，故意による不法侵害（intentional trespass）に限って考察を進め，過失による不法侵害（negligent trespass）については考察しない．なぜなら，前述した不法侵害訴訟に関する利点は，多くの法域において故意による不法侵害においてのみ認められているためである．また，過失による不法侵害は，後で取り上げるニューサンスとの差異が必ずしも明確ではなく，法域により扱いがかなり異なるためである．

歴史的には，「全ての種類の不法侵害は……不法侵害者の行為が平和的秩序の破壊として捉えられていたため，刑事法の下での制裁に服していた」[349]．今日の民事訴訟における不法侵害は，必ずしも犯罪を構成するものではないが，その歴史的経緯と土地所有者の排他的権利を守ろうとする意図から，実際の損害が原告の不動産に生じていない場合であっても，名目的損害賠償（nominal damages）が認められる場合がある[350]．

b. 実質損害賠償が認められるための要件と被告による抗弁

　故意による不法侵害について，名目的損害賠償にとどまらず，実質的な損害賠償の請求が認められるためには，被告に故意（intent）があったこと[351]，および，「土地に対して実際に損害をもたらす侵害（an actionable invasion of land）」[352]があったことの双方を立証する必要がある．

　このうち，前者の故意に関する要件は，被告が原告の財産に接触（contact）したことを立証すれば満たされる[353]．このため，たとえ被告が，原告の所有する不動産に対して危害を加える意図がない場合であっても，この故意の要件は満たされることになる[354]．よって，この故意に関する要件を立証することは，さほど困難ではない．

　これに対して，原告の所有する不動産に対して，被告による侵害が実質的な損害をもたらしたことを立証することは，必ずしも容易ではない．特に，被告が発生させている電磁波により，原告の所有する不動産に実質的な損害がもたらされたことを立証することは，困難であると思われる．その理由は，一部の法域において，不法侵害における被告による侵害は，可視的なもの（可視基準），あるいは一定の体積をもったものによる侵入でなければならない（特定体積基準）とされているためである[355]．このような法域にあっては，物的実態のある侵害が存在しない場合には，原告の所有する不動産に対する不法侵害は成立しない．このため，いくつかの判例では，光，振動，または騒音を他者の土地に侵入させた場合であっても，不法侵害は成立しないと判示されている[356]．この立場は，伝統的な判例法理を踏襲したものである．

　その一方で，一部の法域においては，被告による侵害が，ガス，粒子，波（waves）などの不可視なものや一定の体積をもたないものであっても，これらが他者の所有する土地の上に進入した場合には，不法侵害の成立が認められている．このような立場を明示した判例としては，オレゴン州最高裁によるMartin v. Reynolds Metal Co. 事件判決[357]が著名である．この事件では，被告会社のアルミ精製プラントから拡散した目に見えないフッ素化合物が，原告

の牧畜場に飛散して蓄積されたことが不法侵害を構成するか否かが主たる争点となった[358]．被告会社は「特定体積基準（a dimensional test）」を満たさない全ての侵害はニューサンスであって，不法侵害を構成するものではないと抗弁した[359]．裁判所は，土地に対して実質的な損害をもたらすという侵害要件には，「当事者の排他的所有に関する法的に保護された利益に対するいかなる侵害も含まれるのであって，当該侵害が，それが可視的・不可視的なものか，あるいは，物理学者による数学的表現によってのみ計測可能なものであるかは問題とならない」と判示した[360]．

このマーティン事件判決は，すでに粒子やその他の目に見えない作用物に関して不法侵害を認めた判例[361]をさらに抽象化する形で，不可視的不法侵害の成立を認めている．近年の不法侵害訴訟では，この考え方に基づいて，音波や放射能による不法侵害の成立を認める判例も存在している[362]．

不法侵害訴訟において，被告が主張しうる主たる抗弁は，原告による「同意（consent）」の存在である[363]．このため，送電線の設置等について，同意の上で地役権が設定された場合には，不法侵害が認められる可能性は少ない．また，これと類似する抗弁として，被告が，当該侵入について，当該不動産所有者からなんらの反対もないものと信じていた場合には，錯誤（mistake）が認められる可能性がある[364]．

c. 継続的不法侵害に対する差止請求

米国では，継続的な不法侵害の存在が認められる場合には，かつて訴訟において損害賠償が認められた場合であっても，前訴の既判力を限定的にとらえ，数次の訴訟（successive actions）による損害賠償請求を認める判例法理が存在する[365]．また，継続的侵害を行った被告に対して，除去（abatement）や差止め（injunction）を認める判例[366]も例外的ではあるが存在することから，継続的侵害の存在を立証する意義は大きい．

しかしながら，多くの裁判所は，公用収用が認められている送電線のような

構造物の設置を永続的ニューサンス（permanent nuisance）として捉え，不法侵害に基づいて，その除去や差止めを請求することを一般的に認めていない[367]．この判例法理の下では，将来にわたる全損害の賠償を1度限りの訴訟において請求するよう求める[368]，あるいは，原告に対して不法侵害ではなく，逆収用訴訟を提起するよう要求している[369]．

3. 電磁波訴訟への不法侵害の適用可能性

これまで，不法侵害の意義や要件等について考察してきたが，この不法侵害を，送電線に関する電磁波訴訟において主張することが可能であろうか．もしも，これが認められれば，不動産価値の下落[370]のみならず，当該不動産所有者および家族の精神的苦痛に対する賠償，さらには，懲罰的損害賠償や差止めまで認められる可能性がある．

以下，故意，実質的侵害要件，同意の抗弁，継続的侵害に対する差止請求について，電磁波訴訟への適用可能性を検討することにする．

a. 故意の要件

すでに述べたように，この故意（intent）の要件は，被告が原告の財産に接触したことを証明すれば満たされる．このため，送電線から生じる電磁波について不法侵害を主張する場合，電力会社が，自らに付与された地役権（easement）の範囲を越えて，電磁波が隣接する他の財産に及んでいることを知っていれば，不法侵害における故意の要件を満たすことになろう．

電力会社は，長きにわたって，このことに対する一般的な知識をもっている．よって，電力会社による特定の侵害意思が存在しているか否かにかかわらず，電磁波の放出が送電線が設置された土地のみならず，その周辺の土地にも及んでいる事実に関する認識があれば，不法侵害訴訟における故意の要件を，理論上は満たすことになろう．

b. 不動産に対する実質的損害要件

前述したように，この実質的侵害要件に関しては，可視基準や特定体積基準をとる法域と，そうでないリベラルな法理をとる法域とが存在している．このため，それぞれの法域において，電磁波による侵害が実質的侵害を構成するか否かについて，結論が異なることになる．

まず，可視性や特定体積の存在が要件とされる伝統的な法理を維持する法域では，電磁場は，エネルギーの波であって，光や音などと同様に判断されるであろう．さらに，光などと異なり可視性もないため，不法侵害が成立する可能性はないと考えられる．

これに対して，Martin v. Reynolds Metal Co. 事件判決[371]と同様のリベラルな見解をとり，侵害物の特定体積や可視性が問題とならない法域においては，電磁波が物理的に測定可能であることから，電磁波も当該不動産への侵害要件を満たす可能性がある．この判例法理が適用される場合，電磁波訴訟における原告は，電磁波が計測可能なエネルギーであり，かつ，これが電力会社による地役権の範囲を越えて自らが所有している近接する不動産にまで及んでいることを立証する必要がある．これらの立証は，決して難しいものではない．

もっとも，不法侵害における可視性や特定体積の存在を問題としないリベラルな見解をとる法域にあっても，①不法侵害を構成するためには，侵入した粒子が当該土地に付着していることを要件としている判例や[372]，②土地に対して実質的な損害が生じたことを立証することが要件とされている判例[373]，さらには，③これらの双方の要件を同時に満たすことを要求している判例[374]が存在する．これらの要件のうち，電磁波は，第1要件たる土地への付着を満たすことができない．また，第2要件たる土地への実質的侵害を立証することは困難である．このため，これらの不法侵害についてリベラルな見解を取る法域においても，これらの加重要件が課される場合には，電磁波による不法侵害に基づく請求は認められないことになる．

c. 継続的不法侵害に対する差止請求

それでは，不法侵害の法理に基づき，送電線から生じる電磁波が他人の所有地に継続的な侵害をもたらしていることを理由として，その差止めを請求することは認められるであろうか．

送電線の存在が継続的なものであること，および，その管理主体である電力会社が公用収用権限をもつことから，裁判所は，電磁波関連の不法侵害訴訟を「永続的ニューサンス（permanent nuisance）」として扱う可能性がある．このため，電磁波曝露に対する差止請求が，不法侵害を根拠に認められる可能性は必ずしも高くない．もっとも，理論的にではあるが，裁判所は，電力会社の公用収用権限を認める一方で，電磁波放出レベルの低減を命じることは可能であろう．

4. 不法侵害が電磁波訴訟で主張された判例の検討

従来の電磁波訴訟において，不法侵害による損害賠償請求を正面から認めた判例は存在しない．しかしながら，これらの電力会社に対する電磁波訴訟を見ると，その判旨において完全に不法侵害に基づく請求を否定するものから，同請求の可能性に一定の余地を認めているものまで，幅広い解釈のあり方が見て取れる．

ここでは，これらの判例のうち代表的なものを，①不法侵害の実質性に関する判例，②学校に近接して高圧送電線が設置されたことに関する判例，③公益事業委員会による排他的管轄権の有無に関する判例に分けて検討する．

a. 実質的侵害要件に関する判例

まず，電磁波による不法侵害が，実質的侵害要件を満たすものであるか否かを判断した判例を見てみたい．

本書の2章E.1で検討したSan Diego Gas & Elec. Co. v. Covalt事件判決[375]では，騒音・ガス・振動などの不可視的侵害については，一定の粒子が

原告の不動産の上を侵害している事実があるか，または，実際に不動産に物理的損害をもたらしているという事実のいずれかが満たされる必要があるが，電磁波による侵害は，このいずれをも満たしていないと判示している[376]．また，同じ2章E.1で取り上げた Jordan v. Georgia Power Co. 事件判決[377]では，電磁波による危害に関する科学的立証がないことから，電磁波による不法侵害の成立を否定する一方で[378]，将来における科学の進歩により，電磁波による不法侵害が成立する可能性を留保している[379]．

このように，判例においては，電磁波による不動産に対する侵害性は，現時点の科学的根拠に基づく限り否定されるのが一般的傾向であると言ってよい．

b. 学校に近接する高圧送電線設置計画に関する判例

Houston Lighting & Power Co. v. Klein Independent School District 事件判決[380]は，高圧送電線が学校施設に近接して設置されたことに対し，その安全性が問われた諸判例の中で，最も著名なものである[381]．この事件では，公用収用手続をきっかけとして，電磁波による不法侵害の主張がなされた．

この事件は，クレイン独立学校区が，ヒューストン電力株式会社に対して，同社が 345,000 ボルトの送電線を建築するにあたり，学校の土地の 100 平方フィートにあたる部分を収用しようとしたことが裁量権の濫用にあたるとして，訴えを提起したものである[382]．原審において，同学校区は，①学校の敷地上に送電線を通すという決定は，3,000 名以上の生徒の安全，健康および福祉を無視するものであるため，この公用収用は無効であり[383]，②被告電力会社が，送電線建設を目的とした地役権設定のために学校の土地を公用収用するということは，裁量権の濫用にあたるとともに，③この裁量権の濫用は学校の土地に対する故意による不法侵害を構成すると主張した[384]．陪審は，被告電力会社が，この送電線建設を目的とした地役権設定のために行った公用収用は，権利の濫用にあたると判断した．裁判所も，被告電力会社に対して，この不動産に関する諸権利を学校区に返還するよう命じるとともに，当該学校施設の使用を永久に禁じる差止命令を出

した[385]．さらに，学校区への填補損害賠償として 104,275 ドル，懲罰的損害賠償として 2,500 万ドルの支払いが命じられた[386]．このため，被告電力会社が上訴した．

テキサス上訴裁判所では，上訴人たる電力会社が，①現在の科学的証拠をもってしては，電磁波による健康被害を理由として土地収用に関する裁量権の濫用を認めることはあまりにも推測的で不適切なものであり[387]，②原審が認めた懲罰的損害賠償は，公用収用手続においては認められるものではない，と主張した[388]．これに対して被上訴人たる学校区は，懲罰的損害賠償は，不法侵害における損害賠償として適切なものであると主張した．これらの主張について，上訴裁判所は，①陪審は，上訴人が当該送電線の敷設および運営の計画を行うにあたり，これに関する健康上の影響についての関心が高まっていたことを十分に配慮しなかったと合理的に判断した，と判示する一方で[389]，②上訴人は公用収用法[390]の要件を完全に満たしていることから，その合法的な当該不動産の収用により，不法侵害は成立しない，と判示した．そして，原判決を修正し，不法侵害に基づく懲罰的損害賠償の請求は失当であるとして認めなかったものの，その他の請求は全て原審の判断を維持したのである[391]．

この上訴審判決により，被上訴人学校区はその不動産上に送電線が敷設されることはなくなり，填補損害賠償もそのまま認められる結果となっていることから，被上訴人にとっては勝訴判決と評価することができるであろう．事実，この判決後，上訴人電力会社は当該学校施設を回避するために，自主的に送電線を移動させている[392]．

この上訴審判決において，不法侵害に基づく懲罰的損害賠償の請求が認められなかったのは，上訴人電力会社が，公用収用法に基づく手続を遵守していたことから，他人の土地の排他的所有に対する不法な物理的侵入という不法侵害の概念そのものが該当しないと判断されたためであると考えられる．この点に関する上訴裁判所の判断は，妥当であると言えよう．

c. 公益事業委員会による排他的管轄権の有無に関する判例

　米国では，高圧送電線新設工事の事業認定や，これに伴う公用収用に関する審査は，通常，州の公益事業委員会により行われている．それでは，公益事業委員会の事業認定や裁決を不服とする原告は，電磁波被害について不法侵害などのコモン・ロー上の権利に基づいて，裁判所に，直接に訴えを提起することができるのであろうか．

　この点，米国では，公益事業委員会の権限のあり方や，司法機関との関係が州ごとに異なることから，画一的な答えが存在しているわけではない．この争点は，送電線から生じる電磁波による身体的損害賠償請求を扱った判例を検討したときにも問題になった．以下では，電力会社の送電線敷設計画手続に対して，原告が，不動産への損害について不法侵害等を理由として訴えを提起した判例のうち，電磁波に関する損害が主張されているものを取り上げて検討する．

　この Hoch v. Philadelphia Elec.Co. 事件判決[393]は，フィラデルフィア電力会社など3社（被告）が，送電線の新設のために原告の所有地に地役権を設定する手続をとり，これに対して，原告が不法侵害等の主張に基づいて訴えを提起したものである．なお，原告は，被告により公用収用権限が行使された不動産所有者には含まれていない．

　原告は，(ⅰ) 被告は，原告の不動産の前所有者との間で合意の上設定された地役権に基づいて原告の所有地に侵入し，(ⅱ) 9,280平方フィートにわたって樹木や雑草等を伐採し，さらに，原告が利用している私道に損害を与えたが，(ⅲ) この侵入および行為に起因した損害を回復するためには21,550ドルを要し，(ⅳ) 被告は，上記の侵入を行う前に，原告から被告にはその権限がないとの通知および警告を受けていたにもかかわらず侵入を行ったのであり，(ⅴ) 上記の被告による侵入目的は，地役権設定地に隣接する高圧送電線の建設・管理にあったが，(ⅵ) 当該高圧送電線は，電磁波・騒音・振動を原告の所有地に日常的かつ継続的に引き起こすものであり，これは原告および第三者の所有する不動産の利用と利益の享受を侵害しており，安全性に欠け危険

であるばかりでなく，当該不動産の利用価値と市場価値を減少させるものであり，(vii) 被告はこれらの行為を，原告になんらの賠償もせずに行った，と主張している．

原告は，これらが，①不法侵害，②被告3社による共同謀議（conspiracy），③ニューサンス，に該当するばかりでなく，④この公用収用そのものが違憲であると主張した[394]．

原審は，被告による訴え却下の申立て（demurrer）を認め，本件公用収用は違憲ではないと判断した上で，以下の3点について判示して，原告の訴えを却下した．すなわち，(1) 原告が所有する不動産に対する損害は，公用収用の直接的あるいは間接的な結果であって，これに対する法的救済を不法侵害に基づいて主張することはできず，州の公共企業法の公用収用に関する規定に基づいてなされるべきであり，(2) 被告による行為は，当該不動産の前権原所有者との間で合意の上設定された地役権に基づく範囲で行われたものであることから，原告による不法侵害に基づく主張は認められず，(3) 送電線の安全性に関する争点については，これを争う適切な紛争処理機関は，本裁判所ではなく，公益事業委員会であると判示したのである[395]．原告は，この判決を不服として上訴した．

上訴審は，原審が当該公用収用を違憲ではないとした点については支持しながらも，これ以外の3つの争点に関する判断については，破棄・差戻しを命じている[396]．

上訴審は，まず第1に，州公共企業法における公用収用に関する規定は，上訴人（原審原告）に対する排他的な救済を定めたものではない，と判示した．この点につき，上訴審は，①上訴人は，被上訴人（原審被告）により公用収用権限が行使された不動産所有者に含まれておらず，このため，公共企業法の公用収用権限に関する条項が本件に適用されることはなく，②もしも公用収用権限を行使する者が，当該不動産の所有者に対して収用権限を保持しておらず，自らがその権限を行使するために必要な要件を満たさなかった場合には，その

侵入は他者の所有する不動産への不法侵害を構成する可能性があるためである，と判示している[397]．

　上訴審は，第2に，被上訴人が，当該不動産の前権原保持者との間で設定した地役権の範囲内で行為したとの主張を認めなかった．なぜならば，①被上訴人は，その訴答書面において，自らが地役権を真に保持し，あるいは継受した権原保持者である旨の主張を行っておらず，②たとえ被上訴人が当該地役権を真に保持していたとしても，このことをもって上訴人の主張する請求を否定することにはならず，③むしろ，被上訴人の地役権に基づく主張は，上訴人による不法侵害の主張に対する抗弁として位置付けられるものであり，さらに，④上訴人は，被上訴人が当該地役権が設定されている範囲を超えて損害をもたらしたと主張しているに過ぎないからである．

　以上の点から，上訴人は不法侵害に基づく請求を適切に主張しており，その請求が認められるものであるか否かは，実質的な事実に関する争点を形成するものであるため，正式事実審理を経ないで判断することはできない，と判示した[398]．

　上訴審は，第3に，公益事業委員会が送電線の安全性に関する適切な紛争処理機関であるとする被上訴人の主張を退けた．上訴審は，まず，その理由として，本件では，被上訴人が上訴人の所有する不動産に対して公用収用権限を行使していないことから，公用収用に伴い公共事業委員会が下した裁決に対して司法審査の範囲が一定程度制限されるという判例法理に拘束されることはないことを挙げている．その上で，本件で，上訴人は，被上訴人による行為が，不法侵害，ニューサンス，および正当な補償なしに財産権が奪われたという民事上の共同謀議に該当すると主張しているのであって，これらの主張は，被上訴人の行為が，公用収用権限に基づくものであるのか，あるいは，その権限を踰越してなされたものであるかどうかという問題とは関係がない，と判示している[399]．

B. 私的ニューサンス

これまで，不法侵害に基づく請求を見てきたが，私的ニューサンス（private nuisance）によっても，不動産に関する利益の侵害を主張して，電磁波訴訟を提起することが可能である．不法侵害が不動産の排他的所有権に対する侵害訴訟であるのに対して，私的ニューサンスは，不動産の利用と利益の享受に関する権利の侵害に対して救済を求める訴訟である[400]．

ニューサンスには，私的ニューサンスの他に，公的ニューサンス（public nuisance）が存在している．私的ニューサンスは，不動産の使用あるいは利益の享受に対する被告の不合理な妨害について救済を求める訴訟である．これに対して，公的ニューサンスは，公衆の共通の権利の行使に際し，公衆による利用を妨害したり，公衆に不便や損害を惹起したりする軽犯罪を構成する行為であり，通常は州に訴権があり，一般私人は，自己に対する特別な侵害がなければ訴えを提起することはできないとされている[401]．

本書では，私的ニューサンスのみを考察の対象とする．公的ニューサンスについては，私人が電磁波による損害を自己に特別な損害であると主張して訴訟を提起しようとしても，裁判所が，州により公用収用権限が認められている電力会社に対する訴えを認める可能性がほとんどないためである[402]．以下，私的ニューサンスに関する理論を概観した後，電磁波訴訟への適用を検討する．

1. 私的ニューサンスの意義

私的ニューサンスとは，「他人が，その土地について私的に利用している利益を侵害するもので，不法侵害にあたらないもの」[403]とされている．

不法行為法（第2次）リステイトメント822条では，私的ニューサンスを大きく2つの類型に区分している．この2つの類型とは，「(a) 故意かつ不合理なもの，または，(b) 故意によるものではないが，過失（negligence），無謀な行為（reckless conduct），あるいは，非常に危険な状態・活動（abnormally dangerous conditions or activities）に関して適用されるそれぞれの責任法理において請求が可能なもの」[404]である．

電磁波訴訟では，電力会社が送電線を建設し運営する行為は，意図的なものであると考えられるから，通常，この第1の類型にあてはまることが多いので，以下，この第1類型に関して検討していく[405]．

2. 故意によるニューサンスの立証

電磁波訴訟における原告が，この故意によるニューサンスに基づく請求を行う場合に立証しなければならないのは，①電磁波により土地の使用および利用が侵害されたこと，②被告電力会社による不合理な行為の存在，および，③実質的な損害が生じたことである．

まず第1に，原告が，私的ニューサンスにより損害賠償を請求する場合には，不動産の利用あるいは利益の享受が実質的に侵害されたことを証明しなければならない[406]．しかしながら，電磁波訴訟においてこの立証は容易ではない．それというのも，電磁波そのものの特性が，伝統的なタイプのニューサンスである大気汚染[407]，悪臭[408]，日照[409]などの類型にうまく適合しないためである．特定の原告が，その不動産の使用および利用の利益を，送電線等から生じる電磁波により侵害されたと立証するのは，かなり困難であると思われる．

第2に，原告は，当該侵害行為が不合理なものであったことを，証拠の優越基準により立証しなければならない．この被告による行為の不合理性について，不法行為法（第2次）リステイトメントは，具体的な事件において原告が被った損害の重大さと，被告による行為の効用との，いわば相関関係によって決定されるものとしている[410]．そうなると，電力会社の行った行為，すなわち送電線を通じた電力供給事業は，社会的有益性が大きいことから，原告が，この比較衡量基準の下で，被告電力会社の行為が不合理であると立証することは相当に困難であると言えるであろう．

第3の送電線から放出される電磁波によって実質的な損害が生じたとする

立証は，それほど困難ではない．この損害は，多くの市民が電磁波に対する恐怖心をもっていることから，当該不動産の市場価値が減少したことを示せば，証明できると考えられる[411]．原告は，これに加えて，電磁波による潜在的な健康被害に関する認識，さらに自らが所有する不動産の市場価値が下落することで，精神的苦痛や恐怖を被ったとの主張をすることも可能であろう[412]．

　このように見てくると，故意によるニューサンスの第3要件の立証は比較的容易であるのに対して，第1，第2の要件の立証は，困難が付きまとう．このことが，電磁波訴訟において原告に私的ニューサンスに基づく主張を断念させる傾向を生んでいるものと思われる[413]．

3. 差止請求の可能性

　私的ニューサンスに基づいて訴訟を提起する利点は，差止めの請求が可能な点にある[414]．

　原告が私的ニューサンスに基づいて差止めを請求するためには，その原告の主張する侵害が，被告による行為の有用性よりも重大であることを立証しなければならない．この差止請求が認められるか否かを決定するために，裁判所は，エクイティ上の比較衡量を行うことになる[415]．しかし，電力供給事業の公共性を考えると，裁判所により差止めが認められる可能性は少ない．このため，原告にとっては，科学的に電磁波と健康被害の因果関係が明白に立証されない限り，私的ニューサンスに基づいて差止命令を勝ち取ることは困難であると言えよう[416]．

4. 私的ニューサンスに基づく請求の評価

　これまで見てきたとおり，送電線にかかわる電磁波訴訟において，不動産に関する損害賠償等を求める場合，私的ニューサンスに基づく請求が認められる可能性は少ない．それでは，この類型の訴訟に関して他の請求権と比較した場合，私的ニューサンスに基づく請求にどのような意義があるのであろうか．

まず，第1に，すでに述べた不法侵害に基づく請求と比較した場合，どのように評価できるであろうか．英米法では，不動産に関する損害に伴う精神的損害賠償請求は，伝統的には私的ニューサンスよりも不法侵害訴訟において認められてきた．このため，精神的損害賠償請求について言えば，私的ニューサンスに基づいた主張は，他の法律上の主張と同等あるいはそれ以下の効果しかもちえないと評価できる．

　第2に，私的ニューサンスを単純に請求するよりも，第5章で説明するニューサンスによる逆収用を主張した方が，より大きな損害賠償が認められる可能性が高い．このため，損害賠償額の大小という点から見ると，この類型の訴訟において，私的ニューサンスに基づく主張が高く評価されることはない．

　私的ニューサンスが重要な意味をもつのは，将来において，電磁波による健康被害の因果関係が明白になった場合に，差止請求が認められることに求められよう．この点が，不法侵害に基づく請求と比較した場合の利点であろう．この場合，送電の停止や，送電線の移設など，公共の利益に重大な影響をもたらすことから，エクイティ上の比較衡量を乗り越えて差止めが認められるためには，重大な人身損害が起きる具体的な可能性まで立証することが必要となるのではないだろうか．

5．私的ニューサンスが電磁波訴訟で主張された判例の検討

　送電線から放出される電磁波に対してニューサンスが主張された判例は，すでにいくつかの判例について検討を行ったが，ここでは，この争点を詳しく検討した Borenkind v. Consolidated Edison Co. of New York 事件判決と Pub. Serv. Co. v. Van Wyk 事件判決，および，送電線からの電磁波によるコンピュータ障害がニューサンスを構成するとの主張がなされた Westchester Associates, Inc. v. Boston Edison Co. 事件判決を検討する．

a. Borenkind v. Consolidated Edison Co. of New York 事件判決

　Borenkind v. Consolidated Edison Co. of New York 事件判決[417]は，次のように事実関係に基づく事件である．原告は，被告電力会社により所有・運営されている3本の高圧送電線の付近に位置している不動産を所有していた[418]．この送電線は，原告が当該不動産を購入する以前から存在し，改修されたものである．原告は，この不動産を売却するにあたり，多くの市民が，高圧送電線から生じる電磁波が，その付近に位置する者に対して健康上の被害をもたらしていると認識していることから，その不動産価値が通常の場合よりも減少して，6万ドルの損害を被ったと主張して，損害賠償請求訴訟を提起した[419]．

　原告は，さらに，被告電力会社は，多くの市民が送電線に関してこのような不安を抱いている事実を周知していることから，これらの送電線にシールドを被せるか，または，多くの市民の電磁波に関する健康上の影響に対する認識は不合理なものであることを明らかにした公的キャンペーンを実施するべき義務があったと主張した．そのうえで，被告会社がこれらの義務を履行しなかったことは過失にあたり，また，電磁波による原告所有の不動産に対する侵害はニューサンスを構成すると主張した[420]．

　原審は，被告電力会社は，ニューサンスと過失のいずれにおいても，その責任を負わないと判示した[421]．このため，原告が上訴した．

　上訴裁判所は，まず，ニューヨーク州においては，多くの市民が高圧送電線に関する健康被害を恐れていることが合理的なものであるか否かを問わず，電力会社が公用収用により不動産の一部を収用した場合に起きた不動産価値の下落を補償する判例法理が成立しているが，本件では，上訴人（原審原告）に対して公用収用がなされたわけではなく，かつ，上訴人が所有する不動産上には従来から送電線が存在しているので，この判例法理は適用されないと判示した[422]．次に，私的ニューサンスに基づく主張は，公用収用を行う権限をもつ機関が，非合理な行為，あるいは，危険な行為を行った場合には適用されるが，本件にそのような事実はないと判示した[423]．上訴裁判所は，さらに，電磁波

は通常の感覚では捉えることのできないもので,身体的な危害をもたらすものであるかどうかについても科学的な結論が出ておらず,これをもって上訴人が所有している不動産に対するニューサンスを構成するものとは言えないと判示した[424]. 最後に,被上訴人(原審被告)には,電磁波が生態に対して悪影響をもたらすという証拠がない以上,送電線から生じる電磁波の安全性や影響に関して情報キャンペーンを展開しなければならない積極的義務はないと判示して[425],上訴を棄却した[426].

b. Pub. Serv. Co. v. Van Wyk 事件判決

この Pub. Serv. Co. v. Van Wyk 事件判決[427]は,コロラド州最高裁が,送電線の送電能力の増強により,故意によるニューサンスの主張が認められるか否かについて判断している点に特徴がある. 以下,この判決の内容を概観する.

1989 年,コロラド州の公益事業会社(以下,公益事業会社)が,ダグラス郡の地上送電線の送電能力を現在の 115kV から 230kV へと増強させるための事業認定申請を行った. 同州公益事業委員会は,この申請による事業認定を行った. ダグラス郡はこの認定を不服として,地方裁判所へ当該事業認定の取消しを求める訴訟を提起するなどして数次の訴訟で争ったが,結局のところ敗訴した. その結果,送電能力を増強するための工事が行われ,1997 年に完成した[428].

この送電能力増強工事が完成した後,当該送電線の近くの不動産所有者や住民(以下,住民等)が,公益事業会社に対して,訴えを提起した. これら原告住民等は,この送電線設備の増強により,①騒音がひどくなり,特に,高湿度のときや,降雨時,降雪時の騒音がひどく,また,送電線から生じる②電磁波,③放射能が原告不動産上に侵入しているとして,逆収用,不法侵害,故意によるニューサンス,および,過失に基づいて,公益事業会社に損失補償または塡補的損害賠償の支払いを求めた. これに対して,被告公益事業会社は,住民等の訴状における請求には根拠がないとして,訴えの却下を申し立てた. 事実審

裁判所は，住民等の訴状における請求の実体は，間接的に公益事業委員会の決定を覆そうとするものであるとして，公益事業会社による申立てを認めて，訴えを却下した．住民等が，これに対して上訴した[429]．

　上訴裁判所は，公益事業委員会が，送電能力増強に関する事業認定を行ったとしても，これにより，上訴人（住民等）の不動産に関するコモン・ロー上の権利について，不法行為法に基づく請求が排除されるわけではないと判示した．そのうえで，騒音・電磁波・放射線等の不可視的な侵害についても，逆収用，不法侵害，ニューサンスに基づく請求を認め，住民等の訴状においては，当該請求に関する事実が十分に主張されており，その請求を行うことが認められるとして，原審判決を棄却した．コロラド州最高裁判所は，この上訴審判決に対する裁量上訴の申立てを受理した[430]．

　コロラド州最高裁判所は，まず，住民等に不法侵害とニューサンスに基づく損害賠償請求を認めると，公益事業委員会が公益事業会社を規制する権限と相反する結果を生むか否かという争点について検討した．この点について，①公益事業委員会による事業認定は，通常，地方公共団体の決定を専占するが，住民等はこの点について反対しているのではなく，不動産に関するコモン・ロー上の損害賠償を請求しているのであり，②公益事業委員会は，この不動産に関するコモン・ロー上の損害について，なんらの判断も下しておらず，③公益事業会社が説得力のある判例として San Diego Gas & Elec. Co. v. Superior Court 事件判決[431]を引用しているが，カリフォルニア州が公益事業委員会決定に対する司法管轄権限を法律で明示的に排除しているのと異なり，コロラド州では，公益事業委員会によるポリスパワーの行使は，司法が不動産に関する権利について判断する場合とは独立したものであると判断してきたことから，この主張は認められず，④これまでも公益事業委員会には，不動産に関する利益に対する準司法的権限が付与されたことはないとして，公益事業委員会に不動産に関する利益に関して判断する権限がないと判示した．そして，住民等は，不動産に関する逆収用，不法侵害，および，ニューサンスに基づく請求につい

ての判断を求めているのであって，公益事業委員会が下した判断を再び争おうとしているわけではないので，裁判所において不動産に関する利益について，不法行為法に基づく損害賠償請求を行うことができると判示した[432]．

最高裁判所は，次に，住民等がコロラド州憲法2条15項に基づいて主張している逆収用について検討している．そして，①逆収用は，これまでは政府が物理的に所有者の不動産に侵入した場合にのみ認められてきたことから，②本件で逆収用が成立するためには，公共事業会社が，住民等の不動産をなんらかの形で物理的に占有したことが要件とされるが，③住民等の主張している騒音，電磁波，および放射線の侵入は，いずれも無体物であることから収用を構成するものとは言えず，よって本件で収用は起きておらず，また，④住民等は送電線から生じる騒音，電磁波，放射線により損失（損害）を被ったと主張しているが，これが正当な補償の対象となるためには，住民等は，この損失が一般公衆の被っている損失とは程度の差が異なることを証明するのではなく，種類の異なる損失を被っていることを立証しなければならないが，⑤住民等が主張しているこれらの損失は，一般公衆が被っているのと同じ種類の損失であることから，正当な補償の対象とはなりえず，よって，⑥住民等の主張している不動産の価値の下落は，逆収用が認められないことから損失補償の対象とはならず，⑦この損害に対する賠償が認められる可能性があるのは，ニューサンスに基づく主張に限られる，と判示している[433]．

最高裁判所は，次に，住民等による不法侵害に基づく損害賠償請求を検討している．不法侵害に基づく損害賠償を請求するためには，住民等は，他者が，不動産所有者からの適切な許可がないままに，当該不動産に物理的に侵入したことを立証しなければならない．本件における争点は，住民等の主張している騒音，放射線，および電磁波のいずれも有体物ではなく無体物であることから，これが不法侵害を構成するか否かである．同裁判所は，①不法侵害に基づく損害賠償請求の中核は，他者の財産の所有を妨げることにあるので，原則として，有体物による侵害がなければ所有に対する利用の妨げにはならないが，②無体

物による侵害の場合には，その侵害により当該不動産に物理的な損害が生じた場合にのみ不法侵害に該当するものと認められると判示した．そのうえで，本件で住民等の主張する侵害は無体物によるものであり，かつ，住民等の不動産に物理的な損害が起きたと主張されていないことから，この不法侵害に基づく損害賠償請求は認められないと判示した[434]．

　最高裁判所は，最後に，住民等によるニューサンスに基づく請求について検討している．住民等は，①当該送電線から受忍しえない非合理に大きな騒音が出ており，特に湿度の高いとき，降雨時または積雪時にその騒音が大きくなり，②また，送電線から多くの放射線や電磁波が出ており，③これらの侵害により，住民等の所有する不動産価値が下落し，精神的損害を被り，自らの不動産上で静かに暮らすことができなくなったと主張して，ニューサンスに基づく損害賠償を請求している．住民等によるニューサンスに基づいた損害賠償請求が認められるためには，公益事業会社により，住民等の不動産の利用や享受が不合理に妨げられたことが立証されなければならない．この不合理性の有無については，事実関係に関する判断であることから最終的には陪審による判断が必要であるが，ここでは，故意によるニューサンスに関する住民等の主張が，訴状において十分な根拠をもった請求として主張されているか否かだけを判断する．まず，故意の要件についてであるが，住民等は，訴状において，公共事業会社に対して，事前に，もしも送電が行われれば自己の所有する不動産の利用に不利益が生じることを通知しており，公益事業会社はこれを知ったうえで送電を開始・継続していることから，住民等によるこれらの事実に関する主張が正しいと仮定すると，公益事業会社に対する故意によるニューサンスについて，故意の要件が満たされており，訴状においても適切に記載されていることになると判示した．次に，公益事業委員会は，増強された送電線から放出される騒音と電磁波は合理的なものであると判断しているが，その具体的な騒音基準や電磁波の曝露基準などについては定めていない．このように，公益事業委員会が明確な合理的基準を定めていないことから，住民等の訴状における故意による

ニューサンスに基づく主張は，十分にその非合理性を記載していると評価できる．よって，最高裁は，事実審が，原審原告のニューサンスに基づく請求を却下した判断について，一部破棄差戻しを命じる判決を下した[435]．

c. Westchester Associates, Inc. v. Boston Edison Co. 事件判決

Westchester Associates, Inc. v. Boston Edison Co. 事件判決[436]は，ビル所有者が，テナントのコンピュータ画面に対して障害が生じたことで，私的ニューサンスを主張したというユニークな事件に関する判決である．

本件被告電力会社は，原告の前権原所有者との間で送電線建設と利用のために地役権を設定し，2つの送電線を建設した．原告は，このような地役権がすでに設定されていた不動産を購入した．原告は，この土地に6階建てのオフィス・ビルを建設し，これをテナントにリースした．しかし，すぐにテナントのコンピュータ画面に障害があらわれたことから，その原因が調査されたが，これは被告電力会社の送電線から放出される電磁波によるものであることが判明した．原告は，訴えを提起し，様々な請求の一部として，この電磁波によるコンピュータ画面への障害が私的ニューサンスを構成すると主張した．原審では，被告会社による正式事実審理を経ないでなされる申立てが認められ，訴えが却下された[437]．このため，原告が上訴した．

上訴裁判所は，マサチューセッツ州法上では，電磁波による私的ニューサンスは認められないとして，原審の判断を支持した．上訴裁判所は，電磁波は人間には知覚できないので，通常の敏感性をもった原告に対する妨害を構成するものではないとした．また，電力会社が送電線を運営し，これを規制する法令を遵守している場合には，過失が認定されることはないと判断して，原審の判断を支持し，上訴を棄却している[438]．

C. 不動産損害に関する電磁波訴訟と
出訴期限法・エクイティ上の消滅時効

　高圧送電線から放出される電磁波による不動産に対する損害賠償請求や差止請求を行う場合，これらは継続的不法行為であることから，出訴期限法とエクイティ上の消滅時効とについて，どの時点を起算点と考えるべきかという問題が生じる．この点について，ここで解説しておきたい．

　通常であれば，①多くの市民が，電磁波に対する恐怖を感じていることにより不動産価値が下がり始めたことを原告が認識した時点とするか，②電磁波被害の可能性がマスコミ等を通じて原告が認識した時点等が起算点とされるべきであろう．しかし，州の定める出訴期限法の出訴期限が，不法行為については2年ないし3年といった短い期間を定めているため，すぐに経過しかねない．このため，被告による出訴期限についての抗弁をそのまま認めると，原告側が著しく不利な立場に置かれることになる．このことは，エクイティ上の消滅時効についても同様である．

　ここでは，この問題を扱った Piccolo v. Connecticut Light and Power Company 事件判決[439]を見ておくことにしたい．この事件では，被告コネティカット電燈電力会社は，原告の所有する不動産に対して，約110フィートの幅で送電線のための地役権を保持し，原告の住居の背後から約50フィートのところで，115kVの送電線を運営していた[440]．

　原告は，原告所有の不動産における電磁波の存在と，住居における電磁波レベルの増加は，当該不動産の市場価値を失わせ，あるいは，その市場価値を著しく減少させるものであるとともに，原告およびその家族の健康に関して恐怖を引き起こしたとして[441]，被告に対して，①私的ニューサンス，②不法侵害，③逆収用および法令16-234号違反に基づいて[442]，(i) 損害賠償，(ii) 被告に対して原告の所有する不動産および住居に対する電磁波レベルの引下げを命じる終局的差止命令，(iii) 法令16-236号に基づく不動産鑑定者の指名と，同

鑑定者による不動産価値下落評価額の決定とその損失補償，ならびに，これに要する費用の補償，(iv) 法令 48-17b 号に基づく損害，費用，不動産鑑定者に対する費用，弁護士費用，および (v) 訴訟費用を請求した[443]．

被告は，まず不法侵害の主張に対して，部分的に正式事実審理を経ないでなされる申立てを行ったが，裁判所は，本件の争点が非常に複雑なものであることを理由として，この申立てを却下した．被告はさらに，出訴期限に関する抗弁において，原告が電磁波による不動産価値の下落を認識した時期が起算点になるとしたうえで，(a) 原告による私的ニューサンスと不法侵害の主張は，同州の出訴期限法が定める不法行為に関する3年間の出訴期間を経過していることから，訴えを提起することはできず，(b) 差止命令の請求は，エクイティ上の消滅時効 (the equitable doctrine of laches) により認められないと主張した．また被告は，(c) 原告が不動産権原設定証書 (deed) により，被告会社に地役権を与えていることから，原告は禁反言の法理により，この訴えそのものを提起することが認められないと主張した．そして，被告会社は，エクイティ上の消滅時効と出訴期限法とに基づいて，正式事実審理を経ないでなされる判決を求める申立てを行った[444]．

原告は，被告の出訴期限法に基づく抗弁に対して，被告による侵害は継続的ニューサンスおよび継続的不法侵害を構成しているので，出訴期限法により時効にかかるものではないと主張した[445]．被告はこの原告の主張に対して，継続的ニューサンスと継続的不法侵害を主張するためには，①特別の関係，②事後の違法行為 (subsequent wrongful conduct)，および，③原告が，この不法侵害，または，ニューサンスについて事前の知識がなかったこと，が立証されなければならないが，原告はこれらの立証責任を満たしていないと主張した[446]．

裁判所は，継続的不法行為が主張されている場合に出訴期限法がどのように適用されるべきかについて，事実に関する真正な争点が存在するのであれば，正式事実審理を経ないでなされる申立ては却下されるべきであるとして，被告による抗弁は，正式事実審理を経ないでなされる申立てを認めるか否かを決定

する判断基準には関係のないものであると判示した[447]．特に，被告は，原告が主張している不法侵害やニューサンスを構成する行為が継続的行為ではなく，一時的な行為であるとの立証責任を満たしていない[448]．このため，原告の主張する不法侵害およびニューサンスが継続的なものであるか否かという争点が残り，事実問題に関する真正な争点が存在しないことが立証されていないと判示して[449]，正式事実審理を経ないでなされる申立てを却下した[450]．

この判決では，原告が送電線から生じる電磁波について，継続的不法行為による不動産侵害に関する請求を行った場合において，被告による一律的な正式事実審理を経ないでなされる判決を求める申立てが否定されており，事実審理に入ることが認められている．州ごとに，この出訴期限法とエクイティ上の消滅時効の法理や，継続的不法行為に関する判例法理が異なるため，一概には言えないものの，送電線による電磁波訴訟については，同じような考え方がとられる可能性が高いと思われる．

341　本章に関する記述は，前掲注24におけるAnibogu論文とDepew論文に加え，以下の文献を参考にした．Lisa M. Bogardus, *Recovery and Allocation of Electromagnetic Field Mitigation Costs in Electric Utility Rates*, 62 FORDHAM L. REV. 1705 (1994); Todd D. Brown, *The Power Line Plaintiff & the Inverse Condemnation Alternative*, 19 B.C. ENVTL. AFF. L. REV. 655 (1992); Philip S. McCune, *The Power Line Health Controversy: Legal Problems and Proposals for Reform*, 24 U.OF MICH. J. L. REFORM 429 (1991); Peggi A. Whitmore, *Property Owners in Condemnation Actions May Receive Compensation for Diminution in Value to Thier Property Caused by Public Perception: City of Santa Fe v. Komis*, 24 N.M.L.REV. 535 (1994).また，不法侵害およびニューサンスについては，多くの邦語文献が存在するが，ここでは以下の論文を参照にした．生田典久「米国における環境訴訟の特色（一）――コモン・ロー上の救済と環境権法による救済」ジュリ534号37頁以下，徳本鎮「アメリカにおけるプライベート・ニューサンス概説（一）（二）」ジュリ326号56頁以下，同328号71頁以下．

342　W.PAGE KEETON et al., PROSSER AND KETTON ON THE LAW OF TORTS §13, at 76-77 (5th ed.

343　　See, e.g., Walker v. Ingram, 37 So.2d 685 (1948); PROSSER & KEETON, supra note 342, § 13, at 76.
344　　Cf. Houston Lighting & Power Co. v. Klein Indep. School Dist., 739 S.W.2d 508 (Tex. Ct.App. 1987)（学校の近くに送電線を建設した電力会社に対して，陪審が2500万ドルの懲罰的損害賠償を認めた原審の上訴審）; San Diego Gas & Elec.Co v. Daley, 205 Cal.App. 3d 1334 (1988). また，不法侵害訴訟においては，陪審は身体的・精神的危害に関する証拠についても考察できるので，不法侵害訴訟は，公用収用訴訟よりも，より大きな賠償を得られる可能性がある。
345　　See, e.g., Alaska Placer Co. v. Lee, 553 P.2d 54（Alaska 1976）（故意による不法侵害の場合には，懲罰的損害賠償が認められる）; White v. Citizens Nat'l Bank, 262 N.W.2d 812（Iowa 1978）（不法侵害訴訟では，故意による侵害が認められる場合，懲罰的損害賠償が認められる）。
346　　See Lembeck v. Nye, 47 Ohio St.336, 24 N.E.686（1890）。
347　　See, e.g., Martin v. Reynolds Metals Co., 221 Or. 86, 88-89, 342 P.2d 790, 791 (1959), cert.denied, 362 U.S. 918 (1960).
348　　E.g., Colwell Sys., Inc. v. Henson, 117 Ill.App.3d 113, 452 N.E.889 (1983); Martin v. Union P.R.R., 474 P.2d 739 (1970).
349　　Martin v. Reynolds Metal Co., 342 P.2d 790, 796 (Or.1959), cert.denied, 362 U.S. 918 (1960).
350　　See, e.g., Brown Jug, Inc. v. International Bhd. Of Teamsters, Local 959, 688 P.2d 932 (Alaska 1984); Prahl v. Brosamle, 295 N.W.2d 768 (Ct.App.1980); See Restatement (Second) of Torts §163 (1965).
351　　故意あるいは過失がない場合には，被告は，当該侵害が「異常に危険な行為（an abnormally dangerous activity）」を行った結果により起きた場合にだけ責任を負うことになる。See Restatement (Second) of Torts §166 (1965). 確かに，電力供給そのものが事実上，重大な健康被害を引き起こすものとは言えないこともないが，裁判所は，このような重要かつ公的に必要なサービスを「異常に危険な行為」であると認めるとは考えにくい。See generally, id. §520（ここでは，何が異常に危険である行為を構成するかを決定するときの判断の諸要素を述べている）。
352　　Martin v. Reynolds Metal Co., 342 P.2d 790 (Or.1959) cert.denied, 362 U.S. 918 (1960).
353　　Restatement (Second) of Torts §164 (1965).
354　　See, e.g., Cleveland Park Club v. Perry, 165 A.2d 485 (D.C. 1960)（不法侵害は，被告がテニスボールを原告のプールの排水溝に詰まらせたことで，たとえ危害を加えようとする意思がなかったとしても成立する）。
355　　Keeton et al, supra note 326, §13, at 71.
356　　Amphitheaters, Inc. v. Portland Meidows, 198 P.2d 847 (Or. 1948)（光の侵入は，不法侵害を構成しない）; Celebrity Studios, Inc. v. Civetta Excavating, Inc., 340 N.Y.S.2d 694 (1973)（騒音と振動の侵入は，不法侵害を構成しない）。
357　　342 P.2d 790, 794 (Or.1959), cert.denied, 362 U.S. 918 (1960).
358　　342 P.2d at 792.

359　この被告による主要な抗弁は，一定の物理的大きさをもった対象だけが，不法侵害において認められる対象物となることから，本件には，不法侵害訴訟における 6 年間の出訴期限ではなく，ニューサンスの場合の 2 年の出訴期限が適用されるべきであるとするものであった．裁判所は，この抗弁を認めず，「本裁判所は，その対象物の大きさよりも，そのエネルギーあるいは力に焦点を置くものとする」と判示した．*Id.* at 794. そして，当該侵害は，不法侵害であると見なされたことから，被告は過去 6 年間にわたる損害の賠償を命じられた．
360　*Id.*
361　*See, e.g.,* City of Bloomington Ind. v. Westinghouse Elec. Corp., 891 F.2d 611 (7th Cir. 1989) (ＰＣＢが市の下水処理システムに放出されたことは，不法侵害を構成する可能性がある); Bedell v. Goulter, 261 P.2d 842 (Or.1953) (爆破作業により生じた空気および地中の振動は，不法侵害を構成する). *But see* Duerson v. East Ky. Power Coop., 843 S.W.2d 340 (Ky. Ct.App.1992) (電磁波による不法侵害の主張を否定し，これまで環境保護庁がその許可を要する大気汚染原因として電磁場を特定していないことを理由のひとつとしている).
362　たとえば，以下のような場合にも不法侵害を構成するとする判例がある．Staples v. Hoefke, 189 Cal.App.3d 1397 (1987) (音波 (sound wave) は，不法侵害を構成する); Maryland Heights Leasing, Inc. v. Mallinckrodt, Inc., 706 S.W.2d 218 (Mo.Ct.App. 1985) (放射線の放出 (radiation emission) も，不法侵害を構成しうる).
363　*See* Prosser & Keeton, *supra* note 342, §18, at 112. しかしながら，不法侵害においては，同意の存在を立証する責任は，通常，被告が負っている．*Id.* at 112 n.2; *see also* McCaig v. Talladega Publishing Co., 544 So.2d 875 (Ala. 1989) (同意は，不法侵害における損害賠償請求に対する抗弁である); Salisbury Livestock Co. v. Colorado Cent. Credit Union, 793 P.2d 470 (Wyo.1990) (同意は，不法侵害に対する「絶対的抗弁 (absolute defense)」である).
364　*See* Prosser & Keeton, *supra* note 342, §17, at 110.
365　*See, e.g.,* Riblet v. Ideal Cement Co., 345 P.2d 173 (1959); Prosser & Keeton, *supra* note 342, §13, at 83-84.
366　*See, e.g.,* Berin v. Olson, 439 A.2d 357 (1981).
367　Prosser & Keeton, *supra* note 342, §13 n.60; *see also* Beetschen v. Shell Pipe Line Corp., 363 Mo. 751, 758-59, 253 S.W.2d 785, 788 (1952).
368　*See, e.g.,* Beetschen, 363 Mo. at 758-59, 253 S.W.2d at 788; Prosser & Keeton, *supra* note 342, §13 n.60.
369　*See, e.g.,* Tuffley v. City of Syracuse, 82 A.D.2d 110 (1981) (侵害者が公用収用権限をもっている場合には，不法侵害ではなく逆収用が，損失を被った土地所有者への救済を行うのに適切な理論であると言える).
370　*E.g.,* Drake v. Clear, 339 N.W.2d 844 (Iowa Ct.App. 1983); Sperry v. ITT Commercial Fin.Corp., 799 S.W.2d 871 (Mo.Ct.App. 1990).
371　342 P.2d 790, 794 (Or.1959), *cert.denied*, 362 U.S. 918 (1960).
372　*See e.g.,* Maryland Heights, Inc. v. Mallinckrodt, Inc., 706 S.W.2d 218 (Mo.Ct.App. 1985).
373　*See, e.g.,* Staples v. Hoefke, 189 Cal.App. 3d 1397 (1987).

374　*See, e.g.*, Bradley v. American Smelting & Ref.Co., 709 P.2d 782 (1985).
375　920 P.2d 669 (Cal.1996).
376　*Id.* at 695-96.
377　466 S.E.2d 601 (Ga.App.1995).
378　*Id.* at 606.
379　*Id.*
380　Houston Lighting & Power Co. v. Klein Indep. Sch.Dist., 739 S.W.2d 508 (Tex.Ct.App. 1987).
381　クレイン独立学校区事件判決とならんで、もうひとつ広く報道された学校の敷地にかかわる高圧電線に関係する判例が、Rausch v. School Board of Palm Beach County 事件判決（No. CL-88-10772-AD (Palm Beach Cty.Ct. Oct. 13, 1989), *aff'd* 582 So.2d 631 (Fla.App. 1991)）である。この事件は、小学校生徒の親たちが、新しい小学校が高圧送電線に近接していることを理由に、同校の閉鎖を求めるクラス・アクションを提起したものである。
　裁判所は、当該小学校の閉鎖請求を棄却したが、学校敷地内に存在する高圧送電線に子供たちを近づけないように命じた（No.CL-88-10772-AD (Palm Beach Cty.Ct. Oct. 13, 1989) (Order Accompanying Plaintiff's Motion to Determine Measurements)。また、同校の周辺の電磁場を1年にわたって調査するように命じるとともに、同裁判所が、その調査結果を精査するための管轄権をもつと判示した。*Id.* さらに、その電磁場を計測するためのガウスメーターを、同校のカフェテリア、校庭に設置し、個々の教室環境の中における電磁波モニタリングを行うために、教員が交替で同メーターを着用するように命じている。*Id.*
382　Klein, 739 S.W.2d at 511.
383　*Id.*
384　*Id.*
385　*Id.*
386　*Id.*
387　*Id.* at 517.
388　*Id.* at 518.
389　*Id.* at 518.
390　Tex.Prop.Code.Ann.§21.021 (Vernon 1984).
391　Klein, 739 S.W.2d at 519.
392　*Id.* at 521.
393　492 A.2d 27 (Pa.Super.Ct.1985).
394　*Id.* at 28-29.
395　*Id.* at 29.
396　*Id.* at 32.
397　*Id.* at 29-30.
398　*Id.* at 30-31.
399　*Id.* at 31.
400　Bradley v. American Smelting & Ref.Co., 709 P.2d 782 (1985).
401　*See* Restatement (Second) of Torts ch.40, introductory note, §822 (1977).

402 これまでのところ、原告が公的ニューサンスの法理を用いて送電線建設の差止めが請求されたのは、Stannard v. Axelrod 事件判決（100 Misc.2d 702, 706-11, 419 N.Y.S.2d 1012, 1015-18（Sup.Ct. 1979））のみである。本件で、原告は電力会社による公用収用に反対して訴訟を提起したが、裁判所は、①本件に関する管轄権は、公益事業法により公益事業委員会にあるため、裁判所による管轄は認められず、②州の厚生・環境保護局に、公的ニューサンスを監視するよう裁判所が命じることを求める原告の主張は、公益事業委員会に排他的規制権限が付与されていることから、裁判所にはそのような権限がないと判示した。このように、この判例は、管轄権に関する争点から直接的に公的ニューサンスに関する争点を正面から論じたものではないので、事実上、電磁波訴訟における公的ニューサンスの請求可能性という理論的争点を扱った判例は存在しないといってよい。

403 *See* Restatement (Second) of Torts §821D (1965). このように、私的ニューサンスは、その定義から不法侵害に該当しないものではあるが、このことは、原告が、不法侵害訴訟とニューサンスに基づいて訴訟を提起することを妨げるものではない。*See id.* §821D cmt.e.

404 *See id.* §822 (1965).

405 もっとも、いくつかの法域では、この第2類型に基づく主張が認められる場合がある。前述の Houston Lighting & Power Co.v. Klein Independent School District 事件判決（739 S.W.2d 508 (Tex.Ct.App. 1987)）では、電力会社が学校に近接して高圧送電線を設置したことは、送電線から放出される電磁波が同校の敷地に侵入しており、公共の安全を無視（reckless disregard）したものであると判示されている。*Id.* at 511.

406 *E.g.*, Snelling v. Land Clearance for Redevelopment Auth., 793 S.W.2d 232 (Mo.Ct.App. 1990); Hendricks v. Stalnaker, 380 S.E.2d 198 (W.Va. 1989).

407 *See, e.g.*, Bates v. Quality Ready-Mix Co., 154 N.W.2d 852 (Iowa 1967).

408 *See, e.g.*, Spur Indus.Inc. v. Del.E. Webb. Dev.Co., 494 P.2d 700 (Ariz. 1972).

409 *See, e.g.*, Prah v. Maretti, 321 N.W. 2d 182 (Wis.1982).

410 *See* Restatement (Second) of Torts §826 (1977). その中にあって、一定の行為はリステイトメントにおいて不合理なものとして分類されている。*See id.* § 829; *id.* § 829A; *id.* § 830 (1977).

411 *See* Roger A. Cunningham, et. al., The Law of Property §7.2 (1984)（大きな経済的損失は、実質的損害を構成するものである）。

412 *See* Todd D. Brown, Comment, *The Power Line Plaintiff & the Inverse Condemnation Alternative*, 19 B.C.Envtl.Aff.L.Rev. 655, 685-86.

413 *See* Zuidema v. San Diego Gas & Elec.Co., No.638222 (Cal.Super.Ct. Apr.30, 1993).

414 *See,e.g.*, Southwestern Constr.Co.,Inc. v. Liberto, 385 So.2d 633 (Ala. 1980); Wilsonville v. SCA Serv., Inc., 426 N.E.2d 824 (1981); Restatement (Second) of Torts §822 comment d (1977).

415 *See, e.g.*, Haack v. Lindsay Light and Chem.Co., 66 N.E.2d 391 (1946)（被告の行為は戦争目的の遂行に欠かせないものであって、原告に差止めを認める利益を上回っている）; Antonik v. Chamberlain, 78 N.E.2d 752 (1947)（合法で必要な事業の存続は、原告の不快さを上回るものである）; *see also* Prosser & Keeton, *supra* note 342, §88A, at 631.

416 なお、送電線から生じる電磁波の安全基準にかかわる事件は、原則として本書の検討対象か

ら除外しているが，地元住民が送電線から生じる電磁波による安全性に問題があるとして，公益事業委員会に対して，電力会社に送電設備を撤去するように求めた事件があるので，差止請求との比較のために，ここで簡単に紹介しておく．Power Line Task Force, Inc. v. PUC, 2001 Minn. App. LEXIS 474 (Minn. Ct. App. 2001). この事件では，送電線近隣に居住する住民を代表する団体が，ノザーン・ステイト電力会社の南東メトロ送電線が，近隣に住む人々に電磁波に関する安全性に関する問題を生じさせていると主張して，ミネソタ州公益事業委員会に対して，その法律上の安全性確保義務に基づいて，あらゆる住居から300フィート以内に位置する送電線や関連する設備を全て撤去するように，当該電力会社に命じるように申し立てた．同委員会は，国立環境衛生科学研究所が行ったこの問題に関する調査結果等を理由として，この申立てを棄却する決定を下した．このため，この住民団体が，同委員会は，当該送電線のもたらす安全上の問題の有無を決定する場合には，より包括的な調査を行うことなしに，決定を行うことはできないと主張して，この訴えを提起した．この上訴審では，現在の科学的知識に基づく限り，被告委員会の結論は正しく，送電線の使用停止を正当化するための根拠は存在していないとして，原告の訴えを棄却している．

417   626 N.Y.S.2d 414 (Sup. Ct.1995).
418   *Id*. at 415.
419   *Id*.
420   *Id*. at 415-16.
421   *Id*.
422   *Id*. at 416.
423   *Id*.
424   *Id*.
425   *Id*.
426   *Id*.
427   Pub. Serv. Co. v. Van Wyk, 27 P.3d 377 (Colo. 2001).
428   *Id*. at 381-82.
429   *Id*. at 382.
430   *Id*. at 382-83.
431   13 Cal. 4th 893, 920 P.2d 669 (Cal. 1996).
432   Pub. Serv. Co. v. Van Wyk, 27 P.3d at 383-85.
433   *Id*. at 386-89.
434   *Id*. at 389-91.
435   *Id*. at 392-395.
436   712 N.E.2d 1145 (1999).
437   *Id*. at 1147.
438   *Id*. at 1149.
439   1996 Conn. Super. LEXIS 2930.
440   *Id*. at *2
441   *Id*.
442   *Id*. at *1.

443   *Id.* at *2-3
444   *Id.* at *3
445   *Id.* at *8
446   *Id.* at *9
447   *Id.* at *12
448   *Id.* at *13
449   *Id.* at *14
450   *Id.* at *15

第5章
電磁波関連施設建設のための公用収用による残地の不動産価値下落に対する損失補償と逆収用の主張[451]

A. はじめに

　これまで見てきたとおり，送電線に関する電磁波訴訟において，身体的損害賠償を認めた判例はない．また，コモン・ロー上の不法侵害やニューサンスに基づく請求についても，学校に近接する高圧送電線設置計画について判断した Houston Lighting & Power Co. v. Klein Independent School District 事件判決を除けば，直接的に損害賠償請求を認めた判例は存在していない．判例がこのような傾向を示している最大の原因は，送電線から生じる電磁波が人体に与える影響が，必ずしも明らかでない点に求められよう．これは，この問題に関する疫学研究は積み重ねられているものの，法的に承認されるレベルで，その事実的因果関係が立証されていないということを意味する．

　このように，これまで検討してきた電磁波訴訟の類型においては，被害を被ったと主張する原告は，非常に不利な状況にある．これに対して，原告が勝訴していると評価できる電磁波訴訟の類型が存在している．それは，送電線敷設工事に伴う公用収用に対して，正当な補償を求める類型の訴訟である．

　公用収用により送電線敷設工事や送電能力増強工事がなされた場合，その土地に対する損失補償が認められる．このときに問題となるのは，収用された不

動産の残地の価値が，一般市民が送電線から生じる電磁波について恐怖感を抱いていることにより，下落する傾向にあることである[452]．一般市民が送電線から生じる電磁波について抱いているこのような恐怖感は，法的には，その健康被害について事実上の因果関係が肯定されていないことから，必ずしも合理的・客観的なものと評価することはできない．しかし，たとえそうであっても，現実にこのような残地の価格に下落が生じる以上，公用収用に対する正当な補償の一部として，残地補償に組み入れることができるか否かが問題となる．また，このような不動産価値の下落は，送電線敷設工事等が行われる際に，公用収用の対象とはならなかった周辺の不動産についても生じる場合がある．このような場合，その不動産の所有者は，逆収用による損失補償を主張することができるであろうか．この2つの争点が，本章で検討する課題である．

以下，本章では，まず，米国における電力会社による公用収用制度について概観する[453]．

次に，多くの市民が，送電線から生じる電磁波に対して恐怖感を抱いていることから，公用収用の対象となった土地の残地の不動産価値が下落した場合，これを残地補償の一部として認めるべきか否かを判断した判例を検討する．

この争点に関する判例法理は，3つの類型に分けることができる．その第1は，少数判例法理と呼ばれる考え方である．この法理の下では，多くの市民が送電線に対して抱く恐怖感によって引き起こされた損失は，残地補償の評価にあたって，公用収用の直接的な結果として生じたものではなく，かつ，推測的なものであるので，陪審が考慮する証拠から排除されなければならず，補償の対象とはならないとする古典的な法理である．第2は，中間的判例法理と呼ばれるもので，多くの市民が送電線に対して抱く恐怖感が合理的なものであるならば，これによって引き起こされた損失は，損失補償の対象とするという立場をとるものである．そして最後に，第3の類型として，多数判例法理と呼ばれるものがある．この法理の下では，多くの市民が送電線に対して恐怖感を抱くことにより引き起こされた残地の価格の下落について，その合理性の如何

にかかわらず，損失補償の対象として認めている．これらの判例法理の名称からわかるとおり，現在では，多数判例法理が最も多くの法域で採用されている．本章では，これらの判例法理の分類に基づいて，具体的な判例を検討していく．また，これらの判例に続いて，電磁波訴訟ではないものの，核廃棄物輸送道路に隣接する不動産の価格が，一般の市民が核廃棄物に対して抱く恐怖感から下落した場合について，上記の多数判例法理が適用された判例が存在するので，簡単に触れておく[454]．

本章では，最後に，送電線敷設工事等の実施に当たり，公用収用の対象とはならなかったものの，その近辺の土地の不動産価値も，やはり一般市民が送電線から生じる電磁波について抱いている恐怖感から下落することから，このような不動産の所有者が，逆収用による損失補償を主張できるか否かを検討する．また，空中地役権（airspace easements）に関する判例法理と，ニューサンスによる逆収用に関する判例法理についても，その類推適用が可能と考えられるので[455]，ここで合わせて検討する．

B. 電力会社による公用収用法理の概説

公用収用（eminent domain）は，政府が公的使用のために私的財産を徴収する権限に基づいてなされる．この場合，合衆国憲法第5修正が定めるとおり，当該不動産所有者に対しては，正当な補償がなされなければならない[456]．このような公用収用に伴う正当な補償を定めた憲法条項は，州憲法においても存在する．ノースカロライナ州を除く全ての州の憲法では，合衆国憲法と同様の公用収用に伴う正当な補償に関する規定が置かれている．

電力会社が，他人の土地に送電線等の電力関連施設を建設しようとする場合，土地の権利者との合意により土地を買収したり，地役権を設定できればよいが，場合によっては，このような契約を締結できない場合が生じる．このような場合，電力会社（起業者）は，収用権を得ることを目的として，州の公益事業委

員会に対して申請を行い事業認定を受ける手続に入る[457]．ほとんどの州では，電力会社を含む公益企業に対して，当該事業の適切な執行に必要な場合には，この収用権を認めている[458]．電力会社が，送電線等の設置のための公用収用を行う場合に，収用等の対象となる起業地の不動産所有者等に対して「正当な補償（just compensation）」を支払わなければならない[459]．

この正当な補償には，収用対象となる土地の不動産価値に当たる直接損害（direct damages）だけではなく，収用されない土地に対する残地補償に当たる結果損害（consequential damages）も含まれる[460]．直接損害は，公用収用の対象となった財産の「公正な市場価値（fair market value）」[461]によって算出される．そして，残地補償は，当該公用収用の結果引き起こされた不動産価値の下落により評価される[462]．よって，電力会社が不動産を送電線等の設置のために公用収用する場合には，直接的に収用の対象となる不動産だけでなく，残地補償も行う必要がある[463]．

C. 3つの判例理論

送電線から生じる電磁波については，多くの市民が恐怖感を抱いている．このため，送電線等の建設のために公用収用がなされた場合，その残地の不動産価値は下落する傾向にある．この残地の不動産価値の下落について，損失補償の対象とすべきか否かについては，法域によって，①多くの市民が抱いている恐怖感によって引き起こされた損失は，補償の対象とはならないとする少数判例法理，②多くの市民が抱く恐怖感が合理的なものであるならば，これによって引き起こされた損失は，損失補償の対象とする中間的判例法理，そして，③多くの市民の恐怖感により引き起こされた損失は，その恐怖の合理性の如何にかかわらず，損失補償の対象とする多数判例法理、の3つに分かれている．

以下，これらの送電線建設を目的とする公用収用に関する判例法理について概観するが，その中で，類似の環境訴訟である核廃棄物輸送道路に隣接する残

地の不動産価値の下落に対する損失補償に関する判決にも言及する．

1. 少数判例法理

　この少数判例法理とは，多くの市民が送電線に対して抱いている恐怖感は，それ自体が主観的なものであるため，たとえそのような恐怖感が残地の不動産価値を減少させるものであったとしても，損失補償の対象とはならないとする法理である[464]．現在，この古典的法理を採用している法域は，アラバマ州[465]，イリノイ州[466]，およびウエストヴァージニア州[467]のみである．ここでは，この少数判例法理の具体例として，アラバマ州およびイリノイ州の判例を見ることとにする．

a. アラバマ州における少数判例法理

　アラバマ州最高裁判所は，1914年の，Alabama Power Co. v. Keystone Lime Co. 事件判決[468]において，多くの市民が送電線に対して抱いている恐怖感により引き起こされた不動産価値の下落が，残地補償として認められるか否かについて判断している．

　本件で電力会社（上告人）は，送電線を建設するため，被上告人が所有する不動産の収用が認められている[469]．上告審での争点は，この収用により設定された地役権に関して，正当な補償の額をどのように算出すべきかであった[470]．

　この争点について，被上告人は，多くの人々が送電線の近くで農作業等の労働をすることを恐れているため[471]，残地について適切な買い主を見つけることが困難となり，その不動産価値が大きく下落したと主張して，この残地に生じた不動産価値の下落分を損失補償に含めるように請求した[472]．

　アラバマ州最高裁判所は，多くの人々は確かに送電線に不慣れであって，その存在を恐れており，これが残地を購入しない動機となっていることを認めた[473]．しかし，同裁判所は，①一部の人々が抱いている送電線に対する恐怖感は，送電線の影響に関する知識の欠如に基づくものであり[474]，②これらの市民が抱く恐怖

感には合理性がなく[475]，③電力のもたらす社会的価値は大きく，また他の技術と比較しても，より大きな社会的リスクを課すものではなく[476]，④多くの市民が感じている恐怖感による不動産価値の下落は，実質的な証拠に基づくものではないと判示した[477]．そして，同裁判所は，陪審が，公用収用による残地補償の額を算定するに当たって，間接的あるいは推測的な証拠を考慮することは認められず，そのような証拠に基づく補償を認めなかったのである[478]．

アラバマ州最高裁判所は，この判決の46年後に，Pappas v. Alabama Power Co. 事件判決[479]において，この争点について同様の判断を下している．すなわち，この判決においても，送電線に対する社会における一般的な恐怖感により生じた不動産価値の減少は，損失補償の対象とはならないと判示されたのである[480]．同裁判所は，その理由として，Keystone Lime 事件判決の理由付けは正当なものであり，科学と産業が発展した現代においては，より妥当性の高いものと評価できるとしている[481]．

アラバマ州最高裁判所は，Keystone Lime 事件判決における法理を，その後も一貫して維持しつづけている[482]．たとえば，Alabama Elec. Coop., Inc. v. Faust 事件判決[483]では，不動産所有者が，Keystone Lime 事件判決の法理の変更を主張したのに対して，公用収用に関して確立された損失補償の法理を実質的に変更することはできないとして，なんらかの積極的な変更を支持するような理由があれば別であるものの，そのような判例変更を肯定する合理的な理由は存在しないと判示している[484]．

  b. イリノイ州における少数判例法理

イリノイ州では，Illinois Power & Light Co. v. Talbott 事件判決[485]において，少数判例法理を採用している．しかし，その根拠は，アラバマ州とは異なり，不動産の残地補償を制限している州憲法にある．すなわち，同州では，特別の立法による規定がない限り，残地補償には直接的な物理的侵害の存在が要件とされていることから，市民の抱く恐怖感という理由に基づく不動産価値の

減少は，損失補償に含まれないとされているのである[486]．

しかし，イリノイ州最高裁判所は，現在は，このような類型の損失補償を認めるに至っている[487]．その一方で，送電線の設置に伴う残地の下落に関する下級審判決では，従来どおりの判例法理が維持されたままのように見える[488]．このため，イリノイ州が，はたして，この類型の訴訟において，従来の少数判例法理から完全に転換したのかどうかは，必ずしも明らかではない．

2. 中間的判例法理

中間的判例法理とは，送電線に関する多くの市民の抱く恐怖感が合理的か，あるいは，少なくとも完全に不合理なものではない限り，このような恐怖感が不動産価値を減少させた場合には，その損失補償を認めるという法理である[489]．この法理を採用する法域では，通常，不動産鑑定士 (a real estate appraiser)，あるいは，これに類する専門家による専門家証言が要求され，不動産所有者自身が，自らの恐怖感について個人的に証言することは認められていない[490]．すなわち，不動産所有者は，自らが送電線に対して恐怖感を抱いており，その土地を購入しようとする者も同様に考えるであろうと証言することは認められていないのである[491]．

この中間的判例法理が用いられているのは，連邦第9巡回区控訴裁判所[492]と，アーカンサス州[493]，コネティカット州[494]，インディアナ州[495]，ケンタッキー州[496]，ネブラスカ州[497]，ニュージャージー州[498]，ノースカロライナ州[499]，オクラホマ州[500]，テネシー州[501]，テキサス州[502]，ユタ州[503]，およびワイオミング州[504]である[505]．さらに，ミシガン州最高裁判所は，この中間的立場に従おうとしようとしたように見え[506]，アリゾナ州も，この法理に近い立場を示している[507]．

ここでは，この中間的判例法理の具体例として，ネブラスカ州のDunlap v. Loup River Public Power District 事件判決[508]を見ることにする．

Dunlap事件判決では，ループ河電力供給公社が，土地所有者たる酪農家の土地に，高圧送電線建設のための地役権を設定するための事業申請[509]を行っ

た．郡裁判所において損失補償額の決定手続が行われ，裁判官により任命された5人の不動産鑑定士が，補償額を総額1,690ドルと決定し，裁判所もこれを認めた．起業者たる公社は，この決定を不服として地方裁判所に上訴したが，陪審によりさらに高額の2,158ドルの補償を認める評決が出され，裁判所もこれを認めた．このため，上訴人起業者が，ネブラスカ州最高裁判所に上告した[510]．

上告人起業者は，原審における被告（被上告人）である土地所有者側の専門家証言において送電線に関する危険性について述べられている点を問題としている．これらは，たとえば，当該送電線の周辺に立ち入る危険等についての指摘や[511]，農作業で鉄製器具を使う場合の放電ショックの危険性などの証言である[512]．上告人は，原審判事による陪審説示において，これらの送電線による潜在的危険性を考慮することを認めたことに異議を申し立てている[513]．また，被告は，送電線から生じる全ての危険に関する保険者たる立場に立つものではないと主張している[514]．

ネブラスカ州最高裁判所は，原審による当該残地補償に関する判断を支持した[515]．同最高裁判所は，送電線の存在に関する一般的な恐怖感は損失補償の対象にはならないものの，このような恐怖感に経験上の根拠が存在する場合には，当該恐怖感には合理性があると考えられることから，購入者がその不動産に対して支払おうとする価値に影響し，これによる不動産価格の下落は，損失補償の対象になると判示した[516]．しかしながら，同最高裁判所は，差戻しを命じると時間と費用がかかるとして，原審による損失補償を1,500ドルに減額する判決を下している[517]．

3. 多数判例法理

多数判例法理は，送電線に対して多くの市民が抱く恐怖感について，その合理性の如何にかかわらず，このような恐怖感が，実際に不動産の価値を減額するものであるならば，この減額分を残地補償として認めるという法理である[518]．この法

理は，公用収用に伴う損失補償は，完全補償（full compensation）でなければならないという理論に基づいている[519]．

連邦第 5 巡回区控訴裁判所[520]と連邦第 6 巡回区控訴裁判所[521]は，この多数判例法理に従っており，また，カリフォルニア州[522]，フロリダ州[523]，ジョージア州[524]，アイオワ州[525]，カンザス州[526]，ルイジアナ州[527]，ミズーリ州[528]，ニューメキシコ州[529]，ニューヨーク州[530]，オハイオ州[531]，サウスダコタ州[532]，ヴァージニア州[533]，およびワシントン州[534]も，同じ法理を採用している．

ここでは，近年，この多数判例法理へと判例変更を行ったフロリダ州，ニューヨーク州，およびカンザス州の判例を検討する．

a. フロリダ州における判例変更

フロリダ州最高裁判所は，20 年以上にわたって先例となってきた Casey v. Florida Power Corp. 事件判決[535]による少数判例法理を Florida Power & Light Co. v. Jennings 事件判決[536]により変更し，多数判例法理を支持するに至った．

これまで，先例として判例法理を確立していた Casey 事件判決は，この問題に，3 つの争点が含まれていることを明らかにしている．すなわち，①原告が，送電線の存在が公用収用後の残地の市場価値に影響を及ぼすことを示す証拠を申し出た場合，裁判所はこれを採用することができるか，②陪審は，残地の市場価値について，潜在的購入者が考慮すると思われる非実質的な要素まで判断の要素としてよいのかどうか，および，③陪審は，原告側の送電線の性質に関する専門家証言を考慮することが認められるかどうか，という 3 点である[537]．この判決で，同最高裁判所は，これらの争点について検討したうえで，多数判例法理に従うと判示しながらも，実際には，少数判例法理を採用したのであった[538]．

その後，フロリダ州最高裁判決は，Jennings 事件判決において，公用収用手続に伴うこの争点について，残地の評価は，真の市場価値により決定される

べきであると判示した[539]．そして，何が不動産所有者に対して完全な補償となるかという中心的争点に関連する証拠について，それが当該不動産に対する潜在的購入者の抱く恐怖感により影響されたものであっても，この市場価値の算定から排除されるべきではないとしている[540]．すなわち，「われわれは，この争点に関する多数判例法理，すなわち，当該不動産の市場価値に対する公衆の恐怖感が与える影響について，その恐怖感の合理性に関する独立の立証を要求しない法理を採用する法域に加わる」[541]と判示したのである．

また，不動産所有者が，送電線から生じる電磁波による身体的影響に関して2名の専門家による専門家証言を申し出たことについては[542]，原審がこの証拠の許容性を認めていたのに対して[543]，最高裁判所は，①送電線から生じる電磁波による健康被害に対して多くの市民が抱いている恐怖感が合理的なものであることを示すための原告による立証は，この多数判決法理では不要であり[544]，②損失補償を請求する訴訟は，対物訴訟であり，不動産所有者に対する完全補償が問題とされるのであって，このような科学的証拠を許容すると真の争点が不明確になり混乱するばかりでなく，陪審が将来発生するかもしれない人身損害に関する賠償まで含めて判断するおそれがあることから認められず[545]，③多数判例法理の下では，このような恐怖感に関する合理性は推定されるか，あるいは，関連性のないものとみなされる[546]，と判示している．

b．ニューヨーク州における判例変更

ニューヨーク州は，1993年に，上訴裁判所（the New York Court of Appeal,同州の最高裁判所）が，Criscuola v. Power Authority of New York事件判決[547]で，中間的判例法理を支持していた下級審判決を破棄して多数判例法理を採用するに至った．

この判決では，不動産所有者が公用収用に対する損失補償を請求する場合，その残地の市場価値が減少したことを証明したうえで，さらに，多くの市民が送電線に対して抱いている恐怖感が合理的なものであることを立証する責任を

負うかという争点につき，判断が下された[548]．このような形で争点が形成されたのは，下級審で，原告は「将来ガンになるかもしれないという恐怖に対する損害賠償（cancerphobia）」を合理的なものであるとする立証責任をはたしていないとして，その主張を退ける判決が下されたためである[549]．

　この争点について，上訴裁判所は，不動産所有者は，多くの市民が送電線に対して抱いている恐怖感の合理性を立証する責任はないと判示した．すなわち，「正当な補償に関する手続（a just compensation proceeding）についての争点は，当該市場価値が当該不動産保持者にとって不利に影響したかどうかという問題である．この市場価値の下落という結果は，たとえ多くの市民が抱く恐怖感が非合理的な場合であっても存在しうる．そこで問題とされている危険性が，科学的に真正なものであるかどうか，あるいは，検証可能かどうかという事実は，この不動産価値への影響という中心的争点とは関係がないと言うべきである．……そのような要素は，各当事者の市場価値に関する専門家による立証の優越により判断されるべきであって，電磁波工学の専門家，科学者，あるいは医療専門家といった人々により拡大された証拠により，立証上の争点とされるべきではない」と判示したのである[550]．

　同上訴裁判所は，その一方で，不動産所有者が，このような残地における不動産価値の下落を損失補償の一部として請求する場合には，一般の人々が送電線から生じる危険性についてどのように認識しているかについてなんらかの証拠を提出し，この認識により不動産価値が下落したことを立証する責任を負うと判示している[551]．

c. カンザス州における判例変更

　カンザス州では，当初，中間的判例法理とも多数判例法理ともとれるWillsey v. Kansas City Power & Light Co. 事件判決[552]を経た後に，Ryan v. Kansas Power & Light Co. 事件判決[553]において，最終的に多数判例法理を採用したことを明らかにしている．

まず，最初の Willsey 事件判決では，カンザス市電力が，地役権設定のための公用収用手続（an easement condemnation proceeding）に関して不動産所有者に有利な判決が下されたことを不服として上訴している[554]．上訴人は，原審が被上訴人の所有する家屋の市場価値を陪審に判断させるにあたって，送電線に関して多くの市民が抱く恐怖感に関する影響についての専門家証言を考慮することを認めたのは誤りであると主張している[555]．上訴裁判所は，送電線に対して多くの市民の抱く恐怖感に関する合理性を検討した後，この一定の恐怖感と高圧送電線の存在に関する常識的な認識をもってすれば，この恐怖は明らかに合理的なものであると判示した[556]．そして，この恐怖感が法による判断において（as a matter of law）非合理的なものでない限り，最終的に合理的か否かについての判断は，陪審により判断されるべき事実に関する問題（a question of fact）であると結論づけた[557]．そして，不動産所有者によって提出された証拠が優越しているとして，上訴を棄却したのである[558]．

この Willsey 事件判決は，上訴裁判所が，中間的判例法理から多数判例法理への判例変更を行ったと考えうる余地をもっている．まず，この判決では中間的判例法理で一般的に用いられる理由付けにより，「直接的ではなく，推測的で，確定的でない損失は，考慮されるべきではない」と述べる一方で[559]，すぐその後に，「しかしながら，合理的な程度にまで証明された不動産価値の損失は，その原因の如何を問わず，補償の対象と考えられるべきであるとするのが，論理と公正にかなう考え方である．もしも高圧送電線が住宅区画（a residential lot）の上を横切っていることから誰も買い手がつかないのであれば，たとえその不動産所有者が，そこに家屋を建てる法的権利をもっていたとしても，完全損失（a total loss）であると言える」として，多数判例法理ともとれる理由付けを用いている[560]．

このため，この判決は，裁判所が多数判例法理を好ましいものと考えながらも[561]，当該事実関係が中間的判例法理の要件を満たすものであることから，そのアプローチにとどまることを選んだものと捉えることができよう[562]．このため，「本事件における証拠に基づいて，（中間的判例法理と多数判例法理と

のいずれかを）選択する必要はない」との判断が示されている[563].

　この判決の後，カンザス州最高裁判所は，Ryan v. Kansas Power & Light Co. 事件判決において，正式に多数判例法理を採用した[564]．この最高裁判決では，Willsey 事件判決が事実上，多数判例法理による法理を採用したものととらえている．そして，高圧送電線を建設するために地役権を設定する公用収用に対して，不動産所有者が，その残地の損失補償を請求する訴えを提起した場合，高圧送電線に対する恐怖感の合理性について立証する必要はないと判断した．そのうえで，不動産所有者が，市場において多くの市民が送電線について抱いている恐怖感のはたす役割を示す証拠を申し出た場合，その証拠の許容性を積極的に肯定すべきであると判示したのである[565]．

　この Ryan 事件判決の原審では，不動産所有者と電力会社は，それぞれ，公用収用がなされる前後の不動産価値を見積もるために，専門家証言を導入している[566]．原告自らも，この不動産価値に関する証言をしている．原審では，近隣住民による送電線に対する恐怖感に関する証言について，電力会社からその許容性について異議申立てがなされたが，裁判所は，このような証言も当該不動産の市場価値について関連性があるとして，その異議申立てを認めなかった．州最高裁判所は，このような証言の許容性に関するアプローチについて，なんら誤りはないと判示している[567]．

d. 核廃棄物輸送道路事件判決

　電磁波訴訟とは異なるが，やはり環境問題に大きな影響を与える核廃棄物輸送道路に関して，この道路が公用収用により設置されることで，その残地の不動産価値が下落したと主張された事件において，多数判例法理が採用された判決を見ておきたい．

　なぜなら，本件は，この多数判決法理が，送電線の設置以外にも認められることを示すよい事例であるとともに，当該施設に対して，多くの市民が恐怖感を抱き，不動産価値が下落したことを立証するために，どのような証拠が許容

されるのかについて，具体的な分析を行っているためである．

(1) City of Santa Fe v. Komis 事件判決の概要

City of Santa Fe v. Komis 事件判決[568]は，ニューメキシコ州で多数判例法理を確立させた判決であり，以下のような事実関係に基づく事件である．

John Komis と Lemonia Komis (原告) は，サンタフェの郊外に 673.77 エーカーの土地を所有していた[569]．1988 年 11 月 14 日，サンタフェ市 (被告) は，この土地のうち 43.431 エーカーを，有害核廃棄物 (hazardous nuclear waste) をロスアラモスからニューメキシコのカールスバッドにある廃棄物分離実験プラント (the Waste Isolation Pilot Plant (以下，WIPP とする)) 建設地へ輸送するバイパス道路を建設する目的で公用収用した[570]．WIPP 建設地とそのバイパス道路は，当該不動産が収用された時点で大きな論争の的となっていた[571]．原告は，当該バイパス周辺の残地に関する不動産価値の下落について，その補償を請求した[572]．その中で，原告は，核廃棄物 (radioactive waste) の輸送に対して多くの市民が抱く恐怖感が，残地の不動産価値を下落させたと主張したのである[573]．

原審では，陪審により，原告に対する 884,192 ドルの補償が認められた．その内訳は，①収用された土地に対する損失補償として 489,582 ドル 50 セント，②収用された道路予定地の周りのバッファー・ゾーンの残地補償として 60,794 ドル 50 セント，および，③多くの市民が抱く恐怖感により引き起こされた不動産価値の下落についての残地補償として 337,815 ドルであった[574]．市側は，この判決には特に証拠法上の問題があるとして，上訴した[575]．本件は，この問題が同州で初めて公的重要性をもつことになった事件であることから，州最高裁判所への移送が決定された[576]．

ニューメキシコ州最高裁判所は，この部分的公用収用訴訟 (a partial condemnation action) において，多くの市民が抱いている認識あるいは恐怖感によって自己の所有する不動産の価値が減少した場合に，その不動産所有者は，損失補償を請求することが認められるか否かについて，初めての判断を下した[577]．最高裁

判所は，たとえ，このような恐怖感が合理的なものであると立証されていない場合であっても，その恐怖感により引き起こされた不動産価値の下落に対する損失補償は認められると判示した[578]．

上告人たるサンタフェ市は，このような多くの市民が抱く恐怖感により引き起こされた不動産価値の下落に関する残地補償が認められるのは，このような恐怖感が合理的な場合に限られると主張した[579]．被上告人は，これに対して，このような残地補償の場合，多くの市民による恐怖感が合理的か否かは関係がないと主張した[580]．最高裁判所は，この争点に関する3つの判例法理を検討した後[581]，多数判例法理を採用した[582]．そして，同裁判所は，この争点について原審の判断を支持したのである[583]．

(2) 証拠の採否

ここで，ニューメキシコ州最高裁判所が，被上訴人（原審原告）が原審で提出した証拠について，具体的な判断を示しているので，もう少し詳しく検討したい．

まず第1に，世論調査の結果についてであるが，最高裁判所は，これを証拠として採用している[584]．サンタフェ郡居住者に対するこの世論調査では，93％の住民が，WIPP施設について知っており，83％の住民が，この輸送道路について知っていた．さらに，41％の住民が，この輸送道路の近接する不動産は，一般の不動産と比較して11％から30％の価値に下落すると信じていた[585]．最高裁判所は，この世論調査の結果は，核廃棄物輸送に対する不動産購入者が抱く恐怖感と，その恐怖感が不動産の市場価値にもたらす影響を効果的に立証していると判断している[586]．

第2は，世論調査を信用した専門家証言についてである．被上訴人は，その所有する残地にかかわる損失を立証するために，不動産評価の専門家による証言を導入した[587]．当該専門家証人は，WIPPとの間を結ぶ核廃棄物輸送道路は，当該道路の周辺の土地の価値に影響を与えるものであると証言し，その根

第5章 電磁波関連施設建設のための公用収用による残地の不動産価値下落に対する損失補償と逆収用の主張

拠の一部として前述の世論調査の結果を用いている[588]．上訴人は，この証拠が採用されることに反対し，この世論調査結果には疑問があり，かつ，専門家証言における有効な根拠とはなりえないと主張した[589]．しかし，最高裁判所は，適正な専門家証人（a qualified expert witness）は，自らの見解の基礎として非専門家による情報を用いることができると判示した[590]．よって，たとえこの世論調査が，多くの市民が抱く恐怖感により不動産価値が下落したことについての決定的な証拠ではなくとも，当該専門家証人は，市民の抱く恐怖感により不動産価値の下落が起きたとする自らの結論を導く過程で，この世論調査に部分的に依拠することができるとしたのである[591]．

第3は，被上訴人が提出した核の安全性に疑問を投げかけるビデオ・テープに関する判断である．陪審は，原審の審理の過程で，「WIPP問題の追求，ニューメキシコに置き去りにされた国家的危機 (The WIPP Trail, a Nation's Crisis Dumped on New Mexico)」というタイトルのビデオを見ることが認められていた[592]．このビデオには，核の安全問題に関する市民グループ（Concerned Citizens for Nuclear Safety）が制作したもので，WIPPプロジェクトに真っ向から反対した内容となっている[593]．上訴人たるサンタフェ市側は，このビデオは，証拠としての許容性がなく，証明力のある事実よりもその偏見による効果が大きく優っていると主張した[594]．最高裁判所は，このビデオ・テープは，多くの市民が輸送道路周辺の不動産価値が下落するという認識を形成するにあたり，彼らが信頼した情報に関する証拠であると判断した[595]．また，このビデオは，被上訴人側の不動産専門家証人が，多くの市民による認識に関する見解がどのようなものであるかを判断するにあたって依拠したものであるので，証拠としての関連性があると判断された[596]．

第4は，上訴人たるサンタフェ市側が原審で申し出たWIPP輸送システムの安全性と検査に関する証拠[597]についてである．同市は，原審において，前述したビデオの偏見的効果に対抗するために，①輸送される核廃棄物の種類，②年間および各週ごとに予想される輸送回数，③輸送担当者の選定と，核廃棄

物が保管されるコンテナの種類に関する安全管理プログラムとスクリーニング・プロセスに関する証言を導入して，バランスをとることを求めた[598]．しかし，原審は，これらの証拠の許容性を否定するとともに，当該輸送道路に沿って起きる可能性のある核関連事故に関するいかなる証言も排除した[599]．最高裁判所は，これらの証拠は，WIPP 輸送システムの安全性あるいは危険性に関連するものであるが，それは，多数判例法理においては問題とされない多くの市民の認識の合理性に係わる証拠であるとして，この原審による証拠の排除を支持している[600]．

最後に，原審で，上訴人たるサンタフェ市が提出した St. Francis Drive に沿った不動産に関する 5 年間の価格調査についての証拠[601]に対する判断がなされた．この調査結果は，この道路がロスアラモス研究所へ核物質を輸送するために使用されていたにもかかわらず，その不動産価値は増加したことを示すものであった[602]．原審では，この調査結果が，証拠として関連性がないものとして排除された[603]．最高裁判所は，この調査では調査対象となった不動産の売手と買手が，当該道路において核廃棄物が輸送されていたとの知識があったかどうか明らかにされていないため，原審が当該調査に関する証拠を排除したことは，その裁量の範囲内における判断として認められると判示した[604]．また，この調査では，当該道路に沿った不動産の価格に対する多くの市民の認識が示されておらず，かつ，この道路近辺の不動産と被上訴人の所有する不動産とを比較しようとする意図も見られなかったと判断されている[605]．

このように，Komis 事件判決の法理は，多くの市民が抱く恐怖感の存在を示す証拠を許容する一方で，当該恐怖感の合理性に関する証拠を排除している．また，不動産評価に関する証拠が，残地の「適正な市場価値（fair market value）」を決定するものであれば認められている．さらに，多くの市民が抱く恐怖感によって当該残地の不動産価値が下落したか否かを決定するにあたり，陪審の判断を助ける証拠が広く採用されており，その許容性がかなり広く認められることが明らかになっている．

4. 損失補償請求事件の特徴

これまで見てきたとおり，電磁波訴訟において，多くの市民が送電線に対して抱く恐怖感によって公用収用された不動産の残地の市場価値が減少した場合，①これを損失補償の対象とするか，また，②損失補償の対象とする場合，多くの市民の抱く恐怖感に関する合理性の立証が必要となるか，という2つの争点が存在した．そして，この2つの争点に対して，少数判例法理，中間的判例法理，および多数判例法理という3つの異なる判例法理が形成され，法域によって異なる結論が出されていた．

近い将来において，これらの3つの判例法理のうちのいずれかが，全ての法域で統一的に採用されるとは考えられない．しかしながら，近年，ニューヨーク州やカンザス州が多数判例法理へと判例変更し，1992年にはニューメキシコ州が多数判例法理を採用したことから，全体として多数判例法理へと向かう傾向があると言える[606]．

現在，圧倒的な影響力をもつに至ったこの多数判例法理の特徴をまとめるならば，①完全補償の法理を重視し，②多くの市民が恐怖感を抱いている送電線等の施設の安全性にかかわる証拠は，中心的な争点を形成するものではないとするとともに，③かえって，当該施設の安全性に関する科学的証拠を排除している点にあろう．このことは，原告が所有する残地について，多くの市民が抱く恐怖感により不動産市場における価値が下落したことさえ立証したならば，被告公益会社に対して，（ⅰ）事実上の厳格責任を課し，かつ，（ⅱ）その反証あるいは抗弁の多くを奪う結果を生むのである．このような強力な法理が存在するからこそ，電磁波訴訟をはじめ，核廃棄物輸送道路などの嫌悪施設の設置に伴う公用収用が起きた場合に，その残地の価格下落に対する補償を求める原告が勝訴できるといえよう[607]．

D. 空中地役権の法理に基づく逆収用・ニューサンスによる逆収用

　米国法における逆収用（inverse condemnation）とは，政府が自己の不動産に対して収用手続を行っていない段階において，不動産所有者が自己の財産の収用に対する正当な補償を請求する手続を意味する[608]．政府機関あるいは政府から授権された公益企業等による収用が，自らが所有する不動産に対してではなく，当該不動産に近接する他の所有者の不動産に対してなされた結果，自分も損失を被ったとして，憲法に基づく逆収用訴訟を提起することができるのである[609]．この場合，原告は，合衆国憲法第5修正あるいはこれに相当する州憲法条項に基づいて損失補償を請求しなければならない．

　このため，送電線が，自らが所有していない隣地に設置され，かつ，自己が所有している不動産が公用収用の対象となっていない場合に，この逆収用という類型の訴訟に基づいて，損失補償を請求しうる可能性がある．

　原告が，逆収用訴訟を提起して，その損失の補償が認められるためには，政府機関等が，自らの所有する不動産に関する利益に損失を与え，これが収用に該当することを立証しなければならない[610]．具体的には，原告は，当該不動産が高レベルの電磁波を放出する送電線の近くに位置することは，原告の財産権に対する収用に該当することを立証する必要がある．原告が，このような逆収用に基づく請求を行う場合に，具体的に適用可能性が高い判例法理は，①空中地役権（airspace easement）の法理，および，②ニューサンスによる公用収用法理の2つであろう．ここでは，まず，合衆国憲法に基づく公用収用法理を概観したのち，2つの法理に基づく逆収用の主張が可能か否かを検討していく．

1. 連邦最高裁判所による公用収用法理の限界

　合衆国憲法第5修正は，連邦政府が公用収用を行う場合には，正当な補償が必要であると規定している．この条項の適用は，政府による直接かつ意図的な私的財産の収用に限定されるものではない[611]．むしろ，財産所有者の権利や利益を侵害（interference）する多くの類型の政府行為について，損失補償を受ける権利を認める判例法理が形成されている[612]．

　しかしながら，連邦最高裁判所は，どのような類型の侵害行為について損失補償が認められるのかについて，明白な定義をしておらず[613]，個別の事実関係に基づくアプローチ（a case-by-case factual approach）をとってきた[614]．もっとも，連邦最高裁判所は，この問題について判断を下すときに，①政府の行為の性質，および，②当該行為の経済的影響（the economic impact）について考慮してきたが，特に②の要素の判断を行う際には，政府による行為が財産所有者の「合理的な投資回収期待（reasonable investment-backed expectations）」に重点を置いてきたといえる[615]．このため，純粋な物理的侵害あるいは権利侵害[616]のみならず，規制行為（regulatory actions）も合衆国憲法第5修正の意味する公用収用を構成するものと判断される場合がある[617]．

　このような連邦最高裁判所による公用収用に関する判例法理に基づけば，送電線が設置される場所に近接するものの，公用収用の対象とならなかった不動産を所有し，その財産価値が減少したことから逆収用による損失補償を請求する訴訟についても，理論上は，その適用可能性がある．しかし，このような場合に，その侵害の性質と経済的影響がどのように判断されるかは不明である．むしろ，以下に述べる空中地役権（airspace easement）とニューサンスの法理に基づいて，逆収用を請求する方が，送電線の設置に関する事実関係と類似していることから，適用可能性が高い．そこで，以下では，この2つについて検討していく．

2. 空中地役権による公用収用法理

連邦最高裁判所は，政府が私的所有地の上空を使用し，かつ，これにより当該土地所有者の土地の利用と受益が侵害される場合には[618]，正当な補償が必要となる公用収用を構成すると判断してきた[619]．これが，空中地役権（airspace easement）による公用収用である．以下，著名な連邦最高裁判決3つにより，この法理を概説する．

a. Portsmouth Harbor Land & Hotel Co. v. United States 事件判決

この空中地役権を認めた著名な最高裁判例としては，Portsmouth Harbor Land & Hotel Co. v. United States 事件判決[620]を挙げることができる．この事件で，上告人（原告）は，政府の要塞から発砲される砲弾が，自らが所有する夏期リゾート地の上空を通過することから，これによって生ずる被害について，損失補償を請求した[621]．

連邦最高裁判所は，この発砲に伴う急迫した危険は，上告人の所有地に地役権（a servitude）を課すものであり，そのような行為は，公用収用に該当すると判示した[622]．この判決において，砲弾が当該所有地上空を通過することによって生じる不動産価値の減額が，空中使用の価値と公用収用に基づく損失として認められた[623]．

b. United States v. Causby 事件判決

また，United States v. Causby 事件判決[624]では，前述のPortsmouth Harbor Land 事件判決と同じ論拠が，土地の上を低空飛行する軍用機に対しても適用されている．このCausby事件で，被上告人（原告）は，連邦空軍機が自らが所有する住居および養鶏農場の上を低空飛行していることで，不動産の利用を十分に行えず，かつ，睡眠不足，神経症，および恐怖感に悩まされたとして，逆収用に基づく損失補償を請求する訴訟を提起した[625]．

連邦最高裁判所は，政府は被上告人の土地を公用収用しているか，または，「航路地役権（navigation easement）」を設定しているので，合衆国憲法第5修正に基づく公用収用に該当するとして，上告人による損失補償の請求を認めている[626]．

この判決において，連邦最高裁判所は，明白には述べていないものの，①損失補償が認められるためには，何らかの形の侵害が必要であることを示唆するとともに[627]，②公用収用を構成するためには，不動産所有者の所有権的諸利益が破壊される必要はなく[628]，極端な低空の飛行が頻繁に行われれば，当該不動産所有者による土地利用と利益の享受を相当程度侵害することになるので（a sufficient infringement），これは合衆国憲法第5修正における収用に該当すると判示している[629]．この②が意味するところは，「侵害によって発生する損失の量ではなく，侵害の性質そのもの」が，ある政府行為が収用を構成するものであるかを決定することになるというものである[630]．

c. Griggs v. Allegheny County 事件判決

連邦最高裁判所は，この後，Griggs v. Allegheny County 事件判決[631]においても，同様の法理を採用している．この事件では，郡の運営する飛行場が，上告人（原告）の所有地の上を超低空で，かつ，頻繁に飛行することを認めていたため，これが上告人（原告）や他の占有者が，転居せざるを得ない事態を招いた[632]．連邦最高裁判所は，超低空飛行に伴う騒音，振動および恐怖感は，上告人（原告）の土地の利用の受益を侵害しており，よって，これは憲法に違反する正当な補償なき公用収用に該当すると判示した[633]．

最高裁は，その理由として，上告人（原告）の不動産は，居住用としては不適切なものとなり，居住者の受忍限度を超えたものと言えるので，郡は上告人（原告）の不動産に地役権を設定したものと言うことができ，これに対する損失補償が必要であると判示している[634]．

d. 電磁波訴訟への適用可能性

　これらの連邦最高裁判所による３つの判決を見てくると，飛行機が原告の不動産を物理的に侵害した程度が，連邦最高裁判所が米国で発展した空中地役権や航空地役権の存在を認容する際の重要な要素となっていることがわかる[635]．しかしながら，連邦最高裁判所は，航空地役権に関する事件において，原告の所有する不動産の上空を物理的に侵害することが決定的要因であるとまで明言していない．いくつかの連邦裁判所の下級審判決では，この点に関して，航空機による飛行に関する事件の場合には，当該不動産上空への物理的侵害が私的財産の収用にあたるか否かについて考慮されるべき要素であると判断されてきた[636]．

　Causby事件判決とその後の判例は，空中地役権による収用から生じた損失補償を得るためには，土地所有者は，政府あるいは公用収用をする権限を授権された機関が，原告の所有する不動産上空を物理的に侵入して侵害したことを立証しなければならないとしている．これらの判例では，原告の所有する不動産の空中を継続的に侵害する行為は，地上における侵害と同様のインパクトがあると判示されている[637]．

　それでは，電力会社が隣地を収用して送電線等の電力施設を建設した場合，隣地の所有者は，これらの空中地役権に関する判例法理に基づいて，逆収用による損失補償を得ることが可能であろうか．従来の判例法理に基づく限り，電力会社による原告の所有地に対する逆収用を立証するためには，①原告は，近接する送電線から放出される電磁波は，砲弾や航空機のように，原告の所有地の上空を実際に物理的に侵害していると主張しなければならず[638]，かつ，②電力会社の行為が，当該所有地の利用や利益の享受にとってなんらかの直接的侵害（immediate interference）を構成するものであることを立証しなければならない[639]．

　しかし，原告が，①人間には感知することができない電磁波により，実際の物理的侵害が起きているということを裁判所に納得させることは困難であると

思われ，また，②この侵害が飛行機による侵害と同程度の財産権の侵害が起きたと立証することも難しい．このため，連邦最高裁判所が示してきた空中地役権に関する判例法理に基づいて，送電線から生じる電磁波により生じた被害を，逆収用による損失補償を請求して勝訴することは困難であると思われる．

3. ニューサンスによる逆収用法理

a. ニューサンスと公用収用に伴う逆収用との比較

ニューサンスとは，コモン・ロー上の不動産侵害に関する箇所で述べたとおり，土地の利用または土地からの受益に対する侵害である[640]．通常，ニューサンスが認められるためには，実質的かつ不合理な侵害が存在していなければならない[641]．

しかし，コモン・ロー上のニューサンスに依拠して，送電線から生じる電磁波に関する損害を請求する訴訟で勝訴することが困難であることは，すでに見たとおりである．ニューサンスに基づいて損害賠償請求訴訟を行う場合，通常，憲法に基づく公用収用訴訟よりも，多くの問題に直面することになる．たとえば，原告は，コモン・ロー上のニューサンスの主張において，①物理的侵害の存在を立証する必要があり[642]，②不動産の利用と利益の享受に対する侵害は，故意によるものであることを証明しなければならず[643]，③不動産価値の減少だけをもってしては，ニューサンスにおける実質的損害を構成するものと認められない場合もあり[644]，④公用収用に関する逆収用の請求に関しては出訴期限法が適用されないのに対して，ニューサンスにおいてはその適用があり，⑤逆収用に関する憲法訴訟においては政府の行為に関する免責が認められないのに対して，ニューサンスに関する訴訟では認められる可能性があるのである[645]．もちろん，これらの諸問題のうちの幾つかは，通常の逆収用訴訟でも問題となるが，そのような場合でも，憲法訴訟に基づく限り，政府が主張できる抗弁は非常に限定されていると言える．

20世紀初頭から，ニューサンスによる逆収用を認めた判例は存在している．

たとえば，ごみ集積場および下水処理場により引き起こされたニューサンスに対する損失補償を認めた判例がある[646]．しかし，当時は，そのような名称では呼ばれていなかっただけのことである．

　b．連邦法におけるニューサンスによる逆収用法理

　連邦最高裁判所による判例では，これまで，直接的にニューサンスによる逆収用について言及したものはないが，間接的に，その可能性を示唆する判例は存在している．それが，Richards v. Washington Terminal Co. 事件判決である[647]．

　この事件で，原告は，被告鉄道会社のトンネルから114フィートほどに位置しているレンガ作りの家を所有していた[648]．原告は，このトンネルから生じた煙とガスにより，当該家屋の不動産価値が減少し賃貸することが不可能になり，また，室内の家具等が使用不可能になる等の損害を被ったため，不動産に関する利益の享受が逆収用されたと主張して，その損失補償を請求したのである[649]．

　連邦最高裁判所は，鉄道事業の適切な運営に伴ってトンネルから生じた通常の煙とガスが損失を引き起こしたとしても，公的ニューサンスにあたり，補償の対象とはならないと判示している[650]．これは，連邦最高裁判所が，この種の侵害は，通常の鉄道の運営に伴うものであり，軌道に沿って居住する人々全てが被る種類と程度と同等のものであると判断したためである[651]．

　しかし，同裁判所は，このような一般的な概念と異なり，原告が所有する不動産に対してはトンネル口からの煙とガスが強く吹き付けられているため，原告は，その不動産の利用と享受について，特別かつ固有の，実質的な負担を課されており，これは私的ニューサンスと評価できることから，公共の利用のための私的財産の収用に該当すると判示している[652]．この判例法理は，ニューサンスによる逆収用を認めたものといえるであろう．

　それでは，送電線から生じる電磁波から生じる損害を，この判決で用いられ

ている「特別かつ固有の実質的な負担」と捉えて，ニューサンスによる逆収用として，損失補償を請求することができるであろうか．その答えは，原告が，送電線の近辺で生活している他の住民とは異なる「特別かつ固有の実質的な負担」を被っていることが，認容されるか否かにかかっている．もしもこのような「特別かつ固有の実質的な負担」に該当しないと判断されれば，公的ニューサンスに該当するとして，逆収用による損失補償請求は認められないであろう．この判断枠組みは，わが国における損失補償の要否の判断において，特定の私人が被った不利益が，公平の観点に照らして特別の犠牲と見ることができるかどうかを判断する基準と類似している．

　おそらく，送電線から生じる電磁波曝露により健康被害を被ったとする主張は，因果関係の立証が困難なことから認められないであろう．また，連邦法においては，このようなニューサンスに関して，物理的侵害の存在も要件とされてきたことから，電磁波そのものによる損害を主張することは難しい．そうなると，送電線近辺で生活している他の市民と比較した場合でも，大きな騒音などにより生活上の支障が生じている場合や，電気ショックを受ける等の損害がある場合などに，この判例法理が適用可能な事例は限られてくるであろう．もっとも，このような事例においては，個別の被害額自体は大きくないので，クラス・アクションを利用することになろう．しかし，ここでもクラス構成員が，「特別かつ固有の実質的な負担」を被っている人々に限定されることから，訴訟を提起すること自体が困難になることが予想される．

　これに対して，州法のレベルでは，連邦法の判例法理と比べて，原告にとってより有利な判例法を形成している州も存在している．そこで以下では，その具体例として，①ニューサンスによる公用収用を認め，物理的侵害要件を排除しているオレゴン州の最高裁判決と，②州憲法における損失補償条項に基づいて，物理的侵害を問題とせずに，損失に焦点をあてているワシントン州の判例法理を概観する．そのうえで，これらの判例法理を電磁波訴訟に適用することが可能かどうかを検討する．

c. オレゴン州最高裁判所によるニューサンスによる逆収用法理

オレゴン州最高裁判所は，Thornburg v. Port of Portland 事件判決[653]において，ニューサンスによる逆収用を認めている．この判決は，米国で現代的な公用収用法理が形成される過程において，初めてニューサンスによる逆収用を認めたものである．

この事件の原告は，近隣の飛行場に着陸するジェット機の騒音により自らの所有する不動産を事実上利用することができなくなったことから，ニューサンスに基づく逆収用訴訟を提起して，その損失補償を求めた[654]．航空地役権（an airspace easement）に基づく理論では，これらの飛行機が原告の所有する不動産の上空を飛行することが要件となる．しかし，これらのジェット機は，原告の所有する不動産の近くを飛行するにすぎず，この要件を満たすことができなかったため，ニューサンスによる逆収用に基づく損失補償等を請求したのである[655]．被告公益会社であるポートランド空港は，この原告の請求に対して，飛行機はかなりの高度で飛行していることから公用収用を構成することはなく，また，飛行機は原告が所有する不動産の上を飛行していないので，不法侵害を構成することもないと主張した[656]．

原審は，本件に不法侵害理論を適用し，継続的不法侵害が存在しない限り救済を認めることはできず，たとえニューサンスが存在するとしても，これによる公用収用は成立しないと判示して，訴えを棄却した．このため，原告は上告した[657]．

オレゴン州最高裁判所は，本件で，飛行機から生じる騒音はニューサンスを構成する可能性があり，かつ，ニューサンスも政府による収用を構成しうると判示した[658]．同最高裁判所は，①本件の争点は，不法侵害（an actual trespass）の有無ではなく，飛行場の運営に関する政府行為がどの程度，原告の不動産に関する諸利益を侵害しているかが検討されるべきであり[659]，②飛行機が直接に当該私有地の上空を飛行した場合には地役権が生じて公用収用が成立するが，飛行機が当該私有地から数フィートそれて飛行した場合にはなんらの損失補償も認め

られないとするのは非論理的である，と判示している[660]．そして，政府機関による行為が，（ⅰ）継続的不法侵害（repeated trespass）を構成する場合，または，（ⅱ）継続的非不法侵害行為（repeated nontrespassory invasions）がニューサンスを構成するまでに至った場合のいずれにおいても，不動産所有者による当該不動産の利用価値のある所有（the useful possession）を実質的に奪うことになるので，公用収用に該当すると判断される場合があると判示した[661]．そして，問題となっている騒音が深刻なため，当該不動産の事実上の利用を奪う結果を招いているか否かは，陪審により判断される事実に関する争点であるとして，原判決を破棄し，差戻しを命じている[662]．

このオレゴン州最高裁によるThornburg事件判決では，連邦最高裁判所がBatten事件判決で公用収用の要件とした物理的侵害が要求されていない[663]．また，州憲法および州の公用収用法に関する判例では，このThornburg事件判決の法理に従うものが多く存在している[664]．

d. 州憲法における損失補償条項に基づく判例法理

多くの州では，政府が私的財産を公用収用した場合，または，被害を与えた場合には，正当な補償が必要であるとする憲法条項が存在している[665]．このような州の憲法条項の下では，合衆国憲法における侵害要件が課されておらず，損失に焦点をあてて補償を求める憲法訴訟を提起することが可能である．

このような州憲法条項をもつ州で，ニューサンスによる逆収用を認めたものとして，ワシントン州最高裁判所によるMartin v. Port of Seattle事件判決[666]を挙げることができる．この事件は，196名の不動産所有者が，シアトル・タコマ国際空港に低空飛行で離発着するジェット飛行機の騒音により，所有する不動産の利用が侵害され，その不動産価値が実質的に減少したとして，逆収用による損失補償を求めて訴えを提起したものである[667]．

事実審は，原告のうち，当該ジェット機が自らの不動産の上空を飛行している不動産所有者については，空中地役権が成立するとして，ワシントン州憲法

と合衆国憲法に基づく正当な補償がなされなければならないと判示した[668]. これに対して，当該ジェット機が，自らが所有する不動産の上空を飛行していない不動産所有者に関しては，ワシントン州憲法上の公用収用に対する正当補償条項に基づく救済が認められると判示した[669]. このため，被告である空港会社が，上告した[670].

ワシントン州最高裁判所は，同州憲法の損失補償条項の下では，当該ジェット機が，被上告人（原告）が所有する不動産の上空を飛行するか否かにかかわりなく，財産の収用と損害に対する損失補償が認められると判示した[671].

しかし，上告人が，航空関係については連邦法上の規制を受けることから，直接的に上空を飛行しない限り公用収用は成立せず，損失補償は認められないと抗弁しているため[672]，ワシントン州最高裁は，州憲法の損失補償条項に基づく判示にとどまらず，連邦最高裁判所による Batten 事件判決の法理を注意深く検討したうえで退け，前述のオレゴン州最高裁による Thornburg 事件判決で用いられた法理を採用している[673]. そして，侵害行為が原告の所有する不動産上で起きたか否かに関係なく，原告が所有している不動産の利用に対する侵害こそが，損失補償の可否を決定するものであると判示している[674].

e. ニューサンスによる逆収用法理の電磁波訴訟への適用可能性

送電線が，自らの所有する不動産上ではなく，他者が所有する近隣の不動産上に設置されている場合には，たとえ当該不動産所有者が，この送電線の設置により不動産価値の下落等の損失を被っている場合であっても，直接的な公用収用には該当しないため，損失補償を請求することはできない．ここでは，このような場合に，不利益を被った不動産所有者は，ニューサンスによる逆収用を認めている判例法理に基づいて，損失補償を請求できる余地があるのか否かを検討してみたい．

この逆収用の理論に基づく場合，Thornburg 事件判決[675]で認められているとおり，原告にとって物理的侵害の要素の立証を回避できるという利点がある．

153

つまり、ニューサンスに基づく逆収用を主張する原告は、電力会社が、原告の所有地に対する利用と利益の享受に対して不合理な侵害を生み出したと主張すればよいのである[676]。

しかし、このニューサンスによる逆収用の法理では、原告は、物理的侵害要件を立証する必要がないものの、送電線から生じる電磁波により、原告の所有する不動産の利用と利益の享受が実質的に侵害されたことを立証する必要がある。筆者は、この立証は容易ではないと考える。なぜならば、電磁波への曝露だけでは、これまでニューサンスによる逆収用が認められてきた飛行機による騒音や振動による侵害と同程度の侵害が存在していると陪審が判断することはないと考えられるからである。このため、陪審が、送電線からの電気ショックや騒音などの物理的侵害などにより、不動産の利用が実質的に侵害されていると判断されない限り[677]、原告の主張する逆収用に基づく損失補償は認められないものと思われる。

---

451 この章の記述にあたっては、前掲注18のYoung論文および、前掲注24のAnibogu論文、Depew論文およびPenn論文、前掲注412のBrown論文に加え、以下の米国法文献を参照した。Lisa M. Bogardus, *Recovery and Allocation of Electromagnetic Field Mitigation Costs in Electric Utility Rates*, 62 FORDHAM L. REV.1705 (1994); John K. Rosenberg, *Fear of Electromagnetic Fields as an Element of Damages in Condemnation Cases in Kansas*, 5 KAN. J.L. & PUB. POL'Y 115 (1995); Andrew James Schutt, *The Power Line Dilemma: Compensation for Diminished Property Value Caused by Fear of Electromagnetic Fields*, 24 FLA. ST. U.L. REV. 125 (1996); Robyn L. Thiemann, *Property Devaluation Caused by Fear of Electromagnetic Fields: Using Damages to Encourage Utilities to Act Efficiently*, 71 N.Y.U.L. REV. 1386 (1996); Peggi A. Whitmore, *Property Owners in Condemnation Actions May Receive Compensation for Diminution in Value to Their Property Caused by Public Perception: City of Santa Fe v. Komis*, 24 N.M.L. REV. 535 (1994). なお、米国における公用収用について論じる邦語文献は数多く存在するが、本章の記述にあたっては以下の文

献を参照した．リチャード・A・エプステイン（松浦好治監訳）『公用収用の理論：公法私法二分論の克服と統合』（木鐸社，2000年），今村成和『損失補償制度の研究』（有斐閣，1968年），高原賢治『財産権と損失補償』（有斐閣，1978年），梨本幸男『新版・[ケース・スタディ] 鑑定と補償―― 不動産の有効利用と補償事例』（清文社，1995年），飯田稔「土地利用規制と逆収用――規制の収用に対する司法的救済をめぐって――」法学新報98巻3・4号155頁以下，植村栄治「各国の国家補償法の歴史的展開と動向――アメリカ」西村宏一・幾代通・園部逸夫編『国家補償法体系1 国家補償法の理論』（日本評論社，1987年）231頁以下，小高剛「公共事業と超過収用――日米比較」西谷剛他『比較インフラ法研究』（良書普及会，1997年），高橋一修「アメリカにおける都市環境の保護と財産権」田中英夫編集代表『英米法の諸相』（東京大学出版会，1980年）339頁以下，寺尾美子「アメリカ土地利用計画法の発展と財産権の保障（一）～（五）」法協100巻2号270頁以下，同10号1735頁以下，101巻1号64頁以下，2号270頁以下，3号357頁以下，寺尾美子「アメリカ法における『正当な』補償と開発利益――アメリカ法における the public の一考察資料として」法学協会雑誌112巻11号1503頁以下，松永光信「アメリカにおける公用収用権とデュープロセス（4）」時の法令1592号59頁以下，由喜門眞治「アメリカの土地利用規制と損失補償（一），（二），（三）完――合衆国最高裁判例に基づく日米比較――」民商107巻3号404頁以下，同4・5号692頁以下，同6号890頁以下，米沢広一「土地使用権の規制」法学論叢107巻4号26頁以下，108巻1号28頁以下，108巻3号26頁以下．

452　See, e.g., Michael Freeman, *The Courts and Electromagnetic Fields*, Pub. Util. Fort., July 19, 1990, at 20.

453　本書では，米国で通常の形態である州政府による公用収用について検討する．従来は，送電線の設置に関する事業許可や，これに基づく収用は，州政府の行政機関による手続により行われ，連邦政府の関与は見られなかった．しかし，2005年エネルギー政策法では，州境をまたぐ送電線の設置については，一定の場合に，連邦政府が関与できるようになった．この点については，以下の論文を参照のこと．Steven J. Eagle, *Securing a Reliable Electricity Grid: a New Era in Transmission Siting Regulation?*, 73 Tenn.L.Rev.1 (2005).

454　一般の人々がもつ特定の嫌悪施設に対する恐怖により，残地の不動産価値が下落する事例は，これらの事例にとどまらない．たとえば，高温化された原油を送付するパイプラインを設置するためになされた公用収用について，これが住居に近接して設置されることから，多くの市民の抱く恐怖感により残地の市場価値が減額することが専門家証言により立証された場合には，この減額分の損失補償も認められるとした次の判例も参照のこと．All Am. Pipeline Co. v. Ammerman, 814 S.W.2d 249 (Tex. Ct. App. 1991).

455　See, e.g., United States v. Causby, 328 U.S. 256(1945); Richards v. Washington Terminal Co., 233 U.S. 546 (1914); Thornburg v. Port of Portland, 376 P.2d 100, 109-10 (1963).

456　「正当な補償なくして，私有財産が公共の用途のために収用されることはない」U.S. Const. amend. V.

457　See William B. Stoebuck, Nontrespassory Takings in Eminent Domain 4 (1977).

458　See e.g., Fla.Stat. § 361.01 (1995); Ind.Code § 8-1-8-1 (1995).

459　See Peggi A. Whitmore, *Note, Property Owners in Condemnation Actions May Receive Compensation for Diminution in Value to Their Property Caused by Public Perception:*

460　　*See id.*（政府が私的財産を自らの使用のために用いる場合は当然に公用収用にあたるが，収用された周囲の土地の不動産価値が著しく減少した場合にも公用収用に該当する），citing Pennsylvania Coal Co. v. Mahon, 260 U.S. 393, 413 (1922).
　　どのような場合に公用収用にあたるかについては，定型的な判断基準は存在しないものの，裁判所は，通常，経済的影響をも含めた政府行為（the governmental action）の性質，特に「当該行為がどの程度，不動産所有者を実質的に妨害するか」，「合理的な投資期待利益」などを考慮して判断してきた．Linda J. Orel, *Perceived Risks of EMFs and Landowner Compensation*, 6 Risk 79, 81 (1995) (*citing* Penn Cent. Transp. Co. v. New York City, 438 U.S. 104 (1978)).

461　　この「公正な市場価値（fair market value）」という概念は，当該財産に関して十分な情報をもった潜在的購入者が，当該財産にとって適切であると考えられる全ての利用法を考慮して購入しようとするための評価を行う時点での市場価値であると定義されている．*See* Julius L. Sackman, 4 Nichols On Eminent Domain, 12.02[1], at 12-75 (rev. 3d ed. 1996).

462　　*See* 4A *id.* 14.02[1].

463　　この残地補償としての結果損害には，眺望に関する損失（loss of view），景観・美観に関する損失（loss of aesthetics），および，不動産利用に関する損失（loss of land use）などが認められてきた．*See, e.g.*, La Plata Elec. Ass'n v. Cummins, 728 P.2d 696 (Colo. 1986) (en banc)（送電線による眺望の悪化による不動産価値の減額に対する補償を認めた）; Central Ill. Pub. Serv. Co. v. Westervelt, 367 N.E.2d 661 (Ill. 1977)（送電線設置により生じる眺望の悪化は，損失補償額の決定に関連する要素である）．

464　　*See, e.g.*, Alabama Power Co. v. Keystone Lime Co., 67 So. 833 (Ala. 1914).

465　　*See id.* at 833; *see also Pappas*, 119 So. 2d at 899.

466　　*See* Central Ill. Light Co. v. Nierstheimer, 185 N.E.2d 841 (Ill. 1962)（危険に関する想像上のリスクは，補償を認める根拠としては，あまりにも間接的かつ推測的なものである）．

467　　Chesapeake & Potomac Tel. Co. v. Red Jacket Consol. Coal & Coke Co., 121 S.E. 278 (W. Va. Ct. App. 1924)（危険そのものが不動産価値を減少させるのであれば，それは損害として考慮しうるが，そのような危険は，現実の差し迫ったものでなければならないとともに，合理的に理解できるものでなければならず，間接的なものや単なる可能性が存在するといったものでは考慮の対象とならない）．

468　　67 So. 833 (Ala. 1914).

469　　*Id.*

470　　*Id.* at 835.

471　　*See id.* at 833-34.

472　　*Id.* at 834-35, 837.

473　　*Id.* at 837.

474　　*Id.* 裁判所は，送電線が人間と環境にとって安全であるとする証言に重きを置いて評価した．*Id.* at 833-34.

475　　*Id.* at 837.

476　　*Id.*

477	*Id*. at 835, 837.
478	*Id*. at 835.
479	119 So. 2d 899 (Ala. 1960). この Pappas 事件判決も，不動産所有者の土地にアラバマ電力株式会社が送電線を設置しようとした公用収用に関する判決であった．*See id*. at 902.
480	*Id*. at 905.
481	*Id*.
482	*See* Alabama Elec. Coop., Inc. v. Faust, 574 So. 2d 734 (Ala. 1990); Deramus v. Alabama Power Co., 265 So. 2d 609 (Ala. 1972); Southern Elec. Generating Co. v. Howard, 156 So. 2d 359 (Ala. 1963).
483	574 So. 2d 734 (Ala. 1990).
484	*Id*. at 736.
485	152 N.E. 486, 489 (Ill. 1926).
486	*Id*. at 490.
487	Central Ill. Pub. Serv. Co. v. Westervelt, 367 N.E.2d 661 (Ill. 1977).
488	Iowa-Illinois Gas & Elec. Co. v. Hoffman, 468 N.E.2d 977 (Ill. App. Ct. 1984).
489	Heddin v. Delhi Gas Pipeline Co., 522 S.W.2d 886 (Tex. 1975). 中間的判例法理は，次の連邦最高裁判決でも用いられている．Olson v. United States, 292 U.S. 246 (1934).
490	*See, e.g.*, Gulledge v. Texas Gas Transmission Corp., 256 S.W.2d 349 (Ky. Ct. App. 1952).
491	*Id*.
492	*See* United States v. 760.807 Acres of Land, 731 F.2d 1443 (9th Cir. 1984)（連邦コモン・ローを適用している事例では，完全な推測に基づく恐怖による損失を認めることはできず，そのような恐怖が合理的なものか，あるいは現実の経験に基づくものである場合に限って補償の対象となる）．
493	*See* Arkansas Power & Light Co. v. Haskins, 528 S.W.2d 407 (Ark. 1975)（送電線からの危険に関する懸念は，合理的なものである）．
494	*See* Northeastern Gas Transmission Co. v. Tersana Acres, Inc., 134 A.2d 253 (Conn. 1957).
495	*See* Southern Ind. Gas and Elec. Co. v. Gerhardt, 172 N.E.2d 204 (Ind. 1961)（陪審は，送電線が壊れ，あるいは嵐の間に倒壊するといった可能性について，そのような可能性が存在するのであれば，これによって引き起こされる不動産の市場価値への影響を考慮することができると判示している）．
496	*See* Gulledge v. Texas Gas Transmission Corp., 256 S.W.2d 349 (Ky. 1959).
497	*See* Dunlap v. Loup River Pub. Power Dist., 284 N.W. 742 (Neb. 1939).
498	*See* Tennessee Gas Transmission Co. v. Maze, 133 A.2d 28 (N.J. Super. Ct. App. Div. 1957).
499	*See* Colvard v. Natahala Power & Light Co., 167 S.E. 472 (N.C. 1933).
500	*See* Oklahoma Gas & Elec. Co. v. Kelly, 58 P.2d 328 (Okla. 1936). このケリー事件判決では，オクラホマ州において，将来，多数判例法理が採用される可能性のあることが示唆されている．この判決では，送電線による潜在的な危険のように単なる推測に基づく補償は認められ

ないものの，そのような危害が不動産の市場価値に影響することを考慮することは認められると判示しているからである。Id. そして，最高裁判例ではないものの，上訴審判決では，多数判例法理に基づいた証拠の採用が認められている。See Western Farmers Elec. Coop. v. Enis, 993 P.2d 787 (Okla. Ct. App. 1999).

501　See Hodge v. Southern Cities Power Co., 8 Tenn. App. 636 (1928); see also Alloway v. Nashville, 13 S.W. 123 (Tenn. 1890).

502　See Delhi Gas Pipeline Co. v. Reid, 488 S.W.2d 612 (Tex. Ct. App. 1972); see also Heddin v. Delhi Gas Pipeline Co., 522 S.W.2d 886 (Tex. 1975).

503　See Telluride Power Co. v. Bruneau, 125 P. 399 (Utah 1912).

504　See Canyon View Ranch v. Basin Elec. Power Corp., 628 P.2d 530 (Wyo. 1981). Canyon View Ranch 事件判決は，送電線設置に関する公用収用手続に対する損失補償に関する事件である。Id. at 531. ワイオミング州最高裁は，事実審で当該不動産に対する損失を決定する場合には，その陪審説示において「直接的かつ確実な要素を考慮することができる一方で，間接的で，想像の域を出ないもの，あるいは推測に過ぎない要素を考慮することはできない」と説示されたことを支持した。Id. at 534, 541. そして，州最高裁は，下級審が不動産所有者に対して，送電線に関する雑誌の記事を証拠として採用することを認めなかったことに誤りはないと判示した。Id. at 536-37. これは，不動産所有者が，当該記事における情報の信憑性に関する立証を何も行わなかったため，この証拠は単なる推測的なものに過ぎないと判示したのである。Id. at 537.

505　不動産所有者が，多くの市民が抱く送電線に対する恐怖感によって生じた不動産価値の下落に対して損失補償を受けられるかどうかという争点に対して，3つの異なった判例法理が存在していることに加え，裁判所や法学者の間では，どの州がどの判例法理を採用しているかについて評価が分かれている。たとえば，Willsey v. Kansas City Power & Light Co. 事件判決 (631 P.2d 268, 273-75 (Kan. Ct. App. 1981))では，アーカンサス州，インディアナ州，ノースカロライナ州，オクラホマ州，ヴァージニア州が多数判例法理を採用していると判断しているが，ある法学者は，これらを中間的判例法理を採用したものであると解釈している。See McCune, supra note 325, at 434-35 nn.25-26. この McCune 論文では，これらの州は，依然として，合理性を問題としていると評価していることから，中間的判例法理を採用したものと分類している。ヴァージニア州は，明白に多数判例法理をとっているとも，中間的立場をとっているとも双方にとれる判決を下している。See Chappell v. Virginia Elec. & Power Co., 458 S.E.2d 282 (Va. 1995).

506　See Adkins v. Thomas Solvent Co., 487 N.W.2d 715 (Mich. 1992).

507　See Selective Resources v. Superior Court, 700 P.2d 849 (Ariz. Ct. App. 1984). この Selective Resources 事件判決では，当該不動産を購入しようとする側に送電線に関する影響について実際の知識があることを証明する必要はなく，そのような知識をもっているとの前提に立って補償を請求することができるとした。Id. at 852.

508　284 N.W. 742 (Neb. 1939).

509　Id. at 743.

510　Id.

511　Id. at 744-45.

512	*Id.* at 744.
513	*Id.* at 745.
514	*Id.* at 746.
515	*Id.* at 746.
516	*Id.* at 745.
517	*Id.* at 746.
518	Florida Power & Light Co. v. Jennings, 518 So.2d 895, 899 (Fla. 1987).
519	*Id.* もちろん、全ての公用収用において完全補償（full compensation）が認められているわけではない。たとえば、規制収用（regulatory takings）の場合には、政府の何らかの行為によって不動産価値が減少したとしても、当該不動産所有者は、かならずしも損失補償を受けることができるわけではない。*See* Penn. Cent. Transp. Co. v. City of New York, 438 U.S.104 (1978). この最高裁判決の掲げる基準は、ある規制が当該不動産の全ての経済的な有効利用を排除するものであるか、あるいは、当該不動産所有者の投資に関する期待を排除するものであるか否かを判断するものである。*See* Lucas v. South Carolina Coastal Council, 505 U.S. 1003 (1992).
520	*See* United States *ex rel.* TVA v. Robertson, 354 F.2d 877(5th Cir. 1966) (*applying* 16 U.S.C. § 831).
521	*See* United States *ex rel.* TVA v. Easement and Right of Way, 405 F.2d 305 (6th Cir. 1968) (*applying* 16 U.S.C. § 831).
522	*See* Pacific Gas & Elec. Co. v. W.H. Hunt Estate Co., 319 P.2d 1044 (Cal. 1957).
523	*See* Florida Power & Light Co. v. Jennings, 518 So. 2d 895 (Fla. 1987).
524	*See* Georgia Power Co. v. Sinclair, 176 S.E.2d 639 (Ga. Ct. App. 1970) (送電線の潜在的危険は、これに隣接する土地の市場価値と実質的な関連があり、陪審によって考慮されるべき点である).
525	*See* Evans v. Iowa S. Utils. Co., 218 N.W. 66, 69 (Iowa 1928) (公用収用手続において、損失の要素のひとつとして、将来の購入者が、当該土地に高圧送電線が存在していることを理由とした恐怖感に関する専門家証言を考慮することは適切であると判示した). しかし、同州では、これと異なる判断を下した判決もある。*But see* Iowa Power & Light Co. v. Stortenbecker, 334 N.W.2d 326 (Iowa App. 1983) (この判決では、下級審が、不動産の市場価値に対して、送電線から生じる健康被害に関する恐怖が影響するとした専門家証言を認めたことを適切ではないと判断。その理由として、当該専門家にとって、送電線による健康被害の合理的な可能性を結論づけるだけの十分な証拠は存在していなかったことを挙げた).
526	*See* Ryan v. Kansas Power & Light Co., 815 P.2d 528 (Kan. 1991).
527	*See* Claiborne Elec. Coop., Inc. v. Garrett, 357 So. 2d 1251 (La. Ct. App. 1978), *write denied*, 359 So. 2d 1306 (La. 1978).
528	長年にわたって、ミズーリ州は中間的判例法理にとどまってきた。*See* Willsey v. Kansas City Power, 631 P.2d 268 (Kan. Ct. App. 1981) (*citing* Phillips Pipe Line Co. v. Ashley, 605 S.W.2d 514, 517-18 (Mo. Ct. App. 1980)). しかしながら、ミズーリ州最高裁は、この判決ののち、明白に先例法理を破棄してはいないものの、多数判例法理を採用するに至った。*See* Missouri Pub. Serv. Co. v. Juergens, 760 S.W.2d 105 (Mo. 1988) (en banc). この

第5章 電磁波関連施設建設のための公用収用による残地の不動産価値下落に対する損失補償と逆収用の主張

Juergens 事件判決では，危害に関するリスクによる市場価値の減少は，公用収用手続において補償の対象となるとして，ここで問題となるのは，リスクそのものではなく，残地の価値を実際に減少させたリスクに対する恐怖であるとしている．*Id.* (*quoting* Phillips Pipe Line, 605 S.W.2d at 518). 興味深いことに，この判決では，これまで中間的判例法理を維持してきた根拠となっていた Phillips Pipe Line 事件判決に依拠し，そのなかで多数判例法理の立場を支持した部分のみを引用している．*Id.*; *see also* Missouri Highway & Transp. Comm'n v. Horine, 776 S.W.2d 6 (Mo. 1989) (en banc).

529 　*See* City of Santa Fe v. Komis, 845 P.2d 753 (N.M. 1992) (後で詳述する核廃棄物輸送道路の建設により引き起こされた不動産価値の下落に対する損失補償請求事件).
530 　*See* Criscuola v. Power Auth. of N.Y., 621 N.E.2d 1195 (N.Y. 1993).
531 　*See* Ohio Pub. Serv. Co. v. Dehring, 172 N.E. 448 (Ohio Ct. App. 1929).
532 　*See* Basin Elec. Power Coop., Inc. v. Cutler, 217 N.W.2d 798 (S.D. 1974) (適正な資格をもつ証人は，公用収用手続において，当該不動産価値と，当該不動産価値に下落をもたらす要因について，たとえその要因のいくつかが推測的な性質のものであっても，証言することができると判示した).
533 　*See* Appalachian Power Co. v. Johnson, 119 S.E. 253 (Va. 1923).
534 　*See* State v. Evans, 612 P.2d 442 (Wash. Ct. App. 1980), *rev'd on other grounds*, 634 P.2d 845 (Wash. 1981), *modified*, 649 P.2d 633 (Wash. 1982). *See also* Washington Water Power Co. v. Douglass, 105 Wn. App. 1054 (Wash. Ct. App. 2001).
535 　157 So. 2d 168 (Fla. 2d DCA 1963).
536 　518 So. 2d 895 (Fla. 1987).
537 　*Casey*, 157 So. 2d at 168.
538 　*Id.* at 170-71.
539 　*Jennings*, 518 So. 2d at 897.
540 　*Id.*
541 　*Id.* at 898.
542 　*Id.* at 896.
543 　*Id.*
544 　*Id.* at 897.
545 　*Id.* at 897-900.
546 　*Id.* at 899.
547 　621 N.E.2d 1195 (N.Y. 1993) (*reversing* Zappavigna v. New York, 588 N.Y.S.2d 585 (App. Div. 1992)).
548 　*Id.*
549 　*Id.* at 1196.
550 　*Criscuola*, 621 N.E.2d at 1196 (citations omitted).
551 　*Id.* at 1197; *see also* Richard A. Reed, *Fear and Lowering Property Values in New York: Proof of Consequential Damages from "Cancerphobia" in the Wake of Criscuola v. Power Authority of the State of New York*, 66 N.Y.ST.B.J. 30, 34 (1994) (Criscuola 事件判決とニューヨーク州における公用収用に対する影響について論じている).

552	631 P.2d 268 (Kan. Ct. App. 1981).
553	815 P.2d 528, 533 (Kan. 1991).
554	*Willsey*, 631 P.2d at 270.
555	*Id.* カンザス市電力は，特に，被上訴人側の専門家証人である不動産鑑定証人が，送電線に対する潜在的買主による嫌悪感によって不動産価値が下落したとする証言に強く反対した．*Id.* at 270-71.
556	*Id.* at 279.
557	*Id.*
558	*Id.* at 279-80.
559	*Id.* at 277.
560	*Id.* at 277-78.
561	*Id.*
562	*Id.*
563	*Id.* at 279.
564	815 P.2d 528, 533 (Kan. 1991). カンザス州最高裁は，この多数判例法理を少数判例法理という名前で呼ぶということの発端となったフロリダ州第2地区控訴裁判所による Casey v. Florida Power Corp. 事件判決 (157 So. 2d 168, 170-71 (Fla. 2d DCA 1963)) を，普遍的な法理として支持した．カンザス州最高裁は，この多数判例法理に基づく見解を述べながらも，この法理を Casey 事件判決にならって，少数判例法理という名称で呼んでいるのである．*Ryan*, 815 P.2d at 533-34.
565	*Ryan*, 815 P.2d at 533. 同判決は，さらに，市場における多くの市民の抱く恐怖感の影響に関する証拠を許容する一方で，個人的な恐怖感に関しては，それが専門家証言であろうとなかろうと，これを認めることはできないと結論づけている．*Id.* at 533-34.
566	*Ryan*, 815 P.2d at 532.
567	*Id.* at 536.
568	845 P.2d 753 (1992).
569	*Id.* at 755.
570	*Id.*
571	この収用の3ヵ月前の時点で，地元新聞において，WIPPへのバイパスとこれに関する94の記事，写真，意見などが掲載された．*Id.* at 757.
572	*Id.* at 755.
573	Defendant-Appellee's Answer Brief at 3, City of Santa Fe v. Komis, 845 P.2d 753 (1992) (No. 20,325).
574	*Komis*, 845 P.2d at 755-56.
575	*Id.* at 755.
576	*Id.*
577	*Id.*
578	*Id.* at 756.
579	Petitioner-Appellant's Reply Brief at 1-2, City of Santa Fe v. Komis, 845 P.2d 753 (1992) (20,325).

580　Defendants-Appellees' Answer Brief at 2, City of Santa Fe. v. Komis, 845 P.2d 753 (1992) (20,325).
581　845 P.2d at 756.
582　Id.
583　Id. at 757.
584　Id.
585　Id.
586　Id.
587　Id. at 758.
588　Id.
589　Id.
590　Id.
591　See id.
592　Id.
593　Petitioner-Appellant's Brief-in-Chief at 13, City of Santa Fe v. Komis, 114 N.M. 659, 845 P.2d 753 (1992) (No. 20,325).
594　845 P.2d at 758 (citing N.M. R. Evid. 11-403).
595　Id. at 759.
596　Id.
597　Id. at 760.
598　Petitioner-Appellant's Brief-in-Chief at 16, City of Santa Fe v. Komis, 114 N.M. 659, 845 P.2d 753 (1992) (No. 20,325).
599　845 P.2d at 758
600　Id.
601　Id. at 760.
602　Id.
603　Defendants-Appellee's Answer Brief at 20, City of Santa Fe v. Komis, 845 P.2d 753 (1992) (No 20,325) (citing N.M. R. Evid. 11-401).
604　845 P.2d at 760.
605　Id.
606　See Brandon, supra note 2, at 43 (フロリダ州とニューヨーク州における多数判例法理への判例変更は、他の見解をとる諸州に対して影響をもつ可能性があるとしている)。
607　なぜ、公益企業が厳格責任と同等の責任を負うべきかについて、これを法と経済学および正義論の立場から証明しようとする試みとして、前掲注424のSchutt論文を参照のこと。
608　See United States v. Clark, 445 U.S. 253, 255-58 (1980).
609　わが国の法制の下での「逆収用」とは、通常、バブル崩壊後に不動産価格が下落したことから、事業対象地の土地所有者等の権利者が、高めの価値の固定や紛争の早期解決をめざして、自ら収用を申し立てるという権利者からの裁決申請請求の意味として使われており、明らかに米国法のものと用語法が異なっている。
610　See U.S. Const. amend. V. また、大多数の州は、連邦憲法修正第5と同様の収用条項をもっ

ている. See, e.g., Ind. Const. art. I, § 18; Mass. Const. Part I, art. 10; Mich. Const. art. XIII, § 1; N.Y. Const. art. I, § 7.
611 John E. Theuman, *Annotation, Supreme Court's Views as to What Constitutes "Taking," Within Meaning of Fifth Amendment's Prohibition Against Taking of Private Property Without Just Compensation*, 89 L.ED. 2d 977, 983 (1988).
612 *Id.*
613 *Id.*
614 *See, e.g.*, Keystone Bituminous Coal Ass'n. v. DeBenedictis, 480 U.S. 470 (1987).
615 Penn Cent. Transp. Co. v. New York City, 438 U.S. 104 (1978).
616 *See* Nollan v. California Coastal Comm'n, 483 U.S. 825 (1987); Loretto v. Manhattan CATV Corp., 458 U.S. 419 (1982); Penn Cent. Transp. Co., 438 U.S. at 124.
617 *See* First English Evangelical Lutheran Church of Glendale v. County of Los Angeles, 482 U.S. 304 (1987); Pennsylvania Coal Co. v. Mahon, 260 U.S. 393 (1922).
618 土地の所有権は，一般的に，その土地の上空にも及ぶ．*See* Stoebuck, *supra* note 429, at 153. 伝統的な法理では，土地の上空に対する所有の権限について高度による制限は存在しない. *Id.* しかし，この古典的理論は，現代の判例法理では支持されていない．*See* United States v. Causby, 328 U.S. 256, 260-61 (1946). 現代の判例法理では，不動産所有者の所有権は，航空機が飛行する高度にまで及ぶ財産権をもつものではなく，これよりも低い地表に近い部分の空中に関する財産権に限定されている．*See* Stoebuck, *supra* note 429, at 153.
619 *See* Theuman, *supra* note 582, at 1008.
620 260 U.S. 327 (1922).
621 *Id.* at 328.
622 *Id.*
623 *Id.*
624 328 U.S. 256, 262-63 (1946).
625 *Id.* at 258-59.
626 *See id.* at 267.
627 *See id.* at 265.
628 *See id.* at 261-62.
629 *Id.* at 266-67.
630 *Id.* at 266 (*quoting* United States v. Cress, 243 U.S. 316, 328 (1916)).
631 369 U.S. 84 (1962).
632 *Id.* at 87.
633 *Id.* at 91 (Black, J., dissenting).
634 *Id.* at 89.
635 *See id.* at 89-90; United States v. Causby, 328 U.S. 256 (1946); Portsmouth Harbor Land & Hotel Co. v. United States, 260 U.S. 327 (1922).
636 *See, e.g.*, Batten v. United States, 306 F.2d 580, 584 (10th Cir. 1962) (軍飛行場におけるジェット機の離着陸が，近隣不動産所有者に，煙，振動，および極度の騒音による損害を引き起こしていた．連邦控訴審裁判所は，飛行機が直接的に不動産所有者の土地の上空を飛行した

場合にのみ収用が認められ，当該軍事基地における飛行機による原告の不動産利用の侵害自体は，それが原告の不動産利用の全てあるいはほとんどの利益を奪うものではないことから，合衆国憲法第5修正における公用収用に該当しないと判示した）; Avery v. United States, 330 F.2d 640 (Ct.Cl. 1964)（連邦海軍航空基地の航空機は，原告が所有するいずれの不動産の上空も物理的に侵害していないので，当該不動産に関する航空地役権は成立せず，飛行機の発する音や衝撃波による不動産侵害が，不法侵害やニューサンスではなく，実際の物理的侵害による収用を構成するとした判例は存在しない）。

637　See, e.g., United States v. Causby, 328 U.S. 256 (1946).
638　See id. at 264-65; Portsmouth Harbor Land & Hotel Co. v. United States, 260 U.S. 327 (1922).
639　See Causby, 328 U.S. at 264-65; Portsmouth Harbor Land, 260 U.S. at 329-30.
640　Keeton et al, supra note 326, § 87, at 619.
641　Id.
642　Id. at 622-23.
643　Id.at 622.
644　See, e.g., Twitty v. State of North Carolina, 354 S.E. 2d 296 (N.C. 1987).
645　See Stoebuck, supra note 429, at 165.
646　See Ivester v. City of Winston-Salem, 1 S.E.2d 88 (1939)（原告の所有地に隣接する下水処理場，焼却場，および畜殺場からの悪臭，ねずみ，灰，煙および虫等は，ニューサンスと公用収用に該当する）; City of Louisville v. Hehemann, 171 S.W. 165 (Ky. 1914)（近隣に位置するごみ集積場からの悪臭と蠅等は，公用収用にあたる）; City of Georgetown v. Ammerman, 136 S.W.202 (Ky. 1911)（原告の所有地に隣接する市のごみ集積場からの悪臭は，ニューサンスを構成し，これは公用収用にあたる）。
647　233 U.S. 546 (1914).
648　Id. at 549.
649　Id. at 548.
650　Id. at 555-57.
651　Id. at 555.
652　Id.
653　376 P.2d 100 (Or. 1962).
654　Id. at 101.
655　See id. at 103.
656　Id. at 102.
657　Id. 当時のオレゴン州は2審制で，上訴審裁判所が創設されたのは，1969年である。
658　See id. at 106. なお，オレゴン州憲法では，収用に関する規定はあるものの，「損害による(damaged)」補償の規定は存在していない。See id.
659　Id. at 106-07.
660　Id. at 109.
661　Id. at 107.
662　Id. at 110.

663　*Id*. at 104. 多くの法学者は，連邦最高裁判所による Batten 事件判決の法理を非論理的であると批判している．*See, e.g.*, Richard A. Epstein, Takings: Private Property And The Power Of Eminent Domain 51 (1985).

664　*See, e.g.*, Johnson v. City of Greeneville, 435 S.W.2d 476 (Tenn. 1968)（Thornburg 事件判決を引用し，その法理に基づいて，飛行場に近接する原告の居住地の有効利用ができなくなった場合，あるいは，その利用に対して重大な侵害をもたらした場合には，公用収用に該当すると判示した）; Henthorn v. Oklahoma City, 453 P.2d 1013 (Okla. 1967)（Thornburg 事件判決が，航空機の離発着により不動産利用と権利の享受に対する侵害が存在する場合には，逆収用訴訟においてニューサンスの主張が可能であるとした法理を支持し，かつ，この法理の下で，ニューサンスを構成するに至る実質的侵害が存在するか否かは，陪審による事実認定により決定されると判示した）; Aaron v. City of Los Angeles, 40 Cal. App. 3d 471 (1974)（この判決では，①飛行機の高度を問題にし，直接的に上空を飛行することを要件としている従来の法理を否定した Thornburg 事件判決を支持，原審原告の不動産の有効利用が実質的に侵害される場合には公用収用が成立する可能性があるとし，②連邦最高裁判所による Richards v. Washington Terminal Co. 事件判決（233 U.S. 546 (1914)）が示した法理，すなわち，多くの市民が被っているのと同程度の付随的損害に対する補償は認められないが，原告の被った特別損害（special and peculiar damage）は補償の対象となるという法理を採用し，③飛行場に隣接する土地所有者に，飛行機の騒音に起因する不動産価値の減少についての補償が認められるためには，(i) 当該飛行場を利用する航空機が，これらの不動産の利用および利益の享受について実質的な侵害を引き起こすものであるとともに，(ii) この侵害の程度が，多くの市民にとって受忍すべき限度を超える特別なもので，十分に直接的なものであることが要件となり，(iii) この実質的侵害が存在しているか否かは，事実および法的問題が合わさったものであることから，陪審により判断されることになると判示した）．

665　すくなくとも 25 の州が，このような損害条項をもっている．*See, e.g.*, Ariz.Const. art. II, § 17; Ark. Const. art. II, § 22; Cal. Const. art. I, § 14; Or.Const. art. I, § 16.

666　391 P.2d 540 (Wash. 1964).

667　*Id*. at 542.

668　*Id*. at 543. ワシントン州憲法では，公的あるいは私的利用のために，正当な補償がなされないまま私的財産が収用あるいは損害を受けることは認められないと規定されている．*See* Wash.Const. art. I, § 16.

669　*Id*.

670　当時，ワシントン州は 2 審制をとっており，上訴裁判所が創設されたのは，1969 年である．

671　*Id*. at 547.

672　*Id*. at 544.

673　*Id*. at 545.

674　*Id*. at 546-47.

675　*See* Thornburg v. Port of Portland, 376 P.2d 100, 105-06 (Or. 1963).

676　*See id*. at 110.

677　電磁波被害を訴える不動産所有者の一部は，かれらが家の裏庭を歩くたびに実際の電気ショックを経験すると主張している．もしもこのような物理的侵害によるニューサンスが存在する

場合には，恐怖と不動産価値の減額と合わせて，容易に収用を構成するものと立証することができるであろう．*See, e.g.*, High Voltage Debate, Nat'l J., Aug. 17, 1991, at 2027.

第6章
1996年連邦通信法と携帯電話基地局設置制限条例[678]

A．移動通信用施設設置に関する問題点

　本書では，第2章において，携帯電話から生じる電磁波により生じたとされる身体的損害賠償を請求した訴訟を検討した．そして，この類型の訴訟では，これまで原告が勝訴した判例は存在していなかった．しかし，携帯電話に関する電磁波訴訟は，これにとどまるものではない．むしろ，米国では，住宅地区等に設置された移動通信用（鉄塔）施設（携帯電話アンテナ・タワーや基地局）[679]に関する訴訟の方が，圧倒的に多い．

　それでは，なぜ全米各地で，このような形の移動通信用施設に関する訴訟が頻発したのであろうか．その理由のひとつとして，携帯電話事業者は，送電線を設置する電力会社と異なり，公益事業会社（a public utility）ではないことを挙げることができる．

　もしも，携帯電話事業者が公益事業会社であれば，現在のように州の地方公共団体である郡，市，町，村のゾーニング委員会[680]へ基地局設置許可申請を行うのではなく，その設置に関して，電力会社のように，州の公益事業委員会からの事業認定を受ければよいことになる．この公益事業規制システムの下では，電力事業の場合であれば，州の公益事業関連法が電力会社を直接的に規制している．そして，これらの公益事業関連法は，郡などの地方公共団体による

ゾーニング条例による規制よりも上位法であり，また，そもそもゾーニング条例制定権が州から授権されたものであることから，事業者は，個別の条例よりも，主として州の公益事業関連法やその委員会決定による規制や処分に対処すればよいことになる[681]．

　このように，携帯電話事業者にとっては，移動通信用施設を次々に設置していくという目的のためには，個々の地方自治体によるゾーニング条例の下で基地局設置許可の申請を行って個別の審査に服するよりも，公益事業主体として，統一的な州公益事業関連法の規制下に置かれた方が，はるかに効率がよいことは明らかである．それにもかかわらず，なぜ携帯電話事業者は，公益事業化されなかったのであろうか．

　携帯電話事業が公益事業化されなかった理由としては，①地方公共団体と地元住民にとっては，ゾーニングによる携帯アンテナ・タワーの設置に関する管理権を失うことになること，②携帯電話事業者としても，公益事業会社となると価格規制に服さなければならず，かつ，現在サービスが供給されていない地域へのサービス提供義務を負い，これが利益に合致しない場合が多いこと，③連邦政府も，地域および長距離電話サービスの双方の市場において，事業者間の競争を促進することを1996年連邦通信法の目的のひとつとしていることから，公益事業化は，この競争政策に逆行するものと考えられること，④電力供給は大多数の市民にとって日常生活のために必要不可欠であり，その公共性に疑いがないのに対して，携帯電話は，その利便性から急速に普及が進んでいるものの，電力と比較すれば必ずしも必要不可欠な公共財とは言えず，よってその公共性は限定的なものであること，が挙げられよう．このような理由から，今後も，携帯電話事業が公益事業化される可能性は少ないといえよう．このため，携帯電話事業者は，これからも，移動通信用施設の設置にあたっては，地方公共団体の定める個々のゾーニング条例等の規制に服するほかはないのである．

　さて，携帯電話システムは，蜜蜂の巣の格子のようなグリッドからなる多く

のセルを設置することで成立している[682]．このため，携帯電話事業者が，理想的なセルを維持しようとすると，いくつかのセルの中心は住宅地区に位置することになり，そこに移動通信用施設（携帯電話アンテナ・タワーやビルの上のアンテナ等の携帯電話基地局）が必要となる．

　しかし，住宅地にかなりの高さのタワーが設置されれば，近隣住民にとっては，①電磁波による健康リスクに関する不安が生じ，また，②景観の悪化や，③不動産価値の下落などの問題が生じることになる．このため，多くの地方自治体は，住民の意向を受け，移動通信用施設の設置を制限するゾーニング条例を制定したり，ゾーニング委員会が，設置許可申請に対して不許可の処分を行うという対抗手段に出た．

　全米各地で，このような事態に直面した事業者は，当初，セルのサイズの変更，あるいは，移動通信用施設を近くの非居住地区に設置するなどの方策により対応していた[683]．しかしながら，これらの対策だけでは，シグナルが届かない地区が生じる．そうなると，携帯電話サービスを提供できなくなったり，一定レベルの質の通話が行えないなど，サービスの質が低下する事態を招くことになる．

　このような事態を打開するため，通信事業者は多額の選挙資金を使って連邦議会に働きかけ[684]，ついに，その要請を盛り込んだ1996年連邦通信法（the Telecommunications Act of 1996）[685]の成立にこぎつけた．同法の中で，携帯電話業界による要望を取り入れた条文が，704条[686]である．同条は，移動通信用施設の設置に関する規制権限，すなわち，伝統的に州の権限であるとされてきたゾーニングに関する権限[687]を制限する内容となっている．連邦議会は，この制限によって，携帯電話事業者が移動通信用施設を迅速に建設できるようになることを意図していた[688]．

　しかし，704条は，移動通信用施設の設置を規制する条例を完全に専占する効果をもつと明示的に規定しているわけではない[689]．同条では，「州，地方自治体，またはその下部機関は，個人無線サービス施設の設置，建設，変更に関

する決定を制限されることなく，また，影響を受けるものではない」と規定されているのである．このため，この704条については，①同条における諸要件の意義，②地方公共団体は，同条の制定後，地域住民による景観的価値および不動産価格の下落についての関心に基づいて，移動通信用施設の建設をどのような形で規制しうるか，③同条は，移動通信用施設の建設に関する州および地方公共団体の規制権限をどこまで専占したのか，等の争点が未解決のまま残されることになった[690]．この結果，携帯電話事業者は，704条を根拠に，移動通信用施設の設置を制限する条例の効力や，ゾーニング委員会が設置許可申請を不許可とした処分に挑む訴訟を数多く提起してきた．これに対して，地方自治体は，このような訴訟を受けて立ち，徹底的に闘う姿勢を維持している．その一方で，多くの地方自治体は，1996年連邦通信法の要件を満たしながら，自治権を最大限に確保するための新たな条例やゾーニング・プランを制定するという対抗策に出た．このような形で，移動通信用施設の設置に関する通信事業者と地方自治体との間の紛争が，全米各地で展開されることになったのである．

　本章のB.では，移動通信用施設（特に携帯電話アンテナ・タワーや基地局）の設置に関する地方自治体のゾーニング規制が，どのように機能するかについて概説する．続いてC.では，連邦通信法704条の内容と争点について，その判例の展開を検討する．なお，携帯電話アンテナ・タワー等の設置に関する訴訟は，公刊された判例だけでも膨大なものになることから，ここではその代表的な判例だけを検討対象とする．そして，D.では，704条に対応する形で，地域住民の側がどのような条例を制定し，対処することができるのかという点についての諸提案を紹介する．

　本章で議論する諸問題は，1996年連邦通信法という米国の連邦法に関する考察である．しかしながら，この704条に関して明らかにされた解釈や判例法理は，わが国において多発している移動通信用施設の建設に伴う紛争を考察する場合にも，十分に参考になる．さらに，米国の地方公共団体が制定したよ

うなゾーニング条例を，わが国の地方自治体が都市計画条例，環境関連の条例，あるいは，景観条例等の形で制定していく場合に，具体的な指針として参照できる内容があると考える[691]．

B．ゾーニングと移動通信用施設

ここでは，ゾーニングとは何かを概観したのち[692]，住宅地に移動通信用施設を設置する場合のように，計画された土地利用方法とは異なる利用を行う場合に必要となる「変更」と「特別例外」の制度について説明する．そのうえで，具体的に携帯電話事業者から移動通信用施設の設置許可申請が行われた場合に，どのような手続と対応がなされるのかを見ることにする．

1．ゾーニングとは何か

地方自治体は，州法を根拠として，当該地域社会における健康，安全，モラル，あるいは一般的公共の福祉を増進する目的でゾーニング条例を制定することができる[693]．このゾーニングとは，「立法による規定により，市をいくつかの地区に分割し，それぞれの地区に関して，建造物の構造および設計を規制し，かつ，特定の地区における建造物の利用方法について規制するものである」[694]ということができる[695]．たとえば，ある地域が「住宅」地区として指定された場合には，居住以外の全ての利用法が禁止される[696]．また，商業地区，工業地区などを指定して，その形態にあった利用方法や構造物の規制なども定められる[697]．

このゾーニング条例による一般的公共の福祉に関する規制には，不動産価格の維持も含まれ，かつ，景観が不動産価格に対して影響を及ぼす場合には，この規制権限は景観に対する規制を行うことが認められる[698]．連邦最高裁判所も，「州は，そのポリス・パワーの行使として，美的価値を促進する権限を合法的に行使できる」と判示している[699]．

2. ゾーニングの変更・特別例外

　ゾーニング条例が制定され，ある地域の利用法や建造物の種類等が指定されると，それ以外の用途や建造物の設置は認められない．しかし，このような規制を厳格に適用すると，あまりにも硬直的である．このため，これらの条例では，通常，ゾーニングの指定を変更する手続や，特別例外を認める手続が定められている．

　ゾーニングの変更は，その申請者が，当該不動産に対して適用される制限が「不必要な困難（unnecessary hardship）」を課していることを立証した場合に認められる[700]．この「不必要な困難」という文言が何を意味するかについては，州ごとに解釈が異なっている．いくつかの州では，ゾーニング規則が「過度に制限を課している（rather restrictive）」場合であれば，この要件に該当しているとして，簡単に変更を認めている[701]．これに対して他の州では，この要件を厳格に解釈して，ゾーニング規制の変更が認められるためには，申請者は，①問題となっている土地が当該地区において認められている目的のためだけに用いられるのであれば，合理的な収益を生むことができないこと，②その土地の所有者が特殊な環境に置かれていること，および，③変更が認められた使用方法により，周辺地域における土地利用の性格が，本質的に変更されるものでないこと，を立証しなければならない[702]．

　ゾーニングに関して具体的な変更を達成するもうひとつの方法として，特別例外がある．この特別例外とは，「権利としてではなく，個別の事例について，ゾーニング上訴委員会により特別に承認された，ひとつまたはそれ以上の地区における特別の利用方法」[703]を意味する．この特別例外は，当該ゾーニングそのものは適切であるという前提に立つものの，その指定されている規制が，当該地域の全域に必ずしも妥当するものではなく，例外が認められる場合があるという考え方に基づくものである[704]．

3. 携帯電話会社による移動通信用施設の設置許可申請

　前述したように，携帯電話事業者にとっては，全てのセルに移動通信用施設を設置するのが理想である[705]．しかし，もしも住宅地に 150 フィート（約 45 m）ほどの高さのアンテナを設置しようとすれば，そのような高さの構造物の設置を制限するゾーニング条例に違反してしまう．このため，携帯電話事業者は，このようなゾーニング条例に関して，高さ制限に関する変更を求めるか，あるいは，特別例外の申請を行うことになる．

　もしもゾーニング委員会が，申請された変更や特別例外を許可しなかった場合には，申請者たる携帯電話事業者は，当該委員会の不許可の処分を不服として，裁判所に訴えを提起することができる[706]．しかしながら，裁判所は，行政機関がその専門的知識に基づいて行った判断を尊重する法理に基づいて，このような訴えを棄却する場合が多い[707]．

　1996 年連邦通信法が成立するまでは，多くの地方自治体は，住宅地区に移動通信用施設を建設しようとする携帯電話事業者からの設置許可申請に対して，変更や特別例外の手続により対応してきた．この対応の多くが，否定的なものであったことは言うまでもない．

　しかし，1996 年連邦通信法が成立したことにより，多くの地方自治体は，同法の要件に適合しながら，地元住民の意思を反映させるためのゾーニング条例の制定や改正を行ってきた．このような条例では，①工業地区においては，移動通信用施設の設置に特に制限を設けず[708]，②商業地区においては，携帯電話アンテナ・タワーの建設やビルの上に基地局を建設する際に，一定の制限を課したうえで認めることとし[709]，③住宅地区においては，一定の高さ以上のタワーを全面的に禁止するか，タワーの高さに基づいて，近隣の不動産から一定のセットバックを要求する等の，より厳しい制限を課すものが多い[710]．また，④携帯電話アンテナ・タワーを建設する場合と異なり，ビルや給水タンク，公共事業塔，広告塔といった既存の施設の上にアンテナを設置する場合に

は，景観に対する侵害性が少ないため，より緩和された規制が適用される場合が多い[711]。

しかし，後で見るように，1996年連邦通信法704条の規定により，住宅地区における携帯電話アンテナ・タワーの建設を完全に禁止するには困難が伴うため，特別例外に該当する場合に限って，その建設を認めるという条項をもつ条例が数多く制定された．しかし，当該自治体がこの特別例外を容易に認めないため，携帯電話事業者から訴訟が数多く提起されるという状況は変わらなかった．

以下では，この704条の内容を概観したあと，何がこのような訴訟の争点となり，いかなる判例法理が形成されてきたのかを検討していく．

C．704条の内容と争点

1．704条の内容

連邦議会は，米国の通信事業促進のために，1996年連邦通信法の制定を行い，その中で，通信ロビイストたちの見解を多く取り入れた．しかし，移動通信用施設の設置を促進する目的で規定された704条は，通信事業者側に一方的に有利な規定となっているわけではない．以下に，この条文を記す．

「704条（地方自治体によるゾーニングの権限の維持）

（A）一般的権限

本条において特に規定されている場合を除き，本章の規定により，州，地方自治体，あるいはその下部機関は，個人向け無線サービス施設（personal wireless service facilities）の設置，建設および変更に関する決定を制限されることはなく，また，影響を受けることはない．

（B）制限

（ⅰ）個人向け無線サービス施設の設置，建設および変更に関する州，地方自

治体，あるいはその下部機関による規制は，
  （I）機能的に等しいサービスを提供する事業者に対して，不合理な差別を行うものであってはならず，かつ，
  （II）個人向け無線サービスの提供の禁止あるいは，禁止と同等の効力をもつものであってはならない．
（ii）州，地方自治体，あるいはその下部機関は，個人向け無線サービス施設の設置，建設または変更に関する申請がなされた場合には，当該申請の性質および範囲を考慮したうえで，適切な申請がなされてから合理的な期間内に，その許可手続を行わなければならない．
（iii）州，地方自治体，あるいはその下部機関が，個人向け無線サービス施設の設置，建設または変更に関する申請を許可しない場合には，その決定を書面で行う義務を負い，かつ，文書記録による実質的な証拠を根拠とするものでなければならない．
（iv）いかなる州，地方自治体，あるいはその下部機関も，個人向け無線サービス施設の設置，建設または変更について，当該施設が本委員会（the Commission）の定めるラジオ波放射に関する規則を遵守している限り，ラジオ波放射による環境に対する影響を根拠として，これを規制してはならない．
（v）州，地方自治体，あるいはその下部機関による本サブパラグラフに反する最終決定，あるいは，不作為により不利益を被った者は，そのような決定または不作為から30日以内に，適正な管轄権をもつ裁判所において訴訟を提起することができる．当該裁判所は，そのような訴訟の提起に対して，迅速な審理と決定を行わなければならない．州，地方自治体，あるいはその下部機関による第（iv）項に反する最終決定，あるいは，不作為により不利益を被った者は，本委員会に直接に不服申立てを行うことができる．

(C) 定義

このパラグラフにおいて，
（i）「個人向け無線サービス（personal wireless services）」とは，商業

用移動サービス（commercial mobile services），免許を要しない無線サービス（unlicensed wireless services），および公衆通信事業者による無線アクセス・サービス（common carrier wireless exchange access services）を意味する．

（ⅱ）「個人向け無線サービス施設（personal wireless service facilities）」とは，個人が利用する無線サービスを提供する施設を意味する．

（ⅲ）「免許を要しない無線サービス（unlicensed wireless services）」とは，正式に認可された個人別のライセンスを必要としない通信器具を用いて通信するサービスの提供を意味するが，これには家庭に提供される衛星サービス（direct-to-home satellite services）（これは，本章の303条（v）項に定義されている）は含まれない」[712]．

このように，704条は，（A）項において，（B）項の定める特定の制限事項以外には，州のもつゾーニング権限を規制するものではないと規定している．そのうえで，（B）項で個別具体的な制限を課し，（C）項で定義を置いている．

そこで，以下では，（B）項の定める具体的な制限を，①事業者間の不合理な差別の禁止，②無線サービス供給の禁止，あるいはこれと同等の効果をもつ規制の禁止，③行政機関による合理的期間内における手続の確保，④書面による決定と実質的証拠に基づく判断，⑤委員会規則を遵守している施設に対して電磁波健康被害を根拠とする規制の禁止，という規定順序にそって検討していく．さらに，携帯電話アンテナ・タワーが学校に隣接して建設されようとする場合には，これを否定する独自の法理を打ち出した判例があるので，これも合わせて検討する．

なお，704条（B）項（ⅴ）号の司法審査および連邦通信委員会における不服申立手続に関する規定は手続規定であるので，検討対象から除外する．

2. 事業者間の不合理な差別の禁止

a. 不合理な差別とは何か

　移動通信用施設の設置に関する許可申請が，地方自治体のゾーニング委員会により不許可とされた場合，携帯電話事業者は，これを争う訴訟において，このような処分は，機能的に等しいサービスを提供する事業者を不合理に差別することを禁じた704条（B）項（ⅰ）号（Ⅰ）に反すると主張してきた。このような主張がなされるのは，事業者サイドから見れば，商業地区では設置許可が得られるのに対して，住宅地区で許可を得られないこと自体が不合理な差別であると把握されるためである。

　しかし，裁判所は，工業地区・商業地区における紛争の場合はともかく，住宅地域における携帯電話アンテナ・タワーの設置に関する訴訟について，一般的には，事業者によるこのような主張を否定してきた[713]。その理由は，ある地方自治体やそのゾーニング委員会等が，住宅地区における携帯電話アンテナ・タワーの建設について制限を設けている場合，特定の事業者についてだけその建設を認め，他の事業者に対しては認めないということであれば不合理な差別に該当すると考えられるが，そのような事態はほとんどありえないためである[714]。

　連邦議会は，この不合理な差別とは何を意味するのかという争点に関して，その議事録の中で，本号（Ⅰ）に関する立法者意思を示唆する記述を残している。そこでは，「本会議の出席者は，『機能的に等しいサービスを提供する事業者を不合理に差別してはならない』という文言が，地方自治体に対して，施設が，視覚上異なる，または，美的価値に関する危惧を生み出している場合，たとえこれらの施設が機能的に等しいサービスを提供するものであっても，一般的に適用されるゾーニングに関する諸要件の下で，異なるレベルで承認されるよう柔軟性を与えることを意図している。たとえば，本会議の出席者は，州または地方自治体が商業地区において，ある事業者に許可を与えている場合で

あっても，住宅地区において競合関係にある他社に対して50フィートの高さのタワーに関する許可を与える義務を課すことを意図しているのではない」[715]とされている．

このように，立法者は，商業地区における移動通信用施設の設置許可が，住宅地区における許可を保障するという携帯電話事業者の主張を当初から認めていなかったことになる．しかしながら，この点を除けば，不合理な差別に関する立法者意思は，必ずしも明確ではない．このため，以下では，不合理な差別の意味について判断した判例を検討していくことにする．

b.　不合理な差別の存在を否定する判例

これまでのところ，判例の多くは，この704条（B）項（ⅰ）号（Ⅰ）が，専占により，地方自治体に対して，競争関係にある無線事業者間における差別を完全に禁止したものではなく，不合理な差別だけを禁止するために専占したものであるとの判断を示してきた[716]．そして，何が不合理な差別に該当するかを判断するにあたっては，当該地方公共団体の機関が，差別のための合法的根拠をもっているか否かが判断基準になると判示してきた[717]．また，この合法的根拠という要件を満たすためには，その根拠が，地方自治体の条例と1996年連邦通信法の双方における合法性が担保される必要があると考えられてきた[718]．以下では，その代表的な判例において，具体的な判断を見ることにする．

（1）AT&T Wireless PCS v. City Council of Virginia Beach事件判決

まず，この条項に関して連邦控訴裁判所が最初に判断を下したAT&T Wireless PCS v. City Council of Virginia Beach事件判決[719]を検討する．原告たる携帯電話事業者4社は，高さ135フィートの携帯電話アンテナ・タワー2本を共同利用する目的で，これを住宅地区に建設するための設置許可申請をヴァージニア州ヴァージニア市委員会に対して行った[720]．同市委員会は，これらの

事業者による設置許可申請を不許可としたため，連邦ヴァージニア東地区裁判所に訴訟が提起された．同連邦地方裁判所は，被告市委員会に対して，同委員会は1996年連邦通信法704条（c）項（7）号（B）に違反して原告らの申請を不許可にしたとして，被告市委員会に当該アンテナ・タワーの設置申請を許可するように命じる判決を下した[721]．この判決を不服として，被告市委員会が上訴した[722]．

連邦第4巡回区控訴裁判所は，①上訴人市委員会が，4つの申請主体に対して平等に設置許可申請を不許可としていることから，競争関係者間における差別は存在せず[723]，②たとえ差別が存在する場合であっても，これは解釈上合理的なものであると認められ[724]，さらに，③市委員会が，既存のアナログ式の無線サービスによって十分なサービスがすでに提供されているとして，新たな無線タワーには近隣住民による危惧が存在することを理由に設置許可申請を不許可としたことは，決して不合理なことではないと判断した[725]．そして，同裁判所は，上訴人は1996年連邦通信法の定める不合理な差別に対する禁止条項に違反していないとして，地裁判決を棄却したうえで，上訴人による正式事実審理を経ないでなされる判決を求める申立てを認めた[726]．

(2) Sprint Spectrum L.P. v. Willoth事件判決

次に，前述の連邦議会の記述において想定されたシナリオがそのまま争われたSprint Spectrum L.P. v. Willoth事件判決[727]を検討する．この事件において，原告のスプリント社は，住宅地区に150フィートの高さのアンテナ・タワー3本を，それぞれの箇所に1本ずつ建設するための設置許可申請をニューヨーク州オンタリオ町計画委員会に対して行ったが，同委員会がこれを不許可としたことから，ニューヨーク州西地区連邦裁判所に訴えを提起した．そして，原告会社は，同委員会が商業地区において競争関係にある他社による250フィートのアンテナ・タワーの設置許可申請を認めていることから，原告会社による設置許可申請が不許可とされたことは，不合理な差別に該当すると主張した[728]．

同連邦地方裁判所は，被告町計画委員会の決定を支持して，同被告による正式事実審理を経ないでなされる判決の申立てを認めた．この判決を不服として，原告会社が上訴した．

連邦第2巡回区控訴裁判所は，①被上訴人市委員会による商業地区における許可と，住宅地区における申請の不許可とを比較して，両者間に不合理な差別が存在するとは言えず，②上訴人は3本よりも少ない数のアンテナ・タワーによってサービスの提供を行うことができるもののアンテナ・タワー3本の設置を一括して申請していることから，被上訴人にはこれを許可するか不許可の処分を行うかの選択しかなく，また，③これらのアンテナ・タワーの設置により生じる景観の悪化も大きいことから，被上訴人たる町委員会には，上訴人によるアンテナ・タワーの設置申請を許可しなければならない義務はないと判示して，上訴を棄却した[729]．

c. 不合理な差別の存在を肯定する判決

多くの判例が不合理な差別の存在を否定する中で，差別の存在を肯定した判例もあるので，ここで検討する．

なお，このようにゾーニング委員会等による処分が不合理な差別に基づくものであると判断された場合や，その他の704条違反が存在すると判断された場合には，704条（B）項（v）号が，無線サービス施設の設置につき迅速な審理を要求していることから[730]，裁判所は，ゾーニング委員会に差戻しを命じても，決定に至るまでに相当の時間を要することから同号の目的に反すると判断し，職務執行令状や積極的差止命令により，直接的にその実施を命じる場合がある[731]．

（1）あいまいな根拠・証拠に基づく申請の不許可処分に対する判断

まず，あいまいな根拠や証拠に基づいて，不合理な差別が存在しないことを立証することはできないとした判例をいくつか検討する．

Sprint Spectrum L.P. v. Jefferson County 事件判決[732]で，アラバマ州北地区連邦地裁は，十分な証拠による裏付けがないまま，公共の利益を漠然と主張しても合法的根拠として認められず，よって，不合理な差別が存在すると判示している[733]．また，Western PCS II Corp. v. Extraterritorial Zoning Auth. of Santa Fe 事件判決[734]では，被告ゾーニング委員会が，記録上に合法的な根拠を示さないまま特別例外の申請を不許可とした場合には，不合理な差別を構成すると判示している[735]．

　これらの判決では，ゾーニング委員会等が，設置許可申請を不許可としたときに合法的な根拠や証拠を示さないまま判断したことが，差別の存在を認める理由となっている．このため，この問題は，具体的に合法的な根拠や証拠が明示されれば問題は解決されることから，この不合理な差別についての直接的な争点ではない．

(2) 新規サービス提供のための設置許可申請だけが不許可とされる場合

　次に，ある地区において，すでに携帯電話事業設備の設置許可申請が許可されているにもかかわらず，新規のサービスを提供するための設置許可申請が不許可とされた場合には，不合理な差別に該当するとする代表的な判例を検討する．

　この Sprint Spectrum L.P. v. Town of Easton 事件判決[736]において，マサチューセッツ州地区連邦地裁は，被告ゾーニング上訴委員会は，すでに携帯電話サービスが提供されている地域において，新たな事業者による基地局の設置許可申請を不許可とした場合には，新規事業者に対する不合理な差別に該当すると判示した[737]．裁判所は，その理由として，①被告上訴委員会は，個人向け通信サービスが単純な携帯電話よりも優れたサービスを提供するということを理解しておらず，かつ，同委員会による既存事業者への保護的姿勢は，潜在的に優れた技術を提供する新規参入者に対して負担を課すものであり[738]，②連邦議会が設置施設に対して異なった取扱いを認めているのは，当該施設が異なった視覚，景観上

の問題や安全に関する問題を生じさせ，かつ，それが当該ゾーニング要件の下で認められない場合に限られ[739]，さらに，③被告上訴委員会が根拠とした一般市民による不満では，合法的な差別に関する根拠を構成するものではないと判断している[740]．そして，同裁判所は，被告ゾーニング上訴委員会の決定は，1996年連邦通信法の不合理な差別を禁止する条項に違反しているとして，その処分の取消しを命じるとともに[741]，被告ゾーニング委員会が特別例外申請を認めるように積極的差止命令 (an affirmative injunction) を発した[742]．この判決は，ゾーニング委員会に対して全ての無線事業者を等しく扱うことを義務づけたものであると言える．

3. 無線サービス供給の禁止，あるいは，これと同様の効果をもつ規制の禁止

a. 本条項の解釈と問題点

704条 (B) 項 (i) 号 (II) は，州やその地方自治体が，個人向け無線サービスの設置等を規制する場合に，「個人向け無線サービスの提供の禁止あるいは，禁止と同等の効力をもつものであってはならない」と規定している[743]．しかし，連邦議会議事録には，この条項の意味を特定するための立法者意思を示唆する情報が，ほとんど残されていない．このため，立法者意思よりも，条文文言の解釈自体が，主要な争点となってきた．

本条項については，①携帯電話事業者が主張するように，個人向け無線サービス施設の設置許可申請を不許可とするいかなる処分も本条項の違反に該当するという解釈から，②地方自治体が主張しているように，当該自治体の管轄区内で一律に全ての個人向け無線サービス施設の設置を禁止することだけが認められていないとする解釈まで，幅広い解釈が可能である．裁判所は，後で見るように，一般的に後者の解釈を採用する傾向にある．

いずれにしろ，地方自治体が，携帯電話のアンテナ・タワーについて厳しい規制を課しているのは住宅地区であるので，本条項についても，住宅地区におけるアンテナ・タワーの設置が争われることになる．

しかし，たとえば，ある地方自治体が，住宅地区において40フィートの高さを超える構造物の設置を禁止している場合，このゾーニング規制を根拠として，携帯電話事業者による100フィートのアンテナ・タワーを住宅地区に建設するための設置許可申請を不許可とすることが，本条項の定めるサービスの提供に関する禁止に該当することになるのであろうか．もしもそうだとすれば，1996年連邦通信法は，携帯電話事業者に，いかなる場所においても，アンテナ・タワーを建設する権利を付与していることになってしまう．

　また，携帯電話事業者は，高さ100フィートのアンテナ・タワーを1本建設するための設置許可申請に代わって，より低いアンテナ・タワーを2本設置することで同じ地域に対するサービスが提供できる場合であっても，通常，経済的利益の観点から，より安価な前者のプランに基づく申請を行い，かつ，後者の代替措置の可能性をゾーニング委員会や裁判所に明かそうとはしない．このため，携帯電話事業者による解釈を認めれば，事業者側に最大利益を確保するためのアンテナ・タワーの設置を無条件に認めることになる恐れがある．

　本条項を解釈したほとんどの判例は，この要件を，単に地方自治体が無線サービス施設の設置を一律に禁止する条例を定めたり，ゾーニング委員会が常にこのような設置許可申請を不許可とする方針をとることを禁じているに過ぎず，ゾーニング委員会による個別の処分には適用されないと解釈している[744]．しかし，一部の判例には，たとえ地方自治体の政策が表面的に中立なものであっても，ゾーニング委員会による個別的判断が，本条項の違反にあたる場合があるという立場をとるものもある[745]．

　また，アンテナ・タワーの設置許可申請がゾーニング委員会等により不許可とされ，かつ，これに代替する建設案が存在しない場合には，本条項の定める無線サービス供給の禁止に該当する恐れが生じる．この点については，①携帯電話事業者とゾーニング委員会のいずれが，代替地不存在の立証責任を負うべきかという争点と，②たとえ具体的な代替地が存在する場合であっても，その建設に伴う費用が「合理的」と考えられる範囲を超える場合に，無線サービス

の供給の禁止，あるいは，これと同等の効果をもつ規制に該当するか否かという争点が存在する．

以下，これらの判断を示す中心的な判例を挙げて，その解釈を明らかにする．

b. 一律禁止だけを制限するという厳格な解釈をとる判例

まず，本条項は，個人向け無線サービスの供給を一律に禁止する地方自治体の政策を制限するに過ぎないという厳格な解釈をとる判例の中で，代表的な AT&T Wireless PCS, Inc. v. City Council of Virginia Beach 事件判決[746]を検討する．この判決を下した連邦第4巡回区控訴裁判所は，本条項の要件を狭く解釈して，この条項は一律的な禁止を規定する政策や条例だけに適用されるものであって，ゾーニング委員会による個別の処分に適用されるものではないと判断している[747]．そして，704条（B）項（ⅰ）号（Ⅱ）は個別の委員会による処分にも適用されるべきであるとする携帯電話事業者の主張を退け，そのような個別的適用は，同号（Ⅰ）の不合理な差別に関する場合においては認められるものの，同号（Ⅱ）においては認められないとして[748]，被告市委員会の主張を認めて，訴えを棄却している．

同裁判所は，その理由として，①704条（B）項（ⅰ）号（Ⅱ）において個別的適用のアプローチを採用したならば，地方自治体に対して全てのアンテナ・タワーの設置許可申請を許可するように命じることに等しくなり[749]，②そのような解釈は，アンテナ・タワー設置に関する申請について，地方公共団体に，これを不許可とする権限を残した同条（B）項（ⅲ）号に反することになり[750]，さらに，③このように解釈することによっても，モラトリアムは司法において厳しい審査を受けることから，同条の意味がなくなるわけではないと判示した[751]．

なお，この多数判例法理をとる他の判決には，Cellular Tel. Co. v. Zoning Bd. of Adjustment of Ho-Ho-Kus 事件判決[752]，Omnipoint Communications, Inc. v. City of Scranton 事件判決[753]，Flynn v. Burman 事件判決[754]，Cellco

Partnership v. Town Plan & Zoning Comm'n of Farmington 事件判決[755]，Smart SMR of N.Y., Inc. v. Zoning Comm'n of Stratford 事件判決[756]，Virginia Metronet, Inc. v. Board of Supervisors 事件判決[757]などがある．

　最後に，この多数判例法理の範疇に含まれるもので，その他の争点に言及しているいくつかの判例があることを指摘しておく．まず，連邦第3巡回区控訴裁判所は，APT Pittsburgh Ltd. Partnership v. Penn Township 事件判決[758]において，すでに特定の事業者によるサービスが行われている地区において，これとは別の事業者によるアンテナ・タワーの建設を求める設置許可申請を不許可とする処分を行っても，本条項における違反に該当しないと判示している[759]．

　さらに，同じ連邦第3巡回区控訴裁判所による Omnipoint Communs. Enters. L.P. v. Newtown Twp. 事件判決[760]においては，704条に言う無線サービス供給の禁止に該当するか否かは，①同地域の住民に対する無線サービスの供給に「適切な通話を確保しえない地域（significant gap）」が存在するか否かが問われ，②もしも，適切な通話を当該地域に提供するという目的が達せられない場合には，事業者による設置許可申請が，この問題を解決するために最も侵害性の少ないものでなければならないと判示している[761]．また，Sprint Spectrum L.P. v. Willoth 事件判決[762]において，裁判所は，1996年連邦通信法は，無線サービス事業者に，いかなるアンテナ・タワーをも自らが欲する場所に設置する権利を付与しているものではないと判示している[763]．

c．中立的な政策でも完全な禁止に等しければ違反に該当するという解釈をとる判例

　多数判例法理のとる限定解釈とは対照的に，個別的判断においても，本条項違反に該当する場合が存在するという解釈をとった判例がある．これが，PCS II Corp. v. Extraterritorial Zoning Authority of Santa Fe 事件判決[764]である．

　本件における事業者は，すでに他の事業者が個人向け無線サービスを提供し

ている地域について，給水タワーの上に無線タワーを建設する計画を市委員会に申請した[765]．しかし，結果的に，当該申請が不許可とされたことから，連邦地裁に訴えを提起した．

　連邦地方裁判所は，この無線タワーは，申請された場所に設置するという狭い選択肢しか存在していないと認定したうえで[766]，ゾーニング委員会が原告事業者による申請を不許可にすれば，当該地域における個人向け通信サービスの導入を禁止するのに等しい効果をもつことになると判示した[767]．また，この判決では，当該地域にすでに携帯電話サービスが存在する場合であっても，無線通信サービス提供の禁止に該当すると判断され[768]，個別の申請を不許可とするだけでも，無線サービス提供の禁止に該当するとの解釈を採用した点に特徴がある[769]．連邦地方裁判所は，原告事業者が市委員会に特別例外の申請を許可することを求めた職務執行令状を求める申立てを認めた[770]．

　また，特殊な事例と言えるが，Sprint Spectrum L.P. v. Borough of Ringwood Zoning Bd. of Adjustment事件判決[771]が存在する．この事件では，無線タワーを建設するために商業地域において不動産をリースしている通信事業会社が，この設置許可申請をゾーニング調整委員会に提出したが，当該施設は市条例により市の所有している土地またはリースしている土地にしか建設することはできない等の理由により不許可とした[772]．これを不服とした事業者が提起した裁判において，裁判所は，このような市条例は州法と1996年連邦通信法に違反しており，特に，市が建設に妥当な場所を事業者へ売却することもリースするつもりもない場合には，個人向け無線サービスの供給を一律に禁止することになると判示し，違法とされた市条例の一部だけを無効とする判決を下している[773]．

d.　代替地の不存在に関する立証責任

　携帯電話事業者が，アンテナ・タワーの設置許可を申請した建設予定地以外に適切な代替地が存在しないと主張して，当該申請を行ったにもかかわらず，その申請がゾーニング委員会に不許可とされた場合，はたして，これが1996

年連邦通信法704条において定められている全面的な禁止に該当するのであろうか．ここでは，この争点を扱った判例を検討する．この場合，どちらの当事者が，適切な代替地が存在しないことを立証する責任を負うことになるのかも争点となる．

この Southwestern Bell Mobile Systems, Inc. v. Town of Leicester 事件判決[774]では，①設置許可申請がなされたアンテナ・タワーが景観に及ぼす影響をゾーニング委員会が判断した場合，これは，事業者による申請を不許可とするための実質的な証拠に該当すると判示するとともに，②ゾーニング委員会が，景観上の理由に基づいて事業者による設置許可申請を不許可とする場合でも，ゾーニング委員会には，景観をより侵害しない代替地があることを立証する義務はなく，かつ，③そのような代替地がないことが，当該地域におけるサービスの禁止に等しいものとなり，1996年連邦通信法により禁止されている事柄に該当するか否かは，事業者側に立証義務があると判示している[775]．

e. 代替的建設案は携帯電話事業者にとって経済的に合理的なものである必要はないと判断した判例

次に検討する判例は，住宅地以外の場所において，どのような基準に基づいて代替地の有無を判断しうるかという争点と，代替地が存在しない場合にはサービスの禁止に該当するのかという争点について判断した連邦巡回控訴審判決である．このような争点は，わが国でも，同様の事実関係が存在するものと考えられることから，多少詳しく検討することにする．

360 [Degrees] Communus.Co. v. Board of Supervisors 事件判決[776]は，次のような事件である．ある携帯電話事業者が，郡委員会に対して，同郡に位置する山の頂上に無線中継のためのアンテナ・タワーの設置を求める特別利用許可の申請を行った．郡委員会が，この申請を不許可としたため，同事業者は連邦地裁に訴えを起した[777]．

連邦地裁は，たとえ事業者が，本件の建設予定地に代えて，同山の中腹に6

本のアンテナ・タワーを建設するとか，20 本から 24 本のアンテナ・タワーを道路脇に建設することで適切なサービスを提供することができるとする証拠が存在するとしても，このような「例外的な代替案」は「合理的」なものとして認めることはできないと結論づけた．そして，この「合理的」であるという要件を満たすためには，少なくとも，①高い品質の無線サービスを提供できるもので，②他の類似する状況における業界の標準的費用，または，これに近い範囲内の費用で実施できるものであり，③業界で共通して用いられる技術により達成されるもので，かつ，④論理的に実現可能なものでなければならない，とした．同裁判所は，さらに，被告委員会は，山に無線中継のためのアンテナ・タワーを建設することに敵意をもっていると判示している．そして，同裁判所は，被告委員会に対して，45 日以内に，申請された特別利用許可を発行するように命じたのである[778]．このため，被告郡委員会が上訴した[779]．

　連邦第 4 巡回区控訴裁判所は，以下の理由により，この下級審判決を破棄した[780]．同控訴裁判所は，①無線サービスの提供は，多くのサイトを様々に組み合わせることで提供することが可能であり，場合によっては，サービス地域の外に位置するサイトを組み合わせることでサービスを提供することも可能であることから，特定のサイトに対する個別的な設置許可申請が不許可とされたことをもって，無線サービスの提供を全面的に否定したものと解釈することはできず[781]，②もしも無線サービスの提供が特定の場所にアンテナ・タワーを設置できなければ実現しえないのであれば，観念的には無線サービスの提供の禁止に該当するものの，現実の世界においては，このような事態はあまり起りうるものではなく[782]，③ 1996 年連邦通信法は，無線サービスの供給が全地域をカバーすることを要求しておらず，連邦規則も，十分に信頼性のある無線サービスが提供されない場所（dead spots）の存在を認識しており（47 C.F.R. § 22.99.）[783]，④当該事業者が，特定の建設予定地についての設置許可申請が不許可とされたことをもって，704 条の規定するサービスの禁止に該当することを立証するためには，当該申請が不許可とされた場合，これに代わる建設

予定地を模索する努力を行うことに合理性がなく，時間の浪費になるということを条例等の文言や状況から証明する必要がある，と判示した．そして，本件事業者の証言では，同山の中腹に6本のアンテナ・タワーを建てる，あるいは，20本から24本のアンテナ・タワーを道路沿いに建てるなどの代替案が存在し，かつ，これらが全ての代替措置ではないことから，事業者は被告委員会による申請の不許可処分がサービスの一般的な禁止に該当するという立証責任を満たしていないとして，原判決を破棄している[784]．

4．行政機関による合理的期間内における手続の確保

a．条文の規定

704条（B）項（ii）号は，「州，地方自治体，あるいはその下部機関は，個人無線サービス施設の設置，建設および変更に関する申請がなされた場合には，当該申請の性質および範囲を考慮したうえで，適切な申請がなされてから合理的な期間内に，その許可手続を行わなければならない」と規定している[785]．この条項は，地方自治体に対して，携帯電話サービスを含む個人向け無線サービス施設の設置に関する申請と処分を，合理的な期間内に処理する義務を課している．

1996年連邦通信法において，この条項が挿入された目的は，地方公共団体のゾーニング委員会に，無線サービスの設置許可申請に関する受理，審査，および処分する手続を迅速化させることにあった[786]．これは，アンテナ・タワーに関する申請手続を遅延化させる戦術をとっていた地方自治体に対処する必要から盛り込まれたものである[787]．たとえば，カリフォルニア州，ミネソタ州，ウィスコンシン州，ニューヨーク州，およびノースカロライナ州の地方自治体では，無線施設の設置に関する独自のプランやゾーニングを検討するという理由により，申請自体を事実上凍結するモラトリアムを6ヵ月から12ヵ月にわたって設定していた[788]．

本条項の最大の争点は，「合理的期間」とは，どの程度の期間を意味するかという点である．この期間の具体的な解釈により，実際に地方自治体がゾーニ

ングに関する審査・処分を行うまでに要する期間が決まることになる．しかし，この「合理的期間」という文言が示すように，本号は，地方自治体に，特定の期間内に処分を行うことを要求するものではない．また，本条項は，無線通信サービス事業者による基地局の設置許可申請を，他のゾーニング申請に優先するなどの特別扱いを要求するものでもない．このため，多くの訴訟において，この要件の解釈が争われた．以下，この合理的期間に関する判断，および，モラトリアムの適否を判断した代表的判例を検討する．

b. 合理的期間の解釈

まずは，決定期間に関する合理性が争点になった2つの判例について検討したい．

イリノイ州中央地区連邦地裁は，Illinois RSA No. 3, Inc. v. County of Peoria事件判決[789]において，個人向け無線サービス事業者に対して特別利用許可を発行するか否かを決定するのに要した6ヵ月という期間は，非合理的な期間とは言えないと判示した[790]．同裁判所は，被告たる地方自治体は当該申請に対してすぐに審査に必要な作業を開始しており，かつ，被告は審理継続に対して常に反対していたわけではなかったという事実を重視している[791]．原告たる事業者は，通常のゾーニング手続期間が2ヵ月から3ヵ月であるという証拠を提出したものの，裁判所は，6ヵ月という期間そのものを非合理的と判断することはできないと判示した[792]．

次のCellular Tel. Co. v. Zoning Bd. of Adjustment of Ho-Ho-Kus事件判決[793]で，裁判所は，処分が行われるまでに2年半という長期間を要した場合であっても，704条（B）項（ii）号において合理的な期間に相当すると判断した[794]．被告は，2年半を越える期間において，45回もの公聴会を開催してきた[795]．裁判所は，①このヒアリングは準司法的手続に基づいてなされ，証拠に関する規則も適用されており[796]，②原告たる事業者はこれらのヒアリングにおいて，証言の半数以上を提出してきており[797]，かつ，③原告は，この間，

当該手続の期間が（B）項（ⅱ）号に反するものであると主張したことはなかった[798]，という要素を理由として，この判断を下している．

c. モラトリアム期間経過後の不作為

Sprint Spectrum L.P. v. Town of West Seneca 事件判決[799]では，モラトリアムの期間が経過した後に，90日間にわたって町の委員会が申請に対して何らの行動をも起さなかったことは，1996年連邦通信法に違反すると判示された[800]．これは，モラトリアム自体が問題となったわけではなく，その後の不作為が問題とされた事例である．

d. 6ヵ月間のモラトリアムに対する判断

次に，長期間のモラトリアムを合法とする判例を見ることにする．Sprint Spectrum L.P. v. City of Medina 事件判決[801]において，ワシントン州西地区連邦地裁は，個人無線サービス施設に関する許可の発行について設定された6ヵ月間のモラトリアムを合法とする判決を出した[802]．

被告たる市は，1996年連邦通信法が成立してから5日後，この新法に合致するために必要な規則改定を行うためのモラトリアムを実施した[803]．このモラトリアムは，許可の発行を保留する一方で，許可の審査手続までを停止するものではなかった．同市は，無線施設の設置許可申請が急速に増加すると予想し，これに対して準備する時間が必要であると考えていた[804]．本判決において，裁判所は，このモラトリアムを，当該状況において非常に合理的なものであるとして支持したが[805]，その理由として，①このモラトリアムは，無線サービス施設の設置を禁止するものではなく，また，②そのような禁止効果をもつものでもなく，むしろ，③市が情報を収集し，申請を審査する間，許可の発行を短期間だけ保留する内容である等の根拠を挙げている[806]．

e. すでに経過したモラトリアムに対する訴訟の争訟性・成熟性

Cellco Pshp.v. Russell 事件判決[807]は，被告たる郡が，新たなゾーニング条例を制定する目的で1年間のモラトリアムを設定したのに対して，原告たる事業者が，このモラトリアムは無線サービス供給を禁止する効果をもつものであるとして訴えを起した事件について，連邦第4巡回区控訴裁判所が判断を示したものである[808]。

裁判所は，事業者によるモラトリアムに関する主張は，当該モラトリアムが経過しているため争訟性がなく[809]，かつ，この条例に対する主張は，当該条例が制定されてから未だ適用事例がなく，原告たる事業者も本条例に基づく申請要件を満たしていないので，成熟性を欠いているとして，原審判決を棄却している[810]。

f. 申請の受付や審査まで停止するモラトリアムに関する判例

コネティカット地区連邦地裁は，Sprint Spectrum L.P. v. Town of Farmington 事件判決[811]において，個人向け無線サービス事業者に対してゾーニング申請を行うことを禁止する9ヵ月間のモラトリアムは，704条（B）項（ⅱ）号に違反すると判示した[812]。

この判決では，本件のモラトリアムと，前述の City of Medina 事件判決におけるモラトリアムが区別されている[813]。すなわち，本件モラトリアムは，City of Medina 事件判決におけるモラトリアムと異なり，許可の発行を保留するばかりでなく，申請の受付と審査手続自体をも停止している[814]。また，City of Medina 事件判決では，1996年連邦通信法が成立してから5日後にモラトリアムを成立させて対応しようとしているのに対して，本件では，同法が成立してから16ヵ月後にモラトリアムを成立させており，かつ，それは原告が最初に設置申請を行ってから9ヵ月後になされたものである点が重視されている[815]。

g. 3段階のモラトリアムを違法としたJefferson County事件判決

　次に，地方自治体がアンテナ・タワーの位置に関する規則を制定しようとして設けたモラトリアムを無効としたSprint Spectrum L.P. v. Jefferson County事件判決[816]を検討する．この判決では，3段階に及ぶモラトリアムが問題となった．

　被告たる郡では，1996年連邦通信法が成立する以前には，アンテナ・タワーの設置を規制する条例が制定されていなかった[817]．同郡は，1996年連邦通信法の成立により，携帯電話施設の設置許可申請が大量になされることを予期して，同法が成立する前に，アンテナ・タワーに関するゾーニングを再設定することを目的として，2ヵ月間のモラトリアムを実施した．同郡は，当初のモラトリアムから3ヵ月後に，新たなゾーニングに関するガイドラインを成立させた[818]．

　しかし，同郡は，その8ヵ月後に，同郡に設置される新たなアンテナ・タワーの数を削減する目的で，通信事業者に対してアンテナを自主的に共同設置するように勧告し，第2のモラトリアムを実施した．しかしながら，第2のモラトリアムの期限が90日後に切れた時点で，通信事業者は，郡の行った共同設置に関する勧告を無視し，個々の事業者ごとに，自社のアンテナ・タワーを個別に設置しようとする努力を続けていた[819]．

　このため，郡委員会は，住宅に隣接する地域に新たなタワーの建設を防ぐ目的で，ゾーニング規制の改正を行うための第3のモラトリアムを実施した．しかし，このモラトリアムは，既存のタワーにアンテナを共同設置することを妨げるものではなかった[820]．これに対して，通信事業者は，これらのモラトリアムが1996年連邦通信法704条およびアラバマ州法等に違反するとして，宣言的判決（declaratory judgment）と郡委員会に対する職務執行令状（writ of mandamus）を求めて，訴えを提起した[821]．

　アラバマ州北部地区連邦地裁は，本件モラトリアムを，合理的期間内に申請手続を行うものではないとして，これらのモラトリアムを無効であると宣言し，かつ，郡委員会に対する職務執行令状を発給した[822]．その理由として，①ゾー

ニング委員会によるモラトリアムの実施決定は，新規に参入しようとする事業者にとって実質的な参入禁止を意味し，事実上，個人無線サービスの発展を阻害する効果をもつものであり[823]，②これらのモラトリアムは差別的効果をもち[824]，③地方自治体は申請がなされた日時に有効であったゾーニング条例を用いて，留保されている申請を評価・検討しなければならず，新たなゾーニング規定を適用して判断してはならないことを挙げている[825].

h. Jefferson County 事件判決と事実に関する区別を行う判例

上記の Jefferson County 事件判決の反響が大きかったため，個別のモラトリアムの正当性を評価し，同判決と個別の事実関係に基づいて区別しようとする判例も現れた．たとえば，マサチューセッツ地区連邦地方裁判所は，Jefferson County 事件判決の法理を，National Telecommunication Advisors, LLC v. Board of Selectmen 事件判決[826]において区別している．この Selectmen 事件判決では，ある山に高さ 190 フィートのアンテナ・タワーを設置するための特別利用許可の通知について 6 ヵ月間のモラトリアムを定めた町の施策を 1996 年連邦通信法に合致するものであると判示して，原告の訴えを棄却した[827].

その理由として，マサチューセッツ地区連邦地方裁判所は，前述の Medina 事件判決と Jefferson County 事件判決の法理をともに検討しながらも，個々の事実関係に基づく判断が重要であるとして，本件のモラトリアムは合法であると判示した[828]．ここで，同裁判所は，14 ヵ月の遅れそのものは，1996 年連邦通信法の下で不合理な期間とはされないとした Virginia Metronet, Inc. v. Board of Supervisors 事件判決[829]を引用している．

i. 判例の考察

これまで検討した「合理的期間」に関する判例を見ると，①期間の長さ，②モラトリアム自体の合法性，および③モラトリアムの形態という 3 つの大きな争点が存在することがわかる．以下，これらの争点を，個別に考察する．

第1の争点は，モラトリアムの期間についての問題である．適切なゾーニング条例や法令を制定するために，どのくらいの時間がかかるかという問題に，画一的な答えは存在しない．しかし，モラトリアム自体を合法とする判例を見ても，モラトリアムの期間が長くなればなるほど，地方自治体が条例制定を遅らせている動機に疑問がもたれることになることは間違いない．

　裁判所は，全体として，将来の不動産利用に影響するゾーニング条例の潜在的効果を考慮して，Medina 事件判決[830]に見られたように比較的ゆるやかな態度をとっている．一般的に言えば，米国のゾーニング・システムの下では，6ヵ月というモラトリアム期間は，地方自治体が，他の業務を無視することなく，あるいは，他の緊急事態に対処しながら，十分に対処できる期間であると判断されていると思われる．

　第2の争点は，モラトリアム自体に合法性が認められるかどうかという問題である．この点に関して，多くの論者は，Jefferson County 事件判決[831]と Medina 事件判決[832]のパターンを，両事件の事実関係の差異から，共存しうる判例法理として理解してきた．

　もっとも，この両判決のうち，Medina 事件判決の方が，モラトリアムにより許可処分を停止することを認める一方で，申請に伴う手続や審査自体を停止することは認めてない点で，より立法者意思に沿った判断基準を打ち出していると言える．なぜならば，この判決が述べているように，1996年連邦通信法の立法過程で，連邦議会は，地方自治体が土地の利用問題について十分に考慮することを排除しようとはしていなかったからである[833]．このため，Jefferson County 事件判決のように，地方自治体がモラトリアムを実施する権限を欠いているような場合を除いて，704条の下では，裁判所は，モラトリアムの設定そのものを理由として，これを無効と判断すべきではなく，モラトリアムの期間が合理的か否かという争点についての判断を下すべきであると言えよう．

　第3は，どのようなモラトリアムであれば適切なものと判断されるのか，という問題である．1996年連邦通信法の704条の下では，携帯電話網の普及

を阻害することを目的としたモラトリアムは認められないのは当然である．問題は，それ以外の要件である．

　裁判所は，特定のモラトリアムを評価する場合，当該モラトリアムの期間，目的，地域社会の特別事情などを考慮するとともに，そのモラトリアムが通信サービスをなるべく制限しないように配慮しているかどうかを検討している．そして，地方自治体が事業者からの申請を受理し，これに関する審理手続を進行させており，許可の通知についてだけモラトリアムを設定している場合には，これを支持する傾向にある[834]．その一方，申請手続そのものを停止するモラトリアムは，無効と判断される可能性が高いと言える[835]．

j. 連邦通信委員会による非公式な紛争解決手続

　1996年，無線通信産業は，携帯通信産業連合（CTIA）を中心として，連邦通信委員会に対して，90日あるいはそれ以上のモラトリアムを無効とするように働きかけた．連邦通信委員会は，この要請に対するいくつかの仮決定を行ったが[836]，その中には，地方自治体がゾーニングに関する申請手続を準備する目的で短期間のモラトリアムを用いることは，違法ではないとする判断が含まれていた[837]．

　連邦通信委員会は，その後，業界との間で，モラトリアム期間として認められる最長期間に関して，一応の基準を設定し，これに合意した[838]．この合意は，地方自治体が，①地域における安全，便利さ等の関心を反映させ，②多くの市民に無線サービスへのアクセスを提供する仕方で，かつ，③1996年連邦通信法に合致する方法により対処するために，その土地利用規制を見直し，改正に時間が必要な場合には，モラトリアムの利用を認めるというものであった[839]．また，地方自治体がゾーニングに関するモラトリアムを採用した場合，これにより影響を受ける事業者と，モラトリアムを解除するために必要な諸問題について協働すべきことも合意された[840]．

　そして，もしも事業者が，当該モラトリアムがゾーニング手続に悪影響を及

ぼすと確信する場合には，当該事業者は連邦通信委員会に設置され，当該地方公共団体の代表者等と無線産業関係者により構成される非公式な紛争解決手続により，その解決を求めることができるようになった[841]．

この紛争解決手続では，いずれの当事者もその結論や和解勧告に拘束されず[842]，かつ，事業者側がこれを不服とする場合には訴えを提起することが認められている．だが，この連邦通信委員会の非公式な紛争解決手続により合意が得られた場合，その合意が，地方自治体に対して当該申請の許可を命ずる効力をもつのか，あるいは，モラトリアムの解除を命じる執行力をもつか否かについては，必ずしも明らかではない．

5．書面による決定と実質的証拠に基づく判断

1996年連邦通信法704条は，その（B）項（iii）号において，「州，地方自治体，あるいはその下部機関が，個人が利用する無線サービス施設の設置，建設および変更に関する申請を許可しない場合には，その決定を書面で行う義務を負い，かつ，文書記録における実質的な証拠を根拠とするものでなければならない」と規定している．ここでは，地方自治体のゾーニング委員会等が無線通信サービス施設の設置許可申請を不許可とする場合には，①書面による決定を行うことと，②文書記録による実質的証拠に基づくことが要件とされている．これらの要件は，行政機関による処分について，その判断根拠を明白にさせることを目的としている．

ゾーニング委員会等の行政機関によりアンテナ・タワーの設置許可申請を不許可とした処分に対して，事業者がこれを不服として争った事件においては，何がこの「書面による決定」に該当し，また，何をもって「実質的証拠」というのかが，大きな争点となってきた．ここでは，この2つの争点について，検討する．

a.「書面による決定」
(1)「書面による決定」とは何か

「書面による決定」という文言が，文書による決定を意味することに争いはない．しかしながら，米国の行政法理においては，この文言は，行政機関が決定を行う場合，単に当該決定を文書で行うのみならず，その結論を文書による証拠に基づいて決定を下す義務があることを意味するものとされてきた．このため，704条（B）項（ⅲ）号の適用にあたっても，このような義務がゾーニング委員会等の地方公共団体に課せられているのか否かが争点となった．

(2) 文書による証拠と結び付いた判断を示す必要があるとする判決

AT&T Wireless Services of Florida, Inc. v. Orange County事件判決[843]において，裁判所は，ゾーニング委員会が，高さ135フィートのアンテナ・タワーの設置に関する特別例外と変更についての申請を不許可とした処分を行う場合には，その決定は，記録に基づく証拠と結びついた書面による判断（written findings）によらなければならないとして，この義務を肯定した[844]．

また，Illinois RSA No. 3, Inc. v. County of Peoria事件判決[845]においても，被告郡は，単に書面によって，申請を不許可とした処分を通知しただけでは，この「書面による決定」という要件を満たしておらず[846]，その通知にあたっては，処分の理由を説明し，かつ，記録に残された証拠に言及する必要があると判示した[847]．そして，このような詳細な記録に基づく書面による通知は，司法審査を効果的かつ効率的に行ううえで，必要なものであると判断された[848]．

(3) 記録と事実に結び付いた証拠は不要とする判決

これに対して，連邦第4巡回区控訴裁判所は，AT&T Wireless PCS, Inc. v. City Council of Virginia Beach事件判決[849]において，「書面による決定（decision in writing）」という文言は，事実および結論についての記述と，これらの判断のもとになっている理由，または，根拠を必要とするものではないと，単純に

否定している[850]．また，同控訴裁判所は，原判決では[851]書面による決定という要件と次に説明する実質的証拠に関する要件とが区別されておらず[852]，かつ，連邦行政手続法 (the Administrative Procedure Act) の規定[853]が「書面による決定条項 (written decision clause)」という1996年連邦通信法と異なった文言を用いているにもかかわらず，この規定に関する判例法理が誤って適用されていると判示している[854]．

b. 実質的証拠に関する判断基準
(1) 実質的証拠とは何か

　この「実質的証拠 (substantial evidence)」という文言が何を意味するかについては，以下で見るとおり，裁判所の判断は分かれている．しかしながら，この文言が，行政機関による処分が適切な証拠に基づいてなされたか否かを判断する際に用いられてきた伝統的な判断基準を示す用語であるとする点については一致している[855]．

　行政機関による処分は，この伝統的な判断基準の下で，必ずしも優越的証拠に基づく必要はないが，わずかな証拠以上のもの (more than a scintilla of evidence) に基づいて決定される必要があるとされてきた．これは，「そのような関連する証拠 (relevant evidence) が，合理的判断を行う者にとって結論を支持するために適切なものとして受け入れられていることを意味」している[856]．

　1996年連邦通信法704条 (B) 項 (ⅲ) 号が定めるとおり，ゾーニング委員会等が，無線サービス施設の設置許可申請を不許可とする場合には，「文書記録における実質的な証拠を根拠とするものでなければならない」．この条文における「実質的な証拠」が，伝統的な判断基準を意味するものであるとすると，裁判所は，地方自治体のゾーニング委員会による処分が実質的証拠に基づくものであると認定した場合，判例法理により，その決定を受け入れなければならず，かつ自らの判断によって当該決定を変更することはできないことにな

る[857].

　それでは，どのような場合に，この実質的証拠に関する判断基準が，移動通信用施設の設置許可申請について問題となるのであろうか．これまで特に争われてきたのは，ゾーニング委員会が，携帯電話事業者による設置許可申請を，住民の景観の悪化に対する不安や，不動産価格の下落に関する不安を根拠として不許可とした場合に，これを実質的証拠に基づく処分として，裁判所はそのまま認めてよいのかという争点であった．この点に関する裁判所の判断は分かれている．

　このような根拠を実質的証拠に基づくものではないとする判例においては，そのような不安は，一般的すぎて，実質的なものではないと判断される．裁判所がこの判断基準を採用した場合には，ゾーニング委員会は，地元住民の不安を汲んで判断を下す機会を失うことになる．このため，行政法理における証拠基準という高度に法技術的な争点に見えるこの問題は，まさに1996年連邦通信法と住民自治とのバランスという重大な政治的な問題として訴訟で争われることになったのである．以下，それぞれの立場をとる代表的な判例を検討することにする[858]．

(2) 住民の不安等を実質的証拠として認めない判例

　ここでは，まず，住民等の不安は実質的証拠に該当しないとする典型的な判断事例から検討していきたい[859]．Illinois RSA No. 3, Inc. v. County of Peoria 事件判決[860]では，ゾーニング委員会の開催したヒアリングにおいて，設置許可が申請された無線施設に対して一般市民がどの程度反対しているかを示す調査がなされ，その調査結果が，実質的証拠を構成するのか否かが問題となった[861]．なぜなら，当該ゾーニング委員会は，無線事業者による変更申請を不許可とする前に，この調査結果を考慮していたためである[862]．裁判所は，このゾーニング委員会の決定について，当該調査結果は，携帯電話施設に関する一般的かつ根拠のない判断に基づく証拠にすぎないため，実質的な証拠として変更申請を不許可と

して処分するには不適切なものであると判示している[863]．

　次に，景観上の侵害性が比較的少ないアンテナ・タワーの設置許可申請をゾーニング委員会が許可しなかったときに，その根拠が実質的証拠に基づくものであるか否かが問題とされた Evans v. Shore Communications, Inc. 事件判決[864]を取り上げる．この事件で設置許可申請がなされたアンテナ・タワーは，①アンテナを低くするために高い位置にある土地での設置が予定され，②その周りの樹木が天然の視覚的バッファーとなっており，かつ，③近隣の不動産は，近くに主要幹線道路が位置していることから，その不動産価格に悪影響を及ぼす可能性が少ないという特徴があった[865]．メリーランド州特別上訴裁判所は，ゾーニング委員会が開催したヒアリングにおいて，このアンテナ・タワーが当該地域の特性を損ねる可能性があるという点に議論が集中したことから，当該委員会が，このような議論に基づいて申請を不許可とした場合には，実質的証拠に基づく判断であるとは言えないと判示した[866]．

　もうひとつ，侵害性が比較的少ないアンテナに関する事例を挙げておく．Nynex Mobile Communications Co. v. Hazlet Township Zoning Board of Adjustment 事件判決[867]は，次のような事件である．通信事業者が，既存の給水タワーの上に高さ10フィートのアンテナを取り付けるためにゾーニング規制の変更を求める申請を行ったのに対して，町ゾーニング調整委員会は，景観上の問題を理由にこれを不許可とした．原審は，既存のタワーの上に新たにアンテナを設置しても景観上は重大な問題にならない等の理由により，町ゾーニング調整委員会に対して，この変更申請を許可するよう命じる判決を下した．これに対して被告が上訴した．ニュージャージー州上訴裁判所は，原審の判断を支持して，上訴を棄却する判決を下している[868]．確かに，すでに景観上の問題がある給水タワーの上に10フィートのアンテナが設置されたような場合，景観上の侵害性を根拠として申請を不許可とすることには問題があろう．

　Bellsouth Mobility, Inc. v. Gwinnett County 事件判決[869]では，無線事業者が通信施設の設置にあたり，住民側の要求に譲歩して当該移動通信用施設の設

計変更を行ったが，結局，合意に至らなかった．このように，事業者側が住民側に対して相当の譲歩を行ったにもかかわらず，ゾーニング委員会が設置許可申請を不許可とした場合，裁判では，事業者側の譲歩に対して，委員会は実質的な証拠に基づいて申請を不許可としたのかどうかが争われることになる．本件では，裁判所が，当該事業者が妥協により4つの主要な譲歩をした後に，当該ゾーニング委員会が設置許可申請を不許可とした処分には，実質的証拠が欠けていると判示されている[870]．

次に，ゾーニング委員会等の審査において，事業者側が専門家証人を立てて，その証言を展開したのに対して，住民や委員会側が，この専門家証言に対して十分な根拠を示さないまま設置許可申請に対する不許可の処分がなされた場合に，実質的な証拠に基づく判断とは言えないと判示されたいくつかの判例を見ることにする．

このような事件のひとつとして，比較的侵害性の少ないタワーの事例として取り上げた Nynex Mobile Communications Co. v. Hazlet Township Zoning Board of Adjustment 事件判決[871]がある．この事件では，事業者側の不動産の専門家が，タワーの設置によっても近隣の不動産価格は下落しないと証言したのに対して，ゾーニング委員会がこれに対抗する根拠がないまま設置許可申請に不許可の処分を行ったことは，実質的証拠に基づく決定とは言えないと判示されている[872]．

同様に，Sprint Spectrum L.P. v. Town of Farmington 事件判決[873]では，スプリント社側の専門家証人が，設置許可申請がなされているアンテナ・タワーによる不動産価格への影響はないと証言したことに対して，ゾーニング委員会が，この専門家証言は「一般的常識に合致していない」とした判断の根拠が問題となった[874]．同委員会は，その理由として，事実上同一のものとみなすことができる2つの住宅用不動産が存在し，そのうちのひとつにアンテナ・タワーが近接しているのに対して，他方がそのような状況にない場合には，このアンテナの物理的存在に起因する景観への影響から，不動産価格を評価するにあたっては，アン

テナ・タワーが存在しない方が望ましいと考えられることを挙げている[875]. そして, 申請されているアンテナ・タワーの全体的な物理的概観は, 既存の住居特性や近隣と一般的に調和するものではなく, 近隣の住居環境を悪化させ, その不動産価格を下落させるものであると判断したのである. しかし, 裁判所は, この委員会による判断を実質的証拠に基づくものではなく, また上述したようにモラトリアムが1996年連邦通信法に違反しているとして, 原告事業者による正式事実審理を経ないでなされる申立てを認めるとともに, 何が適切な救済となるかの提案を裁判所に提出するように命じている[876].

また, Telespectrum, Inc. v. Public Service Commission of Kentucky 事件判決[877]は, 事業者が高さ199フィートのアンテナ・タワーをゾーニングをはじめとする土地利用規制のない地域に建設するための設置許可申請を行い, 公開ヒアリングにおいて, 当該建設地以外の代替地はなく, かつ, 近隣不動産の価格が下落するという影響をもたらすことはないとする専門家証言を導入したのに対して, 公共サービス委員会が, これらの問題について専門家ではない近隣不動産所有者による代替地は存在するという主張と不動産価格が下落するという主張とを根拠に, 申請を不許可とした事件である[878]. 連邦第6巡回区控訴裁判所は, 公共サービス委員会の判断根拠が近隣住民による証言と手紙だけに基づいていることを指摘したうえで, これらは実質的根拠に基づくものではないとして, 同委員会による上訴を棄却する判決を下している[879].

(3) 住民の不安等を実質的証拠として認める判例

ここでは, 住民によるアンテナ・タワー設置による景観への心配や, 不動産価格が下落するという不安を実質的証拠として認めた判例を検討する.

まず, 連邦第4巡回区控訴裁判所が, 高さ148フィートのアンテナ・タワーの建設に関する特別利用許可申請を不許可としたゾーニング委員会の判断を支持した AT&T Wireless PCS, Inc. v. Winston-Salem Zoning Board of Adjustment 事件判決[880]を取り上げる. 本件では, 8人の近隣住民が, 近隣の景観を損ねる

こと等を理由に，アンテナ・タワーの建設に反対していたが[881]，同控訴裁判所は，このような住民の不安を根拠にしたゾーニング委員会の判断を支持し，その申請を不許可とした処分は実質的証拠に基づくものであると判断した[882]．

次に，この見解を代表する判例とされている AT&T Wireless PCS, Inc. v. City Council of Virginia Beach 事件判決[883]を検討する．本件で市委員会による決定の判断根拠とされたのは，申請の内容，ヒアリングで証言した人の名前と意見，委員会の委員による個別投票の結果記録から構成された議事録を2ページに要約した記録，計画委員会から市の委員会に送付された当該申請に付された「不許可」というスタンプが押された手紙，および，市の委員会の投票日時の記載により構成されていた[884]．

連邦第4巡回区控訴裁判所は，原判決が，住民の景観価値と不動産価格の下落に関する不安を無視する一方で，通信事業者側の専門家証言を受け入れた判断を下していることについて[885]，これを不公平なものであるとして，次のように判示している．「この種の全ての事件においては，設置許可申請をする側は，展示物，専門家証人，および評価文書などにより武装して，裁判にのぞむ．AT&T は，当該裁判所に対して，このような予測しうるかぎりの一斉攻撃を用いて，地方自治体政府に当該申請の許可を促すとともに，1996年連邦通信法を，常に平均的な，専門家ではない市民による主張を打ち砕くように解釈するように効果的な主張を行うが，これこそ，民主主義を打ち砕こうとするものである」[886]．

この Virginia Beach 事件判決は，移動通信用施設の設置に関する判例において，地域住民の景観上の価値を実質的証拠として尊重する法理を決定付けるとともに，事業者による専門家証言のもつ価値を限定して，地域住民が，土地利用に関して民主的に統制することができるようにした法理を打ち出した点に特色がある．この判決以来，5つの連邦巡回区控訴裁判所をはじめ[887]，多くの地方裁判所が，景観に関する価値をアンテナ・タワーの設置許可申請を不許可とする根拠として認めている[888]．

(4) 実質的証拠に関する判例の検討

ゾーニング委員会が，①住民による景観上の関心や，②不動産価格の下落に関する不安を根拠に，事業者による設置許可申請を不許可とした場合，これらを実質的証拠に基づく判断であると認めなかったいくつかの判例が存在していた．これらの判例のうち，比較的侵害性の少ないと考えられるアンテナ・タワーに関する事件や，事業者側が住民の要求に対して十分に譲歩しながら相当の設計変更を行っている事件については，個別の事実関係に基づく裁判所の判断を肯定することができよう．

問題となるのは，事業者側の専門家証人による証言に対して，地方自治体がこれに対応する証拠を提出していないことをもって実質的証拠要件を満たしていないと判断し，事業者側の請求を認めている判例である．これらの判例においては，一般市民が抱く不安は，実質的証拠に基づくものではないと判断されている．しかし，証拠法の観点から妥当に思えるこれらの判例においては，地方自治体の側に，事業者側の専門家証人に対抗しうる証人を，個別の設置許可申請に対応するためのヒアリング等で雇うための十分な予算がないという現実的な問題を無視している．また，これらの判例では，ゾーニング委員会が選挙により選出された委員により構成され，あるいは選挙により選出された者により任命されているという事実が捨象されている．すなわち，司法が，証拠法上の形式理論に基づいて，民主的手続を経て選出・任命されている構成員による決定を覆す結果をもたらしているのである．さらに，この判例法理の下では，金銭的に豊かな地域の住民だけが，専門家証人を雇い移動通信用施設の建設を排除できる可能性があるのに対して，このような予算や資金のない地域の住民は敗訴する可能性が高くなることから，貧しい地域に嫌悪施設が集中するという環境正義に関する問題が生じるおそれがある．

これらの問題点を無視して，1996年連邦通信法に規定された実質的証拠要件を，証拠法のレベルで厳格に適用することには問題がある．だからこそ，この Virginia Beach 事件判決の法理が多くの連邦巡回区控訴裁判所や地方裁判

所に支持されたと言えよう．

6. 連邦通信委員会規則を遵守している施設に対する電磁波健康被害を根拠とした規制の禁止

　704条（B）項（iv）号は，無線通信事業者の申請する施設が，連邦通信委員会の定めたラジオ波放射に関する規則を遵守している限り，州およびその地方自治体が，環境に対する影響を理由に規制することを禁じている．これは，地方自治体が，移動通信用施設から生じる電磁波により健康被害が生じるおそれがある等の理由により，規制を定める条例を制定することを禁じているのである．また，この条項により，ゾーニング委員会が電磁波による健康被害を根拠として，移動通信用施設の設置許可申請を不許可とすることもできなくなった．さらに，同条（B）項（v）号では，無線通信事業者が，この規定に反する処分や不作為により不利益を被った場合，裁判所に訴えを提起せずに，直接に，連邦通信委員会に不服申立てができると規定している．これらの条項により，地方自治体が，電磁波健康被害を理由として移動通信用施設の設置規制を行うことは，事業者側が連邦委員会規則を遵守している限り，完全に封じ込められたと言えよう．

　裁判所も一貫して，ゾーニング委員会が通信施設から生じる健康被害を理由として申立てを不許可とした場合，その処分を違法とする判決を下している．すなわち，ゾーニング委員会が，移動通信用施設の設置許可申請を，潜在的な健康に対する影響等を理由として不許可とした場合，これを不服とした事業者が訴えを提起して，当該施設は連邦通信委員会のラジオ波放射に関する規則を満たすものであると立証した場合には，裁判所は，ほぼ間違いなく，原告事業者に対する救済を認めているのである[889]．

　たとえば，Cellular Tel. Co. v. Town of Oyster Bay 事件判決[890]では，移動通信用施設の設置許可申請を不許可としたゾーニング委員会の処分が，給水タンクの上にアンテナを設置することから生じる健康上のリスクを根拠としていたことから，連邦第2巡回区控訴裁判所は，同委員会の決定に対して正式事

実審理を経ないでなされる判決により，許可を発行するように命じた原審判決を支持して，上訴を棄却している[891]．また，Sprint Spectrum L.P. v. Town of Farmington事件判決[892]のように，電磁波放射に関する恐怖感によって引き起こされる不動産価格の下落を委員会が考慮した事実をもって，この704条（B）項（iv）号の違反にあたるとした判例も存在する．さらに，AT&T Wireless Servs. of Cal. LLC v. City of Carlsbad事件判決[893]でも，携帯電話事業者による住宅地へのアンテナ・サイトの条件付設置許可申請を不許可とした市の処分は，実質的証拠に基づいておらず，かつ，電磁波による健康被害に対する市民の懸念に基づいていることが704条（B）項（iv）号に違反すると判断されている．

　もちろん，移動通信用施設から生じる電磁波による健康への影響についての論争が，この条項により皆無となったわけではない．連邦通信委員会の設定した安全基準が，潜在的な危険性を回避するための厳しい基準を採用しなかったという批判も根強い．連邦通信委員会としては，このレベルの電磁波の潜在的危険性に関するデータが十分に確立されていないことから，多くの市民に対する保護と，携帯電話事業者による効率的な通信サービスの供給がなされる必要性とのバランスをとる必要があったのである[894]．

7．学校に近接して建設される移動通信用施設に関する事例と法理

　わが国でも，携帯電話基地局等の移動通信用施設の建設が，学校に近接する場所に計画された場合には，地元住民からの反対運動に直面する場合が多い．このことは，米国でも同様である．そこで，この問題について独自の判例法理を打ち出した2つの代表的判例を検討する．

a．アトラクティブ・ニューサンスの法理

　アトラクティブ・ニューサンス（attractive nuisance）の法理とは，不動産の所有者が，当該不動産上に子供にとって魅力的な危険物を設置している場合，

子供たちがこのような危険物に近寄ったり，構造物に進入しないようにする注意義務を課し，この義務を果たさない場合には損害賠償責任を課す判例法理である[895]。ここで紹介する第1の判例は，このアトラクティブ・ニューサンスの法理を，アンテナ・タワーの設置許可申請に適用した New York SMSA Ltd. Pshp. v. Board of Adjustment 事件判決[896]である。

　この事件では，携帯電話事業者が，精神的疾患をもつ少年らの居住する施設の近くに，高さ150フィートの塔を建設しようと計画し，郡の地区調整委員会にゾーニングの変更申請を行った。事業者側の専門家証人は，携帯電話サービスを十分に提供できない地域をなくすためには，当該建設予定地にアンテナ・タワーを設置するほかに方法がないと主張した[897]。地区調整委員会は，何回かのヒアリングを行った後，当該変更申請を不許可とした[898]。事業者は，この処分を不服として，事実審裁判所に訴えを提起した。これに対して，事実審裁判所は，当該委員会による処分を取り消し，ゾーニングの変更を命じる判決を下した[899]。被告委員会は，この判決を不服として，ニュージャージー州上訴裁判所に上訴した。

　上訴人（原審被告）は，変更を認めない主たる理由として，（1）アンテナ・タワーの建設予定地の区画には，精神的疾患のある少年の居住する施設が存在し，少年たちがこれに登ろうとするなどの危険が予期されること，（2）高い塔が建設されることで，近隣住宅地の不動産価格に影響があること，（3）他に適切な建設地が存在すること，を主張している[900]。上訴裁判所は，上訴人の判断は合理的であり，判例法理にも合致するものであるとともに，この決定は，記録において実質的な証拠に基づくものであると判示して，事実審判決を破棄した[901]。

　本件は，精神的疾患をもつ少年らの居住する施設に近接した場所にアンテナ・タワーを建設しようとした事例においてアトラクティブ・ニューサンスの法理の適用が認められたわけであるが，おそらく，小学校等に近接して携帯電話施設を設置する場合にも，適用可能性があると考えられる。

b. 慎重なる回避の法理

　第2の判例は，より適用可能性の広い「慎重なる回避」の原則を認めた New York SMSA Ltd. Pshp. v. Town of Clarkstown 事件判決[902]である．1996 年連邦通信法の制約の中で，この法理の適用を肯定した意義は大きい．

　クラークス町の無線法では，無線事業者は共同設置によりアンテナ・タワーの数を減らして景観への影響を少なくすることができることから，町のゾーニング委員会が，移動用通信施設の設置についてゾーニングに関する特別申請を認める場合には，この共同設置を主要な判断要素のひとつとすることが定められていた[903]．そして，具体的に，複数の事業者によるアンテナ・タワーの設置許可申請が出されたことで，町の計画委員会の会合がもたれた．この会合において，町の電波通信コンサルタントは，申請されている建設予定地と施設は，連邦通信委員会規則を遵守しているものの，計画委員会は，近隣へのラジオ波放射の影響を最小限にするために「慎重なる回避」の政策を採用すべきであると主張した[904]．

　同コンサルタントは，たとえ，全ての建設申請者が連邦通信委員会のラジオ波暴露限界基準を遵守している場合であっても，町は，どの建設地が，主要な住居，商業施設，リクリエーション施設から最も遠くに位置しているかを考慮することができるとの判断を示した．そのうえで，この判断基準に基づけば，Goosetown にある予定地が，学校，住居への電磁波放射を最も低く抑えることができることから，町はこの予定地に関する申請を選択して許可すべきであると勧告した[905]．結果として，同町は，この Goosetown にある予定地に関する申請を許可し，他の申請を不許可とした[906]．

　携帯電話事業者のうち，自らの設置許可申請が不許可とされた事業者は，1996 年連邦通信法違反を根拠に，町，ゾーニング委員会，および建設審査官に対して，当該タワーの設置許可の処分を命じる義務的差止命令 (a mandatory injunction) を出すように求める訴えを起こした．被告は，この訴えに対して，正式事実審理を経ないでなされる判決を求める申立てを行った[907]．

裁判所は，補助参加者である競合他社に発行された許可においては，原告を含むその他の事業者に対しても許可を受けた施設に共同設置を認める義務が課されており，ここにアンテナ施設を設置することが可能であるとして，原告による請求を全て棄却して，被告による正式事実審理を経ないでなされる申立てを認め，被告勝訴の判決を下した[908]。

裁判所は，その理由として，まず，原告には，義務的差止命令が必要な回復不能な損害は存在しないと判示した[909]。そして，①いずれの申請者も電磁波から生じる健康への影響を理由として，その申請が不許可とされたわけではなく，②被告委員会が「慎重なる回避」の原則を採用したことに対して，原告は実質的証拠に基づくものではないと主張しながらも，同委員会が依拠したコンサルタントによる報告書に反論する証拠を提出していないことから，この主張を認めることはできず[910]，③近隣への電磁波放射の影響を最小限にするという観点から，2つの建設候補地の間で選択を行うことが，1996年連邦通信法に直接的に違反する（a per se violation）ことになるか否かについては，たとえ，全ての申請者が1996年連邦通信法の下位法規であるラジオ波放射に関する規則の定める要件を満たしている場合であっても，町の委員会は，近隣コミュニティの「健康，安全，および福祉」に対するラジオ波放射の影響をいかに最小限にするかを考慮することができると考えられ[911]，かつ，④1996年連邦通信法の目的は，通話が困難な地域に対するサービス供給を行うための施設を建設するために適切な申請者に対して許可を与えることにあるのであるから，この目的が達成されるのであれば，どの申請者に対して許可を与えるかに関しては連邦政府は関心がないと考えられることから，このような場合に慎重なる回避理論を採用することを禁止するものではない[912]，と判示した．

D．地方自治体の704条への対応策

1996年連邦通信法704条が制定され，その判例が蓄積されてきたことで，

地方自治体はこの内容に合致するゾーニング条例を制定する必要に迫られた．以下，これらの対応策について，いくつかの論考で提案されているものを紹介する．

　まず，第1に，地方自治体は，既存のゾーニング条例と州法とを検討し，移動通信用施設の設置について，どの地域で，ゾーニング規制を変更する必要があるのかを決定しなければならない．

　第2に，地方自治体は，その管轄地域の図面をもとにして，どの地区に既存の無線通信施設が存在し，かつ，技術上の観点から，それ以外の地域であればどこに設置可能であるかを検討する必要がある．このマッピングにより，ゾーニング委員会は，申請される施設に対する代替設置場所のリストを特定することができるとともに，704条の定める事業者間差別禁止規定や完全禁止規定等を回避することができる．さらに，給水タワーやビルなどの既存構造物の上に共同アンテナを設置できるか否かの選択肢も特定することができる．また，この段階で，地方自治体は，巨大な少数のタワーの設置を許可することで広範囲の地域をカバーするか，より低いタワーが多数設置されることを許可するかなどの検討も同時に行う必要がある．商業地域等に高層タワーを設置し，住宅地域に対するサービスをカバーできれば最善であるが，そうでない場合には，低層タワーを住宅地域にいかに設置するかについての計画上の合理性が問われることになる．

　第3は，実質的証拠要件を満たすために，事業者側が設置許可申請を行う場合に必要な情報を十分に提出させる義務をゾーニング条例で課すことである．具体的には，①申請された無線施設の出力・周波数等の技術的情報，②無線施設が設置される不動産が，物理的に荷重等に耐えられるかどうか（特に，既存のタワーやビルの屋上等に設置される場合），③無線施設の設置が文化財保護法などの他の法令に違反していないという証拠，④当該施設と不動産が，事業者により保守・点検可能であるという証拠，⑤当該施設が，地方自治体の構造物設置に関する法令や基準に合致しているとの証拠，⑥1996年連邦通信法と

同規則の要件の充足を示す証拠,等の証拠の提出を求めるべきである.

　第4は,第2に挙げたマッピングにおいて,事前に共同設置（あるいは集合的設置）場所を特定し,事業者に対してこれを要求することである.既存の高層構造物が存在する場合には,その上に無線施設を設置することで,景観上の問題を回避することができる.さらに,業者間における不合理な差別の禁止に関する問題も回避できる.もっとも,ビルの屋上等を共同設置個所とした場合には,荷重などの要因から一定の限界がある.また,技術的にも,電波の相互干渉の問題からの制限がある.さらに,事業者側は,共同設置により自社の企業秘密が他社に漏れ,競争上の優位性が失われ,場合によっては独占禁止法上の問題が生じると主張する場合がある.これらの事態についても,事前に精査しておくべきである.

　第5は,移動通信用施設が設置される地域が住宅地域の場合には,倒壊による危険を回避するために,建築基準法などに定められた,あるいは,構造物の特性を十分に配慮した条例が制定されるべきである.たとえば,①タワーの高さに等しい倒壊用ゾーンを設け,これと同距離のセットバックを要件としたり[913],②格子状のタワーは,子供が登りたがる危険性を回避するために,タワーの周りを有刺鉄線で囲むなどの措置を命じることができよう.この場合には,このような規制が過剰であったり,不合理でない限り問題は生じないと考えられる.しかしながら,事業者による無線通信施設の設置許可申請をこれらの規制だけを根拠として不許可とした場合,訴訟でその合理性を問題として争う可能性も高い.このため,なんらかの緩和措置をとる必要があろうが,そのような場合には,事業者側から当該構造物の安全性に関する詳細な証拠の提出を求めても問題とはならないであろう.

　第6は,ゾーニング委員会が,景観上の関心が非常に高い住宅地域や歴史的建造物などがある地域においては,タワーのカモフラージュ（たとえば,アメリカ杉や松のように見えるようにする）を促進するか,要件とすることを検討することである.ただし,カモフラージュによる事業者の設置コストは,お

よそ40%から400%上昇すると言われており，事業者側の強い反対を受ける可能性がある．

　第7は，ゾーニング委員会において，実質的証拠に基づく決定がなされる措置を講じておく必要がある．このため，ゾーニング委員会は，地方自治体の顧問弁護士から，次の点について教育・訓練を受けておくべきである．これは，判例法理を反映して，①事業者の移動通信用施設が連邦通信法とその規則を満たしている場合には，健康上の理由を根拠に申請を不許可とすることはできないこと，②少数の市民による不満だけを理由として申請を不許可とすると，裁判になった場合に敗訴する可能性があること，③委員会で申請を不許可とする場合には，投票前に，記録として，投票の賛否に関する個々の委員の理由を記録として残すこと，④申請を不許可とする根拠を公的記録に残し，かつ，業者への通知に記載すること，⑤申請を不許可とする処分通知は，当該決定から30日以内に発せられること，⑥申請不許可の処分を行う場合に，景観の悪化に対する危惧だけでは実質的証拠を構成せず，不十分であるとする法域が存在することに注意すること，⑦事業者との交渉において，施設の設置について譲歩を引き出した後にこれを否決すると，裁判でその合理的根拠が強く問われる場合があること，⑧ゾーニング委員会の委員は，特定の委員がこの分野に関する専門家である場合を除いて，事業者側の専門家証言を否定する場合，専門家とは見なされないという認識を確認すること，⑨「実質的証拠」に基づく立証責任の意味を理解すること，⑩ゾーニング委員会の下部組織の委員会や専門スタッフが当該申請を許可するべきであると勧告しているにもかかわらず，不許可とする処分を行う場合には，この根拠に関する特別の証拠を確実に残す必要があること，⑪審査中の申請に対して，検討中の新たなゾーニング条例等を適用することはできないこと，⑫申請の不許可の処分を行うにあたって，新奇な理由（たとえば携帯電話網の設置は不法な薬物取引を促進する）に基づくことはできないこと，等が該当するであろう．

　第8は，ゾーニング委員会は，合理的期間要件を満たすために，①なるべ

くモラトリアムを回避して，90日以内にゾーニング条例と地区割当等の変更を行い，②現在審査中の申請を継続して審議するとともに，③新条例に合わせた審査体制を確立し事業者に通知すること，が求められる．

678 本章の記述にあたっては，以下の文献を参照した．John M. Armentano, *Zoning and Electromagnetic Field Radiation*, 24 REAL EST. L. J. 146 (1995); Jeffrey A. Berger, *Efficient Wireless Tower Siting: An Alternative to Section 332(C) (7) of the Telecommunication Act of 1996*, 23 TEMP.ENVTL.L.& TECH.J. 83(2004); Laurie Dichiara, *Wireless Communication Facilities: Siting For Sore Eyes*, 6 BUFF. ENVT'L. L.J. 1 (1998); Sara A. Evans, *Wireless Service Providers v. Zoning Commission: Preservation of State and Local Zoning Authority under the Telecommunications Act of 1996*, 32 GA. L. REV. 965 (1998); Carol R. Goforth, *A Bad Call: Preemption of State and Local Authority to Regulate Wireless Communication Facilities on the Basis of Radiofrequency Emissions*, 44 N.Y.L. SCH. L. REV. 311(2001); Carol R. Goforth, *"Not in My Back Yard!" Restrictive Covenants as a Basis for Opposing the Construction of Cellular Towers*, 46 BUFFALO L. REV. 705 (1998); Timothy L. Gustin, *The Perpetual Growth and Controversy of the Cellular Superhighway: Cellular Tower Siting and the Telecommunications Act of 1996*, 23 WM. MITCHELL L. REV. 1001 (1997); Dennis Hudson, *Land Use Planning & Zoning: Communication Towers: Riverside Roof Truss, Inc. v. Board of Zoning Appeals, 734 So. 2d 1139 (Fla. 5th Dist. Ct. App. 1999)*, 29 STETSON L. REV. 889 (2000); Jeneba Jalloh, *Local Tower Siting Preemption: FCC Radio Frequency Guidelines are Solution for Removing Barriers to PCS Expansion*, 5 COMM.LAW CONSPECTUS 113 (1997); Andrew B. Levy, *If Not Here Where?: Wireless Facility Siting and Section 332(c) (7) of the Telecommunications Act*, 8 CORNELL J. L. & PUB. POL'Y 389 (1999); Robert Long, *Allocating the Aesthetic Costs of Cellular Tower Expansion: A Workable Regulatory Regime*, 19 STAN. ENVTL. L.J. 373 (2000); Shannon L. Lopata, *Monumental Changes: Stalling Tactics and Moratoria on Cellular Tower Siting*, 77 WASH. U. L. Q. 193 (1999); Susan Lorde Martin, *Communities and Telecommunicaitons Corporations: Rethinking the Rules for Zoning Variances*, 33 AM.BUS.L.J. 235 (1995); Matthew N. McClure, *Working Through the Static: Is There Anything Left to Local Control in the Siting of Cellular and PCS Tower After the Telecommunications Act of 1996?*, 44 VILL. L. REV. 781(1999); Jared O'Connor, *National League of Cities Rising: How*

the Telecommunications Act of 1996 Could Expand Tenth Amendment Jurisprudence, 30 B.C.ENVTL.AFF.L.REV.315(2003); Kevin M. O'Neill, *Wireless Facilities Are a Towering Problem: How Can Local Zoning Boards Make the Call without Violating Section 704 of the Telecommunications Act of 1996?*, 40 WM. AND MARY L. REV. 975 (1999); Nancy M. Palermo, *Progress Before Pleasure: Balancing the Competing Interests of Telecommunications Companies and Landowners in Cell Site Construction*, 16 TEMP. ENVTL. L. & TECH. J. 245 (1998); Rebecca Stroder, *Campanelli v. AT&T: Are Cellular Communications Companies Public Utilities?*, 68 UMKC L. REV. 313 (1999); Patsy W. Thomley, *EMF at Home: The National Research Council Report on the Health Effects of Electric and Magnetic Fields*, 13 LAND USE & ENVTL.L. 309 (1998); Nick Tinari, *Cell Phone Towers in Residential Areas: Did Congress Let the Pig in the Parlaor with the Telecommunication Act of 1996?*, 73 TEMPLE L. REV. 269 (2000); Malcolm J. Tuesley, *Not in My Backyard: The Siting of Wireless Communications Facilities*, 51 FED. COMM. L.J. 887 (1999); Ernest A. Young, *State Sovereign Immunity and the Future of Federalism*, 1999 SUP. CT. REV. 1 (1999). また、邦語文献では、城所岩生『米国通信改革法解説』(木鐸社、2001年)、寺尾美子・高橋一修「アメリカにおける土地利用規制と補償」季刊環境研究 64 号 31 頁以下、福川裕一『ゾーニングとマスタープラン』(学芸出版社、1997 年)、郵政省郵政研究所編『1996 年米国電気通信法の解説——21 世紀情報革命への挑戦』(商事法務研究会、1997 年)を参照した.

679　わが国では、移動通信用施設に関して、携帯タワー、携帯基地局等のさまざまな用語が用いられている. 米国では、cellular towers, wireless communication facilities, PSC towers などの用語が用いられている. 本章では、これらの用語の差異により、特に大きな法的効果の違いが生じることはないため、携帯電話基地局、または、基地局と記すことにする.

680　ゾーニングについては、本章Bの「ゾーニングと移動通信用施設」を参照のこと.

681　*See* Rabun County v. Ga. Transmission Corp., 276 Ga. 81 (Ga. 2003) (州から公用収用権限を与えられている電力会社が、ある郡を通過する送電線敷設計画に基づいて公用収用を行おうとしたところ、同郡が高圧送電線建設に関するモラトリアムを実施する条例を制定してその阻止を図った. ジョージア州最高裁判所は、電力会社には当該計画の合理性や妥当性などを立証する必要はないと判示して、事実審が同郡による条例が州の公用収用権限を妨げるものであり、州憲法違反にあたるとした判決を認め、上告を棄却した). *See also* In re Vt. Elec. Power Co., 2006 VT 21 (Vt. 2006) (バーモンド州公益事業委員会が、電力会社による送電能力を増強するために送電線の増強工事に関する申請を認めたことについて、町等が、景観や健康上の理由等に基づいてその見直しを求めて訴えを提起した事件について、バーモンド州最高裁は、その上告を棄却している).

682　*See* Sprint Spectrum, L.P. v. Willoth, 176 F.3d 630 (2d Cir. 1999).

683　*See, id*. at 638 (工業地域においてひとつの塔を建てることで、住宅地域の利用者をカバーできる).

684　1995 年から 1996 年の選挙期間において、業界団体である通信関連政治行動委員会 (telecommunications political actions committees) は、約 300 万ドルの選挙資金を現職の下院議員に提供した. Larry Pressler 上院議員は、この 1996 年連邦通信法を、「歴史上最も多

215

大なロビー活動により成立した立法」と評した．同法の共同提案者である共和党の Rick White 下院議員は，通信関連政治行動委員会から 7 万ドルの献金を受けた．Norm Alster, *Campaign Contributions: Did Telco's Shape Policy?*, INVESTOR'S BUS. DAILY, Sept. 3, 1997, at A4.

685 　The Telecommunications Act of 1996, Pub. L. No. 104-104, 110 Stat. 56 (codified in scattered sections of 15 and 47 U.S.C.). この 1996 年連邦通信法の全体像については，以下の邦語文献を参照のこと．城所岩生『米国通信改革法解説』（木鐸社，2001 年），郵政省郵政研究所編『1996 年米国電気通信法の解説——21 世紀情報革命への挑戦』（商事法務研究会，1997 年）．

686 　正式な同条のサイテーションは，47 U.S.C. 332 (c) (7) (Supp. III 1997) であるが，通常用いられている原法の条項を用いて，704 条と呼ぶ．

687 　州の不動産利用規制権限は，そのポリス・パワーに基づいている．*See* Village of Euclid v. Ambler Realty Co., 272 U.S. 365 (1926)（一定地域における土地利用を規制するゾーニング・プランは，州のポリス・パワーの行使として有効なものである）．

688 　連邦議会は，個人通信サービス (Personal Communications Services (PCS)) と携帯電話通信ネットワークのデジタル・テクノロジーの発展が，州やその地方自治体によるゾーニング規制により妨げられることを防ぐことを意図していた．*See* Omnipoint Corp. v. Zoning Hearing Bd. of Pine Grove Township, 181 F.3d 403 (3d Cir. 1999) (*quoting* H.R. Rep. 104-204, at 94 (1995), reprinted in 1996 U.S.C.C.A.N. 10, 61).

689 　本書では，日本国では直接に問題とならない専占については，詳述しない．ここで，専占法理と 704 条への適用について概説するにとどめる．まず，専占とは，連邦法と州法とが同じ事項について規定している場合，連邦法が優先するという法理である．*See* Gade v. National Solid Wastes Management Ass'n, 505 U.S. 88 (1992) (*quoting* Free v. Bland, 369 U.S. 663, 666 (1962)).「専占原則の根拠となる合衆国憲法の『最高法規条項 (the Supremacy Clause)』の下では，たとえ当該州法が州の明白な権限に基づくものであったとしても，それが連邦法と衝突し，あるいは，矛盾するものである場合には，当該州法が譲らなければならない」).

　この専占には，立法者としての連邦議会が，その専占の意思を条文に示した明示的専占と，条文等には直接的に規定されていないものの，立法目的などから専占が認められる黙示的専占とがある．1996 年連邦通信法 704 条について言えば（後掲条文を参照），州または地方自治体はラジオ波の放射による健康への潜在的な悪影響を理由として，携帯電話基地局の設置を否定してはならないとする (B) 項 (iv) 号の規定が明示的専占に該当する．*See* 47 U.S.C. 332 (c) (7) (B) (iv) (Supp. III 1997). これに対して，704 条 (B) 項 (i) 号 (II) の無線サービス供給の禁止または，これと同等の効果をもつ規制の禁止については，明示的専占に該当すると言うことはできない．*See* 47 U.S.C. 332 (c) (7) (B) (i) (II) (Supp. III 1997). この条項に専占の効果があるか否かを決定するためには，連邦議会の立法者意思を検討する必要がある．たしかに，同法のこの個所は，州あるいは地方自治体が，無線施設の設置を完全に禁止している場合には，これらに対する専占が成立すると言えるであろう．しかし，連邦議会は，完全な禁止にまで至らない地方公共団体による規制が，どのような場合に効果的な禁止に相当するかを明確にしていない．このため，このような場合にまで専占が成立しているのか否かについて，争いが生じることになる．この点については，本文の該当個所を参照のこと．

690 704条の立法過程において，移動通信用施設を設置する場合に，景観に関する影響が考慮の対象とされたことで，携帯電話事業者と地方自治体との双方に混乱を招く結果となった．*See* Primeco Personal Communications, L.P. v. Village of Fox Lake, 35 F. Supp.2d 643(N.D. Ill. 1999)（1996年連邦通信法の条文は，適正な起案に基づくものではない）; AT&T Corp. v. Iowa Utils. Bd., 525 U.S. 366 (1999), *quoted in* Sprint Spectrum, L.P. v. Willoth, 176 F.3d 630, 641 (2d Cir. 1999)（1996年連邦通信法は，明確な内容を示した立法モデルとなるものではない）．このため，訴訟が増加するとともに，様々な判例法理が生み出されている．

691 本章においては，合衆国憲法第11修正における州政府に対する免責が，1996年連邦通信法に基づいて提起されることになるかどうかという争点については，条例に関する問題ではなく，また，合衆国憲法独自の問題であるために扱わない．この点については，以下の論文を参照のこと．Stephanie Chapman, *Constitutional Law: MCI Telecommunications Corp. v. Public Service Commission: The Tenth Circuit Rebuffs the Supreme Court Trend Supporting State Immunity*, 55 OKLA.L.REV.175 (2002).

692 米国におけるゾーニング規制の法システムと判例法理については，多くの文献が存在するが，たとえば，寺尾美子・高橋一修「アメリカにおける土地利用規制と補償」季刊環境研究64号31頁以下を参照のこと．また，ゾーニング規制の実態については，福川裕一『ゾーニングとマスタープラン』(学芸出版社，1997年）を参照のこと．

693 *See* 1 ROBERT M. ANDERSON, AMERICAN LAW OF ZONING 3d 7.13, at 709（地域社会における一般的な公共の福祉に関するゾーニングについて論じている）．現在，50州全てがゾーニングを可能にする立法を制定している．*See* ROGER A. CUNNINGHAM et al., THE LAW OF PROPERTY 9.3, at 544（ゾーニング立法の発展について論じている）．これらのゾーニング立法の半数以上が，立法目的として，健康，安全，モラル，あるいは当該地域社会の一般的な公共の福祉の増進を挙げている．*Id.*

694 BLACK'S LAW DICTIONARY 1450 (5th ed. 1979).

695 ゾーニングは，公的ニューサンス（public nuisance）に関する不法行為概念から発展した．その後，州は，地方自治体に，健康に有害な影響を及ぼす産業や，危険性の高い産業を，特定の地域だけにおいてその操業を認める権限を授権するようになった．*See* Cunningham, *supra* note 691, 9.3, at 543. 連邦最高裁判所は，1909年に，ゾーニングに基づくビルの高さ制限を認めている．*See* Welch v. Swasey, 214 U.S. 91, 108 (1909)（マサチューセッツ州法がビルの高さ制限をしていることは合憲であると判示した）．

696 *See* Anderson, *supra* note 664, 3d 9.24, at 177-78.

697 *See, e.g.,* Omnipoint Communications, Inc. v. City of Scranton, 36 F.Supp.2d 222 (M.D. Pa. 1999)（住宅，商業および工業地域の類型を列挙している）．

698 *See* 1 Anderson, *supra* note 664, 7.24, at 742-49（ゾーニングにおける景観の影響について論じている）．

699 Members of the City Council of Los Angeles v. Taxpayers for Vincent, 466 U.S. 789 (1984)（公共の福祉という概念は，広くかつ包括的なものである．この概念があらわす価値は，金銭的なものに加え，物理的なもの，美的価値，さらには精神的価値も含まれる）(*quoting* Berman v. Parker, 348 U.S. 26, 32-33 (1954))．

700 *See* Cunningham, *supra* note 691, 9.7, at 563 (2d ed. 1993).

701　*Id.*
702　*See* Otto v. Steinhilber, 24 N.E.2d 851 (N.Y. 1939).
703　Cunningham, *supra* note 691, 9.8, at 566-67.
704　*See* Tullo v. Millburn Township, 149 A.2d 620 (N.J. Super. Ct. App. Div. 1959).
705　*See* Sprint Spectrum, L.P. v. Willoth, 176 F.3d 630 (2d Cir. 1999)（スプリント社による議論の本質は，1996年連邦通信法の下では，同社は，その裁量によりどのような種類のタワーでも建設する権利をもつというものである）.
706　　当然のことではあるが，携帯電話事業者が訴訟を提起できるのは，地方自治体のゾーニング委員会による処分が最終的に下された後のことである．*See* Nextel Communs. of the Mid-Atlantic, Inc. v. City of Margate, 305 F.3d 188 (3d Cir. 2002)（通信事業者が12のアンテナと付属設備の設置に関する許可申請がゾーニング委員会から認められたものの，この施設の設置にあたり損害を受けたとする個人が訴えを提起したことがきっかけとなり，付属施設が許可を受けたものより大きいものであることが判明したことから，工事停止命令を受けた．そして，ゾーニング委員会がこの問題について再ヒアリングを開催しようとしたのに対して，同事業者は委員会には連邦通信法の下でそのような権限はないと主張して，訴えを提起して暫定的差止命令を求める申立てをした．事実審はこの申立てを却下した．連邦第3巡回区控訴審裁判所は，原審判決を破棄し，訴えそのものを却下するように差戻しを命じている）.
707　*See id.* at 645（ゾーニング計画委員会の決定に対する司法による判断基準は，通常の行政手続に適用される基準に基づく）.
708　*See id.* at 638（工業地区においては，詳細な環境評価を行わずにタワーの建設が認められている）.
709　*See, e.g.,* Omnipoint Communications, Inc. v. Foster Township, 46 F.Supp.2d 396 (M.D. Pa. 1999)（通信用タワーの建設は，C-1（商業）地区では認められていない．条例では，通信タワーの設置は，特別例外により認められると明記されている）.
710　*See, e.g.,* Cellular Tel. Co. v. Zoning Bd. of Adjustment of Ho-Ho-Kus, 24 F. Supp.2d 359 (D.N.J. 1998)（R-2レベルの住宅地域に関する条例を適用した場合，タワーの高さは50フィートに制限され，かつ，近隣の不動産から同タワーの高さと最低限同じ距離のセットバックが要求される）, *aff'd in part and rev'd in part*, 197 F.3d 64 (3d Cir. 1999).
711　*See, e.g.,* Township of Lower Merion, Montgomery County, Pa., Code 155-141.1.1（C）(2) (May 20, 1998)（全ての地区において付加型の無線施設の設置を認めている）．この条例では，「付加型の無線施設（attached wireless communication facility）」には，ビル，電線等の支柱，水道タワー，市が所有するタワーで，少なくとも35フィートの高さがあるものの上に設置されるアンテナ，を含むものとされている．*Id.* 140-2. *See also* Township of Upper Dublin, Montgomery County, Pa., Code 255-30.1（B）(1) (Aug. 13, 1996)（既存の通信塔，煙突，給水タワー，あるいはその他の高い構造物の上に設置されるアンテナを伴う携帯電話基地局は，いかなるゾーニング地区においても認められる）.
712　47 U.S.C. 332（c）(7) (Supp. III 1997).
713　裁判所が，704条（B）項（i）号（I）における不合理な差別が存在すると判断したほとんどの事件は，商業地域における設置許可申請か，すでに類似の構造物が存在している場合である．

714 *See e.g.,* Gearon & Co., Inc. v. Fulton County, 5 F.Supp.2d 1351 (N.D. Ga. 1998)（設置許可申請の却下が、全てのプロバイダーに影響を及ぼすものである場合には、差別に該当しないと判断される）.

715 H.R. Conf. No. 104-458, at 208 (1996), *reprinted in* 1996 U.S.C.C.A.N. at 222.

716 *See e.g.,* AT&T Wireless PCS, Inc. v. City Council of Virginia Beach, 155 F.3d 423, 427 (4th Cir. 1998); Cellular Tel. Co. v. Zoning Bd. of Adjustment of Ho-Ho-Kus, 24 F.Supp.2d 359 (D.N.J. 1998); Cellco Partnership v. Town Plan and Zoning Comm'n of Farmington, 3 F.Supp.2d 178, 185-86 (D. Conn. 1998); Sprint Spectrum L.P. v. Jefferson County, 968 F.Supp. 1457 (N.D. Ala. 1997).

717 *See* Jefferson County, 968 F.Supp. at 1467-68; *see also* Ho-Ho-Kus, 24 F.Supp.2d at 374.

718 *See id*. Sprint Spectrum, L.P. v. Town of Easton, 982 F.Supp. 47 (D. Mass. 1997).

719 155 F.3d 423 (4th Cir. 1998).

720 *See id*. at 424.

721 *Id.* at 425.

722 *See id*. at 424-45.

723 *See id*. at 427.

724 *See id*.

725 *See id*. at 428.

726 *See* id. at 427.

727 176 F.3d 630 (2d Cir. 1999).

728 *Id.* at 638.

729 *Id.* at 638-48. また、この事件において、スプリント社は、150フィートの高さの3本のタワーを住宅地域に建てる代わりに250フィートの高さのタワーを工業地域に1本だけ建設するという町側の提案を拒否している．Sprint Spectrum, L.P. v. Willoth, 996 F.Supp. 253 (W.D.N.Y. 1998), *aff'd*, Sprint Spectrum, L.P. v. Willoth, 176 F.3d 630 (2d Cir. 1999).

730 *See* 47 U.S.C. 332（c）（7）（B）（v）(1994 & Supp. 1997).

731 *See, e.g.,* Cellco Partnership v. Town Plan and Zoning Comm'n of Farmington, 3 F. Supp.2d 178 (D. Conn. 1998)（これ以上の遅延を防ぐために、差止命令が出された）; Virginia Metronet, Inc. v. Board of Supervisors, 984 F.Supp. 966 (E.D. Va. 1998)（被告に特別使用許可の発行を命じた）; Jefferson County, 968 F.Supp. at 1469（職務執行令状を発行した）; Illinois RSA No. 3, Inc. v. County of Peoria, 963 F.Supp. 732 (C.D. Ill. 1997)（被告に特別使用許可の発行を命じた）; Extraterritorial Zoning Auth. of Santa Fe, 957 F.Supp. at 1240（職務執行令状を発行した）; Bellsouth Mobility, Inc. v. Gwinnett County, 944 F.Supp. 923 (N.D. Ga. 1996)（同旨）.

732 968 F.Supp. 1457 (N.D. Ala. 1997).

733 *Id.* at 1468.

734 957 F.Supp. 1230 (D.N.M 1997).

735 *See id*. at 1237-38.

736 982 F.Supp. 47 (D. Mass. 1997).

737　*See id.* at 51-52.
738　*Id.* at 51-52.
739　*Id.* (*quoting* H.R. Conf. Rep. No. 104-458, at 208 (1996), *reprinted in* 1996 U.S.C.C.A.N. 124, 222.).
740　*See id.* at 51.
741　*See id.*
742　*See id.* at 53.
743　47 U.S.C. 332 (c) (7) (B) (i) (II) (Supp. III 1997).
744　*See, e.g.,* AT&T Wireless PCS, Inc. v. City Council of Virginia Beach, 155 F.3d 423 (4th Cir. 1998).
745　*See, e.g.,* PCS II Corp. v. Extraterritorial Zoning Authority of Santa Fe, 957 F. Supp. 1230 (D.N.M. 1997).
746　155 F.3d 423 (4th Cir. 1998).
747　*Id.* at 428.
748　*Id.* at 429.
749　*Id.* at 428.
750　*See id.*
751　*See id.*
752　24 F.Supp.2d 359, 374 (D.N.J. 1998).
753　36 F.Supp.2d 222, 232 (M.D. Pa. 1999).
754　30 F.Supp.2d 68, 75 (D. Mass. 1998).
755　3 F.Supp.2d 178, 184-85 (D. Conn. 1998).
756　995 F.Supp. 52, 57 (D. Conn. 1998).
757　984 F.Supp. 966, 971 (E.D. Va. 1998).
758　196 F.3d 469(3d Cir. 1999).
759　*Id.* at 480.
760　219 F.3d 240 (3d Cir. 2000).
761　*Id.* at 245.
762　Sprint Spectrum, L.P. v. Willoth, 996 F.Supp. 253 (W.D.N.Y. 1998), *aff'd*, Sprint Spectrum, L.P. v. Willoth, 176 F.3d 630 (2d Cir. 1999).
763　*Id.* at 259.
764　957 F.Supp. 1230 (D.N.M. 1997).
765　*See id.* at 1234.
766　*See id.* at 1237-38.
767　*See id.* at 1238.
768　*See id.*
769　*See id.*
770　*Id.* at 1240.
771　386 N.J. Super. 62 (Law Div. 2005).
772　*Id.* at 65.

773 *Id.* at 66-69.
774 244 F.3d 51 (2001).
775 *Id.* at 63.
776 211 F.3d 79 (4th Cir. 2000).
777 *Id.* at 81-83.
778 *Id.* at 85.
779 *Id.* at 83.
780 *Id.* at 81.
781 *Id.* at 85-86.
782 *Id.* at 87.
783 *Id.*
784 *Id.* at 88.
785 *See* 47 U.S.C. 332 (c) (7) (B) (iii) (1994 & Supp. 1997).
786 *See* H.R. Conf. Rep. No. 104-458, at 208 (1996), *reprinted in* 1996 U.S.C.C.A.N. 124, 222-23.
787 *See* Sprint Spectrum L.P. v. Jefferson County, 968 F.Supp. 1457 (N.D. Ala. 1997).
788 *See* Petition for Declaratory Ruling of the Cellular Telecommunications Industry Association, In the Matter of Federal Preemption of Moratoria Regulation Imposed by State and Local Governments on Siting of Telecommunications Facilities (visited Jan. 17, 1999) 〈http://www.fcc.gov/wtb/siting/ctiapet.html〉.
789 963 F.Supp. 732 (C.D. Ill. 1997).
790 *See id.* at 745-46.
791 *See id.*
792 *See id.*
793 24 F.Supp.2d 359 (D.N.J. 1998). 原告は，この判決を不服として上訴したが，連邦第3巡回区控訴裁判所は，①ゾーニング委員会は，その審査過程において，既存のサービスの質を考慮することができ，②設置許可申請がなされているタワーが同地域へもたらす経済的影響についての配慮は実質的証拠に裏付けられており，③設置許可申請の不許可は，サービスの禁止に該当しない，という3点については肯定されたが，最小限の侵害性の争点等について一部破棄差戻しを命ずる判決が下された．Cellular Tel. Co. v. Zoning Bd. of Adjustment of Ho-Ho-Kus, 197 F.3d 64 (1999).
794 *See id.* at 365.
795 *See id.* at 363-64.
796 *See id.* at 365
797 *See id.* at 364-65.
798 *See id.* at 364.
799 659 N.Y.S.2d 687(N.Y. Sup. Ct. 1997).
800 *See id.*
801 924 F.Supp. 1036 (W.D. Wash. 1996).
802 *See id.* at 1040.

803	*See id.* at 1037-38.
804	*See id.*
805	*See id.* at 1039.
806	*Id.*
807	1999 U.S.App.LEXIS 17977 (4th Cir. 1999).
808	*Id.* at *2.
809	*Id.* at *5-10.
810	*Id.* at *10-16.
811	1997 U.S.Dist.LEXIS 15832 (D. Conn. Oct. 6, 1997).
812	*See id.* at *5-6.
813	*See id.* at *6.
814	*See id.*
815	*See id.*
816	968 F.Supp. 1457 (N.D. Ala. 1997).
817	*See id.* at 1461.
818	*See id.* at 1461-62.
819	*See id.*
820	*See id.* at 1462-63.
821	*See id.* at 1460.
822	*See id.* at 1468-69.
823	*See id.* at 1467-68.
824	*See id.*
825	*See id.* at 1464.
826	27 F.Supp.2d 284 (D. Mass. 1998).
827	*Id.* at 285.
828	*Id.* at 287.
829	984 F.Supp. 966, 976-77 (E.D. Va. 1998).
830	*See* Sprint Spectrum, L.P. v. City of Medina, 924 F.Supp. 1036 (W.D. Wash. 1996).
831	Jefferson County, 968 F.Supp. 1457.
832	Medina, 924 F.Supp. 1036.
833	*See* Medina, 924 F.Supp. 1036.
834	*See e.g.,* City of Medina, 924 F.Supp. at 1040.
835	*See e.g.,* Town of Farmington, 1997 U.S.Dist.LEXIS 15832, at *6.
836	*See FCC Seeks Additional Comment on Petition for Declaratory Ruling Filed by CTIA Concerning Local Moratoria on the Siting of Telecommunications Facilities* No. WT 97-30 (July 28, 1997) (visited Jan. 7, 1998) 〈http://www.fcc.gov/Bureaus/ Wireless/News Releases/ 1997/nrwl/7034.txt〉.
837	*See id.*
838	*See Joint Agreement Regarding Facilities Siting* (visited Jan. 17, 1999) 〈http:// www.fcc.gov/statelocal/agreement.html〉.

839　*Id.*
840　*See id.*
841　*See Guidelines for Facilities Siting Implementation and Informal Dispute Resolution Process* (visited Feb.1, 2007)〈http://www.fcc.gov/statelocal/agreement.html〉.
842　*See id.*
843　982 F.Supp. 856 (M.D. Fla. 1997), *amended by* AT&T Wireless Services of Florida, Inc. v. Orange County, 23 F.Supp.2d 1355 (M.D. Fla. 1998).
844　*Id.* at 859. 郡が書面に基づいて事実認定を行ったという証拠を提出したことで，同裁判所は，後に，郡による申請却下の決定を支持した．Orange County, 23 F.Supp.2d at 1363. *See also* Illinois RSA No.3, Inc. v. County of Peoria, 963 F.Supp. 732 (C.D. Ill. 1997) (郡がアンテナ・タワーの建設に関する設置許可申請を却下した際に，書面によりその根拠を明らかにしなかったことは，同法に違反するものであると判示した); Western PCS II Corp. v. Extraterritorial Zoning Authority of Santa Fe, 957 F.Supp. 1230 (D.N.M. 1997) (ゾーニング委員会が書面による理由付けを行わなかった事例において，給水タンクの上に設置されるアンテナに関する例外許可の申請を認めるよう命じた).
845　963 F.Supp. 732, 743 (C.D. Ill. 1997).
846　*See id.*
847　*See id.*
848　*See id.*
849　155 F.3d 423 (4th Cir. 1998).
850　*See id.* at 429.
851　AT&T Wireless PCS, Inc. v. City Council of Virginia Beach, 979 F.Supp. 416 (E.D. Va. 1997), *aff'd in part and rev'd in part*, 155 F.3d 423 (4th Cir. 1998).
852　Virginia Beach, 155 F.3d at 429.
853　5 U.S.C. 706 (2) (E) (1994).
854　Virginia Beach, 155 F.3d at 429.
855　Cellular Tel. Co. v. Town of Oyster Bay, 166 F.3d 490 (2d Cir. 1999)(*quoting* H.R. Conf. No. 104-458, at 208 (1996), reprinted in 1996 U.S.C.C.A.N. 124, 223).
856　*Id.* at 494 (*quoting* Universal Camera v. NLRB, 340 U.S. 474, 477 (1951)).
857　*See* Virginia Beach, 155 F.3d at 430 (裁判所は，行政機関による判断を自由に変更できるわけではなく，行政機関が行った実質的証拠に基づく判断については，たとえそれと異なった決定が可能であった場合でも，これを支持しなければならない).
858　この他にも，実質的証拠に関しては，ゾーニング委員会による手続的瑕疵が争点となった一連の判決がある．行政手続における公平性を確保するために当然のことであるが，ゾーニング委員会は，事業者からなされた携帯基地局の設置許可申請を不許可とする場合，その理由を決定と同時に示す必要があるが，これを行わなかった場合に実質的証拠要件を満たしていないと判断される場合が多い．*See, e.g.,* Virginia Metronet, Inc. v. Board of Supervisors, 984 F.Supp. 966 (E.D. Va. 1998) (設置許可申請を不許可とするための証拠は，ゾーニング委員会が処分を行う前に存在していなければならず，不許可処分を受けた申請者が司法審査を要求する権限を行使した場合にだけこれを示すことは，その決定に関する理由を事後的に選択するこ

とを許すことになり認められない）; Western PCS II Corp. v. Extraterritorial Zoning Auth. of Santa Fe, 957 F. Supp.1230 (D.N.M. 1997)（ゾーニング委員会が，事業者が上訴した後に，初めて不許可の根拠を明らかにした場合，同委員会の決定は実質的証拠基準を満たすものとは言えない．また，ゾーニング委員会が，その設置許可申請に対する委員の投票により処分に要する判断を行った場合，1人の委員の見解だけを根拠としながら，他の委員による不許可の根拠を個別に記録していなければ，実質的根拠に基づくものとは言えない）; Illinois RSA No. 3, Inc. v. County of Peoria, 963 F.Supp. 732 (C.D. Ill. 1997)（決定後の事後的な根拠の開示をもって実質的証拠要件を満たすことはできない）．

859 この類型の近年の判例として，連邦第11巡回区控訴裁判所による次の判決がある．*See* Preferred Sites, LLC v. Troup County, 296 F.3d 1210 (11th Cir. 2002)（景観の悪化に関する市民の抱く一般的な関心は，実質的証拠を構成するものではない）．
860 963 F.Supp. 732 (C.D. Ill. 1997).
861 *See id*. at 738-39, 745.
862 *See id*.
863 *Id*. at 745 (citing BellSouth, 944 F.Supp. at 928).
864 685 A.2d 454 (Md. Ct. Spec. App. 1996).
865 *See id*. at 456-57.
866 *See id*. at 464.
867 648 A.2d 724 (N.J. Super. Ct. App. Div. 1994).
868 *See id*. at 732.
869 944 F.Supp. 923 (N.D. Ga. 1996).
870 *See id*.
871 648 A.2d 724 (N.J. Super. Ct. App. Div. 1994).
872 *See id*. at 728-29.
873 1997 U.S.Dist.LEXIS 15832 (D. Conn. Oct. 6, 1997).
874 *Id*., at *4.
875 *Id*.
876 *Id*. 裁判所は，町が，健康に対する悪影響により不動産価値が下がると判断したことをもって，健康に関する影響を考慮したとは認められないと判示した．*Id*.
877 227 F.3d 414 (6th Cir. 2000).
878 *Id*. at 417-19.
879 *Id*. at 422-424.
880 172 F.3d 307 (4th Cir. 1999).
881 Winston-Salem Zoning Bd., 172 F.3d at 311.
882 *Id*. at 312.
883 155 F.3d 423 (4th Cir. 1998).
884 *See id*.
885 AT&T Wireless PCS, Inc. v. City Council of Virginia Beach, 979 F.Supp. 416 (E.D. Va. 1997)（市民の一般的関心による反対を不許可とした）, *aff'd in part and rev'd in part*, 155 F.3d 423 (4th Cir. 1998).

886 Virginia Beach, 155 F.3d at 431.
887 *See* APT Pittsburgh Ltd. Partnership v. Penn Township, 196 F.3d 469, 479 (3d Cir. 1999) (連邦第3巡回区控訴裁判所は、次の Willoth 事件判決に賛同して、ゾーニング委員会は携帯電話サービスを十分に提供できていない地区に対して新たにサービスを供給する必要がある場合であっても、最も侵害性の少ない手段により達成されるべきであると主張することができると判示した); Sprint Spectrum, L.P. v. Willoth, 176 F.3d 630, 636 (2d Cir. 1999) (連邦第2巡回区控訴裁判所は、不動産価値への影響、視覚上の影響および総合的な影響に基づいて3つのアンテナ・タワーの設置許可申請を不許可とした都市計画委員会の処分を支持した); Aegerter v. City of Delafield, 174 F.3d 886, 889 (7th Cir. 1999) (連邦第7巡回区控訴裁判所は、ゾーニング委員会が、設置基準違反の高さ360フィートのタワーに代えて422フィートのタワーを別途建設するための設置許可申請を、近隣の景観に合致しないことを理由として不許可とした決定を支持した); Town of Amherst v. Omnipoint Communications Enters., Inc., 173 F.3d 9 (1st Cir. 1999) (連邦第1巡回区控訴裁判所は、ゾーニング委員会が、アンテナ・タワーの高さ、町の特性への影響、および不動産価値への影響に関して不安を表明し、設置許可申請を不許可とした処分を支持した); AT&T Wireless PCS, Inc. v. City Council of Virginia Beach, 155 F.3d 423 (4th Cir. 1998) (連邦第4巡回区控訴裁判所は、近隣の特色を維持し、景観上の問題を回避することを理由に、高さ35フィートの2つのアンテナ・タワーの設置許可申請を不許可とした処分を支持した).
888 *See, e.g.,* Airtouch Cellular v. El Cajon, 83 F.Supp.2d 1158 (S.D.Cal. 2000) (代替的設置場所が利用可能である事例において、美的観点からアンテナ・タワーの設置許可申請を不許可とした処分を支持した); Bellsouth Mobility, Inc. v. Parish of Plaquemines, 40 F.Supp.2d 372 (E.D. La. 1999) (Virginia Beach 事件判決の法理に基づき、市民による不安を根拠としたゾーニング委員会による不許可の処分を支持); Cellular Tel. Co. v. Zoning Bd. of Adjustment of Ho-Ho-Kus, 24 F.Supp.2d 359 (D.N.J. 1998) (税務評価官がタワー周辺の不動産価値が著しく減少すると証言した事件において、ゾーニング委員会による設置許可申請を不許可とした処分を支持した), *aff'd in part and rev'd in part*, 197 F.3d 64 (3d Cir. 1999); Jefferson County, 59 F.Supp.2d at 1109 (山の尾根にアンテナ・タワーを設置することは、景観に影響を与えるとして設置許可申請を不許可とした処分を支持した); Omnipoint Communications, Inc. v. City of Scranton, 36 F.Supp.2d 222 (M.D. Pa. 1999) (ビルの屋上に設置されるアンテナに関する設置許可申請を、市民が景観上の不安を表明していることを理由に不許可とした処分を支持).
889 事業者の請求に対する理論的に可能な司法的救済手段としては、差戻し (remand)、差止め (injunction) あるいは、職務執行令状 (mandamus) などが存在する。しかし、1996年連邦通信法が、ゾーニング委員会や同様の権限をもつ地方公共団体の機関に対して、タワーの設置許可を命じる救済まで認めたものであるかどうかについては、必ずしも明らかではない。*See, e.g.,* AT&T Wireless PCS, Inc. v. Winston-Salem Zoning Bd., 172 F.3d 307 (4th Cir. 1999) (1996年連邦通信法は、裁判所が州の職員等に対して、職務執行令状を発行する権限を認めているものではない).
890 166 F.3d 490 (2d Cir. 1999).
891 *Id*. at 492.

892　1997 U.S.Dist.LEXIS 15832 (D. Conn. Oct. 6, 1997).
893　308 F. Supp. 2d 1148, 1152-1168 (D. Cal. 2003).
894　Cellular Phone Taskforce v. FCC,205 F.3d 82 (2d Cir.2000), *cert.denied*, 531 U.S. 1070 (2001).
895　*See, e.g.,* Mason v. City of Mt. Sterling, 122 S.W.3d 500 (Ky. 2003).
896　734 A.2d 817(1999).
897　*Id*. at 819-20.
898　*Id*. at 819-22.
899　*Id*. at 819.
900　*Id*. at 819-824.
901　*Id*. at 824-826.
902　99 F.Supp.2d 381 (2000).
903　*Id*. at 383-84.
904　*Id*. at 384.
905　*Id*.
906　*Id*. at 387.
907　*Id*. at 384-88.
908　*Id*. at 382.
909　*Id*. at 388-91.
910　*Id*. at 391-92.
911　*Id*.
912　*Id*. at 392.
913　いくつかのゾーニング規則では，タワーのセットバックを近隣の不動産境界線からその高さの2倍の距離をとらなければならないと規定している．*See* Gwinnett County, Ga., Telecommunications Tower and Antenna Ordinance 108-83 (July 1, 1997); Powertel/Atlanta, Inc. v. Gwinnett County, No. 1:98-CV-2387-WBH, at 2 (N.D. Ga. filed Jan. 8, 1999).

第7章
わが国における電磁波関連の法的紛争の検討[914]

　これまで，本書では，米国の電磁波訴訟の概要とその適用法理を検討してきた．以下では，日本における電磁波訴訟の現状と，これに適用される法理を，①民事損害賠償請求訴訟，②労働者災害補償保険法上の請求，③送電線の建設等に関する差止めなどに関する訴訟等，④携帯電話基地局等の撤去等を求める訴訟，⑤携帯電話基地局等の設置を制限する条例，⑥電磁波発生施設の設置に起因する不動産価格下落に対する損失補償を検討していく．そして，これらの考察の中で，日米両国の法制度の差異を前提にしながらも，米国で展開されてきた判例法理が今後のわが国における電磁波訴訟の展開において示唆するところを指摘する．

A．人身損害賠償請求訴訟

1．電磁波による直接的な身体的損害賠償請求

　わが国においては，高圧送電線あるいは携帯電話基地局，さらには携帯電話等の製造物から生じた電磁波によりガン等に罹患したとして，不法行為法理論に基づく人身損害賠償請求がなされた訴訟は，公刊された判例には存在せず，また，報道されている電磁波関連訴訟の中にも見られない．

なお，本書が扱っている電磁波とはレベルが異なるが，電線から流れ込んだ電流により生じた高周波の電磁波が原因となって工場が全焼したと主張された事件について，この高周波の電磁波が火災を発生させた可能性が高いとしながらも，因果関係の立証が不十分であるとして原告側が敗訴した大阪地裁判決についての報道が目につく程度である[915]．また，ＮＴＴドコモグループが販売した三菱電機製携帯電話「ＦＯＭＡ D902i」付属の電池パックの一部が加熱・破裂するなどの事故が起き，2006年12月7日の同グループのＨＰによるお詫び等が掲載され，リコールの対象となっているが[916]，これは電磁波訴訟ではない．もっとも，携帯電話が過熱してやけどするなどの人身損害が生じた事例は起きているようであり，宮城県在住の人が携帯電話の過熱によりやけどを負ったとして製造元のパナソニックモバイルコミュニケーションズを相手とり，慰謝料など約225万円を求める訴えを仙台地裁に起したという報道が見られる[917]．しかし，この事件については，その後の経緯は明らかではなく，2007年1月時点では公刊された判決はない．

　将来，日本においても電磁波を直接的な原因とする人身損害賠償請求訴訟が提起される可能性があるが，その場合に問題となるのは，やはり事実的因果関係の立証であろう．特に，送電線や携帯電話から生じている電磁波により身体的な損害を被ったと主張する場合，その因果関係の有無については争いがあり，これを肯定する立場をとる学者の多くは，疫学研究に基づいた主張をしていることから，疫学的手法により法的因果関係が認められるか否かが争点となろう．

　わが国の判例を検討すると，疫学的因果関係の立証により法的因果関係が認められるのは，（ⅰ）他に原因がないこと，あるいは，（ⅱ）当該患者が属し，因子との因果関係が認められた集団の罹患率が，因子への曝露がない集団の罹患率に比べ5倍を超えることを，疫学によって証明した場合に限られていると言われている[918]．この相対危険（オッズ比）が5倍を超える場合に関連性が認められるという立場は，「電磁界影響に関する調査・検討報告（平成5年12月），通商産業省資源エネルギー庁」などでも用いられている指標である[919]．

しかし，電磁波による身体的損害に関する疫学研究において，因果関係のあると示唆されている高圧送電線付近における小児ガンの発生に関しても，2倍前後の罹患率の増加という報告が多く，5倍という基準を満たすものは見当たらないように思われる．このため，わが国の裁判所は，送電線や携帯電話基地局，あるいは，携帯電話等の製造物から生じる電磁波により身体的な損害が生じたことを裏付ける疫学的研究により，相対危険（オッズ比）が5倍を超えるとする成果が蓄積されない限り，小児ガンをはじめとした非特異的疾患に関する法的因果関係が認められる可能性はほとんどないと言えよう．もちろん，疫学以外の手法により，より直接的に因果関係を証明する研究成果が蓄積され，科学的証拠として採用されれば話は別である．もっとも，米国におけるこの類型の訴訟を見ても，そのような科学的証拠が採用された判決は，これまでのところ存在していない．

　米国法理の損害理論として注目しうるのは，「将来ガンになるかもしれないという恐怖に対する損害賠償」と，「医学的モニタリング」である．ただし，米国で前者の理論を認めている法域においても，具体的な身体的損害が伴わない場合には，将来ガンになることが，信頼できる医学的あるいは科学的見解により立証されなければならない．米国の電磁波による身体的損害賠償請求訴訟においては，電磁波による細胞レベルの変化を証明することで，この要件が満たされるか否かが争点になるとされているが，わが国の不法行為に関する請求において，この理論が認められるとは考えにくい．また，後者の医学的モニタリングの理論についても，Ayers事件判決で示された5つの判断要素を満たす場合にこれを導入するといった判例法理は，わが国では未だ確立されていない．このため，電磁波訴訟においては因果関係の立証が困難であることから，和解する場合はともかくとして，裁判所が近い将来において，これらの損害に関する請求を，具体的な身体損害の存在と因果関係の立証がないままに単独の請求として認めることはないと思われる．

2．電磁的干渉による医療機器等の誤作動に基づく損害賠償請求

わが国では，電磁波による直接的な身体的損害賠償請求訴訟は起きていないものの，電磁波が医療機器等に干渉を及ぼすことで，間接的に身体的損害が起きる可能性のある事例が報道されている．①電磁波の影響による電動車いすの誤作動に関するリコールと，②電磁波（電波）による心臓ペースメーカー等への影響である．本書では，米国における電磁的干渉についての事例については，その判例が少なかったことから直接の検討対象から外しているが，わが国ではこの類型についての事故例が取り上げられ，総務省の管轄の下で調査もなされている[920]．もっとも，わが国においても，この類型の損害について，訴訟にまで発展した事例はないようである[921]．これらの事例については，損害の有無や因果関係の立証の問題は残るものの，製造物責任法の欠陥法理（警告義務の問題や設計責任の問題）や民法上の過失責任や工作物責任，あるいは契約責任等に基づいて，損害賠償請求が認められる可能性がある．そこで，以下，これらの場合に関する法的問題点を概観しておくことにする．

a.　電磁波の影響による電動車いすの誤作動に関するリコール

まず，電磁波の影響による電動車いすの誤作動を見てみたい．これは，電磁波を原因とする人身に対する影響の問題ではなく，電磁波が医療用具の制御回路に影響を及ぼし，その結果として人身損害につながる可能性があるという事例である．

新聞報道によれば，電磁波や静電気が，電動車いすのコントローラーの制御回路に影響を及ぼし，急減速や急加速などの誤動作が発生したことが，通産省・製品評価技術センター（現・製品評価技術基盤機構）や車いすメーカーの調査で判明したという．そして，この問題に対する対策として，①メーカーは電磁波の防止対策をとり，②販売済みの全数を回収して改良型のコントローラーと交換し，③日本工業規格（JIS）において，電動車いすの性能を規定す

る電磁波や静電気への耐性を試験する項目が設置され、④メーカーなど17社が加盟する「電動車いす安全普及協会」は、電磁波対策について、警告書や販売時の説明の中で、(1) 走行中の携帯電話や携帯無線の使用禁止、(2) 高圧線やテレビ塔など強い電磁波の出ている場所での走行は避けること、などを書くように注意を呼びかけたという[922]。

この電動車いすの誤作動は、人身事故に直結する事例であるだけに、メーカー等が素早く対応した点については高く評価できる。もしもこのような誤作動により人身損害が発生した場合には、製造物責任法に基づいて、その設計責任や表示・警告に関する欠陥が存在すると主張して損害賠償請求を行うことが可能であると思われる。また、このような電磁波や静電気を発生し、誤作動を引き起こす可能性がある製造物の製造者等、工作物の占有者・所有者、公の営造物の管理責任者等にも、責任を問うことが可能な場合があろう。

b. ペースメーカー等のリセットに関する警告義務

図書館や店舗の出入り口などに設置されている盗難防止装置の電磁波で、植込み型心臓ペースメーカーの設定がリセットされた例が報告され、厚生労働省は2002年1月17日、「医薬品等安全性情報 No.173」を出して、医師らに注意を呼びかけた[923]。これも、電動車いすの誤作動と同様、電磁波による直接的な人身損害に関する問題ではなく、電磁波が医療用具の制御回路に影響を及ぼし、その結果として人身損害につながる可能性が生じるという事例である。

実は、これより前に、平成11年6月発行の医薬品等安全性情報 No.155「万引き防止監視及び金属探知システムの植込み型心臓ペースメーカー、植込み型除細動器及び脳・脊椎電気刺激装置への影響について」においても、同様の注意喚起が行われている[924]。その後、厚生労働省は、上記の医薬品・医療用具等安全性情報 No.173「盗難防止装置及び金属探知器の植込み型心臓ペースメーカー、植込み型除細動器及び脳・脊椎電気刺激装置（ペースメーカー等）への影響について」を出し、「盗難防止装置及び金属探知器による影響に

ついて，医療機関及び患者への一層の注意喚起を行うこととし，具体的には日本医用機器工業会傘下のペースメーカー協議会を通じて，ペースメーカー等の輸入販売業者等に対し，添付文書等の記載の見直しを行うよう指導を行った」としている[925]．この指導は，患者本人に対する注意を喚起する措置であるとともに，ペースメーカー等の輸入販売業者等の製造業者等に対する製造物責任法における警告義務を徹底させ，かつ，ペースメーカー等が医師により埋め込まれるものであることから，医師による患者に対する指示・警告義務（適切に行われない場合には，民法709条の過失責任などが問われる可能性がある）の遂行を確実にするという目的があると考えられる．

同安全情報ではさらに，「盗難防止装置は，景観等への配慮からわかりにくい場所に設置される場合」があることから，「患者に対する推奨事項」を示し，また，「盗難防止装置業者，金属探知器業者，及びその利用者である販売店等に対するお願い」として，それぞれの主体に対して，盗難防止装置の設置場所を明示する等の協力を要請している．この後者の措置は，電磁波発生源について製造物責任や工作物責任・営造物責任などを負う主体に対して警告義務の存在を明らかにするとともに，これらの装置・機器の設置や利用にあたっては，その設置場所を明示することで盗難防止効果が落ちることよりも，ペースメーカー等の利用者への安全配慮の方が優先することを明らかにしたものであると言えよう．

その後，医薬品・医療用具等安全情報のNo.190（平成15年6月号）[926]とNo.203（平成16年7月号）[927]においても，同様の注意喚起がなされている．これらは，ともに，植込み型心臓ペースメーカーと植込み型除細動器に対する影響について注意を喚起したものであるが，前者のNo.190では，ワイヤレスカードシステムと盗難防止装置による影響，後者のNo.203は，前述の総務省調査結果を踏まえて，①盗難防止装置，②REID機器，③無線LANによる影響について注意を喚起したものになっている．

なお，①携帯電話端末等が植込み型医用機器に及ぼす影響と，②携帯電話

端末等が病院内医用機器に及ぼす影響については総務省管轄の下で調査研究がなされ[928]，携帯電話については，心臓ペースメーカーおよび除細動器の利用者は「装着部位から22センチ程度以上離すこと」や，手術室等には携帯電話は持ち込まず，検査室等では携帯電話の電源を切る等の指針が確立されている[929]．

B．労働者災害補償保険法に基づく請求

わが国においては，本書で問題としているレベルの電磁波による健康被害を原因とした労働者災害補償保険法の請求に対する判例や決定は存在しない．これも，やはり事実的因果関係の立証が困難であると考えられるためであろう．しかしながら，より強いレベルの磁場に関して，労働災害が起きたとされる報告や報道が存在している．

その第1は，東京慈恵会医科大学におけるNMR（核磁気共鳴）装置を用いた研究において，合計7ヵ所に腫瘍等の疾病に罹患したとして，労働基準監督署に労働者災害による治療費の請求を行ったが，1998年2月10日に不支給決定がなされ，再審請求するという論考が存在している[930]．この記述の中で，アメリカの労働安全衛生のために定められた基準（ACGIHの静磁場の域限界値）では，瞬間的にも超えてはならない値として，2万ガウスを基準として設定しており，本件は，その基準を超えていると主張されている．因果関係の立証の問題が残るとしても，わが国の静磁場に関する労働安全基準がこれを下回るものであるとすれば，その基準設定の根拠について，今後検討していく余地があるであろう．

第2は，沖縄県の米軍普天間飛行場でレーダー施設の屋上に上がった日本人基地従業員2人が，高出力電磁波を浴びた疑いがあるとされた報道である[931]．高出力電磁波を至近距離で受けた場合，健康に影響を及ぼす可能性があるが，これらの従業員に対する事前説明はなく，現場には英文の警告しかなかったという．

沖縄県は，この事実に関して，2001年1月22日に，米軍側に安全管理の徹底を求めるよう那覇防衛施設局に申し入れている．同県渉外労務課によると，従業員のうち1人は作業直後の検査で，血液中の血小板が通常値を下回ったが，その後の検査で通常値に戻ったため，通常勤務に復帰しているという[932]．この事実関係は，本書第2章E．5．「連邦不法行為請求法に基づく人身損害賠償請求訴訟での事例」で紹介したChernock v. U.S.事件判決[933]の事実関係と非常に似ており，また，米国法が適用される事例であるので，参考になる．もっとも本件の事実関係については，同判決でも争点となった因果関係の立証が難しいのみならず，損害が起きなかったと判断される可能性が高いと思われる．

C．送電線の建設等の差止めなどに関する訴訟等

　これまでわが国で電磁波発生施設に関する訴訟のうち，最初に顕在化してきたのが，送電線の建設等にかかわる電磁波訴訟であり，その数も多い．市民運動団体によれば，2006年11月時点で，全国の送電線設置反対運動は29件あり，そのうち4ヵ所の運動については，訴訟にまで発展したが，勝訴判決はないという[934]．

　送電線に関して，電磁波による健康被害の可能性が原告（控訴人）から主張された事件のうち，公表されている判例は，2007年1月現在で2つだけである[935]．報道された訴訟の数に比して，公刊・公表された判例の数が著しく少ないことは残念であるが，以下，この2つの判例について概観する．そして，その後で，報道された送電線にかかわる電磁波訴訟を見ることにする．

1．特別高圧送電線移動請求控訴事件

　最初の特別高圧送電線移動請求控訴事件（名古屋高判 平16.6.24 平成15年（ネ）第260号）は[936]，本件土地の所有者である控訴人らが，被控訴人が本件土地に設定された地役権の範囲を超え，特別高圧送電線を設置し所有した

ことにより，控訴人らの本件土地所有権が侵害されたとして，被控訴人に対し，①所有権に基づく妨害排除請求として上記送電線の移動と，②不法行為に基づく損害賠償として6,500万円とその遅延損害金の支払いを求めたが原審で棄却されたため，控訴した事案である．この請求の中で，控訴人らは，特別高圧送電線が地役権の範囲を超えている部分のみならず，電線が風により横揺れした場合に，本件土地の大半が275kVという電圧の電線が真上に来ることになるため，本件土地に建造物等を建築すると，断線による身体・生命への被害のみならず，建造物への被害も予想され，しかも，電磁波による日常的な身体・生命，電気器具等への影響も計り知れないと主張している．

名古屋高裁は，本件各控訴をいずれも棄却している．まず，所有権侵害に関する請求について，①本件送電線の一部は，本件地役権の南側外縁を，概ね1.4m程度越えているものの，送電線の設置に関する省令は，送電線を施設する電気事業者に対して，特別高圧架空送電線と建造物との間隔を確保する義務を課しているに過ぎず，これをもって土地所有者に建物建築を制限するものではなく，②また，本件送電線自体は，本件地役権の範囲内に存在するのであるから，本件土地所有権を侵害しているとは言えず，③控訴人らの主張する断線による生命・身体・建造物に対する被害や火災の恐れも，単に被害の恐れがあるというだけでは土地の所有権を侵害しているとは言えず，④電磁波による日常的な影響も，本件送電線から発生する電磁波によって本件土地に対していかなる被害もしくは影響が生じているのかは明らかではないとして，その請求には理由がないと判断している．また，損害賠償請求に関しては，⑤本件送電線が本件省令に抵触しないようにすると，地役権が設定された範囲を超えて事実上建造物を建築できない部分が生じるが，その部分は比較的面積が少ないことから，本件送電線のために控訴人らが本件土地を全く利用できないということはできないとして，損害賠償請求も理由がないとして退けている．

2. 送電線設置用土地収用裁決の取消請求事件

　第2の送電線設置用土地収用裁決の取消請求事件（名古屋地判 平2.10.31 判時1381号37頁，判タ755号131頁）は，次のような事件である．

　訴外中部電力株式会社は，特別高圧送電線南安城連絡線等の工事を計画し，建設大臣に土地収用法18条（昭和42年法律第74号による改正後のもの）に基づく事業認定を申請し，これが認定された．原告は，自らが所有する土地上に精神科を含む病院を開設していたが，本件事業計画の実施に伴い原告病院敷地内に設置される本件送電線等により，入院中の精神障害者の療養に悪影響を与え，その医療環境を著しく破壊することが明らかであり，適切な代替ルートが存在するにもかかわらずこのルートを採用したことは，土地収用法20条3号の「土地の適正且つ合理的な利用に寄与するものであること」との要件を充足しておらず不適法であり，本件事業計画を遂行するために中部電力がした本件土地についての権利取得および明渡裁決を求める申請について，被告愛知県収用委員会が行った権利取得裁決および明渡裁決は違法であるとして，本件裁決の取消しを求めたものである．

　名古屋高裁は，①土地収用法における事業認定と収用裁決のように，先行行為と後行行為とが相結合してひとつの効果を形成する一連の行政行為である場合には，原則として，先行行為の違法性は後行行為に承継されるという解釈に基づいて，②原告は，収用裁決の取消訴訟において事業認定の違法を主張することができるとしながらも，③本件事業計画が，土地収用法20条3号の要件を満たすか否か，また，この要件を満たす場合に事業認定を行うか否かの判断は，第一次的には事業認定権者である建設大臣または都道府県知事の裁量に委ねられているとして，④建設大臣による本件事業計画に対する事業認定には，裁量権の濫用がなかったとして，原告の請求を棄却している．

　この事件において，電磁波訴訟として注目すべき点は，本件事業認定が土地収用法20条3号の適法性を満たすか否かについて，原告が主張した原告病院

に対する悪影響の有無を丁寧に判示している点である．まず，①送電線の設置により原告病院に対する制約は，土地上空の利用が制限されるほかは景観が損なわれる程度にすぎないと判断されている．そして，原告は，本送電線の設置により，入院中の精神障害者に対して極めて重大な悪影響が生じると主張しているが，②日本精神病院協会，日本精神神経学会，病院精神医学会が作成した書面には，原告の主張を支持する記載があるものの，これを裏付ける具体的な臨床例，原因分析，論文等が紹介されておらず，③原告病院のみならず訴外中部電力の送電線が通過する他の精神科病院が経営に行き詰った例はなく，④日本精神神経学会が建設省に対し「高圧送電線は被害妄想などの対象となることはあり得るとしても一般的に精神障害の原因となることはない」旨の意見を表明しており，⑤高圧送電線の存在と自殺の動機の関係は明らかではなく，また，精神分裂病者の自殺率が高いことと鉄塔との結びつきも示されておらず，⑥本件鉄塔には自殺防止のための昇塔防止装置等が設置されていることなどから，原告主張の事実の存在を推認するに足りないと判示している．さらに，⑦高圧送電線が人体に影響を与える可能性があるとの見解が示されているが，それがいかなる内容の，いかなる程度の影響であるかは何ら明らかではなく，本件との関連も希薄であるうえ，原告主張事実の存在は認めるに足りないと判断されている．

3．報道された送電線にかかわる主要な電磁波訴訟

まず，送電線の近隣住民が中部電力に対して，自宅付近の地下送電線が健康被害を引き起すとして通電の差止めを求めた訴訟が報じられている．名古屋地裁は，2000年2月16日，電磁波とガンなどの疾病との関係はその相関関係が指摘されているにとどまり，因果関係の立証には至っていないとして，原告の請求を棄却したとされている[937]．

第2に，電磁波による健康被害を主張するとともに，物権的請求権を足がかりとして，高圧送電線の撤去を求めた訴訟が報道されている．この事件は，大津市

比叡平の住民8人が，地役権を登記しないで架設されている高圧送電線の存在は，住民の土地利用を制限し，電磁波による問題で生存権が脅かされているとして，関西電力を相手取り，送電線の撤去・移設を求めた訴訟である[938]．この送電線は，もともとは当時の昭和電力が1929年6月ごろに架設し，1951年ごろに関西電力が取得したものである．この土地は，その後宅地開発され，1980年ごろに住民が移り住んだが，当時から他人の土地の上空を使う際に必要な地役権の登記はされていなかった．大津地裁は，2000年8月7日，住民らの請求には理由がないとして訴えを棄却している．裁判所は，まず，原告による地役権設定登記の欠落の主張について，原告に土地を販売した業者と関電との間で地役権設定の合意があったと認定し，かつ，原告も土地を購入した時点で送電線の存在を認知して取得していることから，原告は正当な利益を有する第三者に該当しないと判断している．また，損害については，原告が3階から4階建ての建物の建設が制約されていると主張したのに対して，妨害が存在するとは認められないと判示した．さらに，裁判所は，電磁波の危険性の有無は，上記の判断に影響を与えるものではないとして，この争点には詳細な判断を示していないという．

第3に，2001年2月16日付けのテレビ報道において，長野市の市民が自宅前を通過する地下に埋設された高圧送電線により健康に悪影響があるとして，中部電力に対して送電の停止を求めた事件で，長野地方裁判所は，送電線から生じる電磁波が有害であるとの証拠はないとして，原告の訴えを棄却する判決を言い渡したと報道されている．

第4は，電磁波による健康被害とともに，景観が損なわれるという眺望・景観に関する損害に重点を置く訴訟である．2000年5月，送電線下に不動産を所有する地権者3名が，中国電力を相手とって，①自然景観の荒廃，②低周波電磁場による被害・苦痛を理由として，送電線等の撤去を求める訴訟を鳥取地裁米子支部に起した[939]．鳥取地裁米子支部は，受忍限度を超える侵害は存在しておらず，また，健康被害の危険性に関する立証がなされていないとして，請求を退けたと報じられている[940]．このため，原告の1人が控訴した．広島

高裁松江支部は，2004年1月30日，一審判決を支持して，原告側の控訴を棄却したと報じられている[941]．

D．携帯電話基地局等に関する撤去等を求める訴訟

　電力会社が土地収用法に基づいた事業認定や収用裁決を通じて事業に必要な不動産を収用できるのに対して，携帯電話事業者は，民間事業者としてこれを行うことはできない．この点は，米国と同じである．このため，携帯電話事業者は，任意に不動産を取得したり賃借するなどして，アンテナ・タワーを設置することになる．その結果，このアンテナ・タワーの設置により周辺住民との紛争が生じた場合には，あくまでも民事紛争としての解決が目指されることになる．この点につき，総務省は，携帯電話のアンテナ・タワーの設置について周辺住民から要望書が寄せられた場合には，その内容を関係する携帯電話事業者に連絡し，話し合いに努めるように要請するという距離を置いた姿勢をとっている[942]．

　携帯電話基地局（アンテナ・タワーを含む）の設置等にかかわる民事訴訟については，多数の事件が報道されているものの，これまで公刊・公表された判例は存在していない．このため，以下では，報道された携帯電話基地局等に関する主要な電磁波訴訟を概観することにする．なお，ここで紹介する以外にも訴訟が提起されているが，その経緯や事実関係，原告による請求や判決内容等が明らかではないものは省略している[943]．

1．福岡県久留米市三潴町におけるNTTドコモ九州携帯電話基地局移転請求訴訟

　この福岡県久留米市三潴町におけるＮＴＴドコモ九州に対する携帯電話基地局移転請求訴訟は，九州で活発な基地局建設反対運動のひとつが[944]，訴訟にまで発展した事例のひとつである．

最初に住民運動が，裁判所に救済を求めたのは，電磁波による健康被害が生じる等の理由による携帯電話基地局建設工事と操業の差止めの仮処分申請であった．しかし，福岡地裁久留米支部は，2002年6月，同基地局が出す電磁波は，その電界強度，磁界強度，電力束密度の値のいずれも国の基準値を下回っていることから健康被害が生じる恐れは少ないとして，この申請を却下したと報じられている[945]．

　これに対して，住民17名は，2002年6月に，ＮＴＴドコモ九州に対して，電磁波による健康被害の恐れ，高さ約40ｍの中継塔が倒壊する危険性などを主張して，人格権の侵害による中継塔の移転・操業の差止めを求める訴えを福岡地裁久留米支部に起した[946]．

　2006年2月24日，同地裁久留米支部は，①基地局から生じる電磁波について，わが国の電磁防衛指針や国際研究機関の研究結果などに照らせば具体的危険性があるとは認めがたく，②原告の求めた候補地を定めたうえでの移転については，携帯電話基地局から生じる電磁波による健康被害の具体的危険性が立証されないままに基地局の移転を命ずることはできず，③このような健康被害の具体的危険性や鉄塔が倒壊する危険性も認められないことから，どこに基地局を建設するかは，法令の範囲内において被告の自由裁量に委ねられるべきであり，権利の濫用にはあたらない等の理由から，原告の請求を棄却する判決を下した[947]．

　なお，この地裁判決を不服とした原告は，2006年3月に福岡高裁に控訴したと報じられている[948]．

２．熊本県熊本市沼山津携帯電話中継鉄塔撤去請求事件

　熊本県熊本市では，旧九州セルラー（現KDDI）が，同市の沼山津地区に99年11月に，御領地区には99年12月に，それぞれ携帯電話中継基地局（高さ40ｍの鉄塔）を建設したことに対して，住民運動が大きくなり，当該基地局の建設・操業の差止めを求める訴訟が提起されていた[949]．

　2004年5月25日，熊本地裁は，原告による①鉄塔建設地の地盤が不安定

で倒壊の危険性がある，②電磁波による健康被害の恐れがある，等の主張に対して，具体的な危険性があると認める証拠がないとして，いずれの請求も棄却した[950]．

その後，原告住民は福岡高裁に控訴したようであるが，その後の経緯は明らかではない[951]．

3. 衛星放送会社の屋上に設置されるパラボラアンテナの設置差止めを求める訴訟

まだ訴訟が提起された段階に過ぎず，判決が出されるのは先になるものの，大きく報道された事例があるので，最後に紹介しておく．これは，2007年1月に，スカイパーフェクト・コミュニケーションズが，東京都江東区新砂に建設する放送センターについて，周辺マンションの住民などが，電磁波を浴びる環境が人体と精神に悪影響を及ぼす等の理由により，巨大な送信用アンテナの設置差止めを求める訴訟を，東京地裁に起したと報じられたものである[952]．住民らは，健康や精神への悪影響のほか，景観破壊や風評被害によるマンションの資産価値の低下につながると主張し，微量の電磁波を長期間にわたって浴びた影響が解明されていない以上，予防原則にのっとって建設を中止すべきであるとして，人格権等に基づく差止めを求めているという．

E．送電線と携帯電話基地局に関するわが国の電磁波訴訟の検討

ここでは，上記のC，およびD，で検討した送電線と携帯電話基地局に関するわが国の電磁波訴訟と，理論的検討に基づく今後の方向性を検討してみたい．

1．送電線にかかわる電磁波訴訟について

まず，送電線にかかわる電磁波訴訟であるが，電磁波による健康被害を理由とした差止請求を認めた判例は存在していない．物権的請求権に基づく移動・

撤去・建設などの差止請求も認められていない．さらに，眺望権・景観権に基づく差止めも，受忍限度論の枠組みの中で否定されている．損害賠償請求を認めた事例もない．

　また，送電線設置土地収用裁決の取消請求事件を見ると，事業認定者の裁量権が広く認められていることから，その権利濫用が認められる場面は非常に限定されるものと思われる．なお，この判決では，原告が主張した原告病院に対する悪影響の有無について，注目すべき点が2つある．その第1は，送電線の設置により，入院中の精神障害者に対して極めて重大な悪影響が生じると主張された点である．残念ながら，この訴訟では，主張を裏付けるに足る具体的な臨床例，原因分析，論文等が証拠として提出されていないことから，この主張は認められなかった．しかし，関係学会が，本当にその因果関係の存在を認める証拠や研究を確認しているのであれば，今後，類似の訴訟が起き鑑定等の依頼を受けたときには，きちんと証拠を整理して提出すべきである．逆に，きちんとした証拠がない場合，公正と正義を実現するために司法の場において学会としての責務を果たそうとするのであれば，軽々しく学術的・科学的に意味をもたない書類を提出したりすることは控えるべきであろう．第2は，高圧送電線と自殺動機の誘因性に関する立証の問題である．この点も証拠が不十分であるとして原告の主張は認められなかったものの，アトラクティブ・ニューサンスの法理との関係で，興味深い．具体的な事例や臨床例がそろえば，適切な防護柵などを備えていない高圧送電線鉄塔などから自殺を試みた事例について，アトラクティブ・ニューサンスや工作物責任等に基づく請求がより容易になる可能性がある．

2．携帯電話基地局等にかかわる電磁波訴訟について

　携帯電話基地局等の設置に反対する住民運動や撤去を求める個人による訴訟に関しては，事業者が自主的に撤去した場合や，裁判所による和解が成立した事例は存在する．しかし，勝訴した判決は存在していない．建設差止請求，撤

去・移転請求,操業差止請求のいずれも認められていない.

その最大の原因は,原告が提出した電磁波による健康被害の恐れに関する証拠に対して,裁判所が,具体的な危険性,高度の蓋然性を認めていない点にある.また,裁判所は,不法行為に関する請求に対して,内容が不明確とされる予防原則の主張を認めていないことも挙げられる.これらの点については,原告にとっては不満があろうが,これまでのわが国の判例法理からすると適切な判断であると言える.すでに身体的損害賠償請求のところで述べたが,電磁波による健康被害に関する具体的な因果関係が法的に立証されない限り,これらの請求が認められる可能性はほとんどないと言えよう.

3．法理論的な検討

a. 人格権・環境権を根拠とした差止訴訟の可能性

これまで見てきたように,送電線や携帯電話基地局に関する電磁波訴訟において,電磁波による健康被害を理由に,これを人格権あるいは環境権を根拠として差止訴訟を提起した事件において,原告が勝訴した判例は存在していない.これは,損害賠償請求訴訟のところで検討したように,電磁波発生施設から生じる電磁波と健康被害との事実的因果関係が,法的に立証されていないためである.このため,現時点の科学的根拠や疫学的立証に基づく限り,一般的には,電磁波発生施設の建設の差止めや撤去,あるいは,通電の差止めを求める訴訟で勝訴することは,ほとんど不可能であると言えるであろう.

これまでわが国で提起されてきた住民の健康や安全を脅かす可能性のある嫌悪施設に対する代表的な差止訴訟を見ても,主張される危険性が技術的に検討され,その蓋然性が低い場合には請求を認めず,住民の不安感については,法的評価の対象として重視されてない[953].このような判例の傾向からすれば,これらの電磁波発生施設に対する住民の不安については,民事損害賠償や損失補償の対象とはなりえても,特別の事情が存在しない限り,差止めを認める根拠とはなりえないであろう.

しかし，全くの可能性がないわけではなく，理論的に見ると，次の場合には差止請求が認められる可能性がある．すなわち，①人格権や物権に基づき，②これまで疫学的証拠が蓄積されつつある高圧送電線の及ぼす健康被害に関して，③わが国の電磁波関係の防護指針等を超えるレベルの電磁波を放出する高圧送電線を特定したうえで，危険とされるレベル以下の電磁波に押さえるように抽象的差止訴訟を提起し[954]，④具体的な安全性の立証については，原発差止訴訟等に関して確立している安全性に関する立証責任の転換を主張して争うことが考えられよう．また，電動車いす等，送電線等から電磁干渉を受ける可能性のある医療機器を使用する個人が多数利用する医療関連施設等が，営業権に基づいて差止請求を行い，認められる理論的可能性がある．

b. 物権的請求権に基づく差止請求の可能性

次に，物権的請求権に基づく差止請求を行う類型については，送電線の下線地の住民が，当該不動産を高圧送電線の存在を知りながら購入しているという事実が存在している場合，地役権等の登記の欠缺だけを根拠とする限り，報道された判例等のように黙示の合意などがあったとされる判断が続くものと思われる．

確かに，住民らが当該不動産を購入した時点では電磁波健康被害の恐れは認識されていなかったものの，裁判所は，電磁波による健康被害の因果関係が立証されない限り，電力供給の公益性に重点を置き，送電の停止や差止めを認めるには至らないと考えられる．

c. 景観権・景観利益に反することを根拠とした差止請求の可能性

ここで，実際にいくつかの電磁波訴訟の中で主張されている景観権に基づく差止請求について言及しておく．後述する眺望権が，建造物の所有者または占有者が一定の風景を他に妨害されることなく眺望しうる権利であるのに対して，景観権は，一定の地域における景観利益を意味し，個人的な権利としては眺望

権よりも弱いと考えられる[955].

　近年，初めて最高裁が景観権について触れた国立市高層マンション事件訴訟最高裁判決（最判 平 18・3・30 判タ 1209 号 87 頁）においては，「都市の景観は，良好な風景として，人々の歴史的又は文化的環境を形作り，豊かな生活環境を構成する場合には，客観的価値を有するものというべきであ」り，「良好な景観に近接する地域内に居住し，その恵沢を日常的に享受している者は，良好な景観が有する客観的な価値の侵害に対して密接な利害関係を有するものというべきであり，これらの者が有する良好な景観の恵沢を享受する利益（以下「景観利益」という．）は，法律上保護に値するものと解するのが相当である．」とされており，景観利益の法的保護性について認められている．

　その一方で，同判決では，「もっとも，この景観利益の内容は，景観の性質，態様等によって異なり得るものであるし，社会の変化に伴って変化する可能性のあるものでもあるところ，現時点においては，私法上の権利といい得るような明確な実体を有するものとは認められず，景観利益を超えて『景観権』という権利性を有するものを認めることはできない．」として，その権利性を否定している．そのうえで，「民法上の不法行為は，私法上の権利が侵害された場合だけではなく，法律上保護される利益が侵害された場合にも成立し得るものである（民法 709 条）が，本件におけるように建物の建築が第三者に対する関係において景観利益の違法な侵害となるかどうかは，被侵害利益である景観利益の性質と内容，当該景観の所在地の地域環境，侵害行為の態様，程度，侵害の経過等を総合的に考察して判断すべきである．そして，景観利益は，これが侵害された場合に被侵害者の生活妨害や健康被害を生じさせるという性質のものではないこと，景観利益の保護は，一方において当該地域における土地・建物の財産権に制限を加えることとなり，その範囲・内容等をめぐって周辺の住民相互間や財産権者との間で意見の対立が生ずることも予想されるのであるから，景観利益の保護とこれに伴う財産権等の規制は，第一次的には，民主的手続により定められた行政法規や当該地域の条例等によってなされることが予

定されているものということができることなどからすれば，ある行為が景観利益に対する違法な侵害に当たるといえるためには，少なくとも，その侵害行為が刑罰法規や行政法規の規制に違反するものであったり，公序良俗違反や権利の濫用に該当するものであるなど，侵害行為の態様や程度の面において社会的に容認された行為としての相当性を欠くことが求められると解するのが相当である.」と判示している.

このように最高裁の判旨からすれば，送電線の設置や携帯電話基地局の設置に関して，景観利益が侵害されたということを主張するためには，景観条例等が事前に制定・施行されていることが必要である．さらに，たとえ，このような公的規制に反して送電線や携帯電話基地局が設置されたという事実が存在する場合であっても，公共の利益の高い電力や通信のもたらす利益との関連で，比較衡量を中心とした総合的な判断がなされることになろう．このような判断枠組みの中で，通常の損害賠償請求よりも高い違法性が要求される差止請求を，この景観利益の侵害を根拠として主張しても，認められる可能性は低いと言えよう．

d. 眺望権に基づく差止訴訟の可能性

わが国では，眺望権を，「建造物の所有者または占有者が，一定の風景を他に妨害されることなく眺望しうる権利」として把握してきた[956]．すなわち，眺望権を所有権または占有権から派生する権利として，これらの権利を完全に実現するための一機能として捉え，これが妨害された場合には，その相手方に対して目的物の排除を求める権利が生じるとする構成をとるのである．もっとも物上請求権のような強力な権利性を認められるものではないため，受忍限度を超えたときにはじめて認められる．

眺望権は，まず，観光地における旅館業者等の眺望に関する経済的利益として判例上確立し，そこでは営業権の一種と捉えられてきた[957]．その後，眺望権は，個人の快適な生活環境の要素の一部として，日照・通風などと並んで，

眺望阻害が一般住宅の所有権および占有権に及ぶ場合に，その生活利益の一種として認識される場合があるとされるに至っている[958]．

もっとも，この個人の眺望権については，日照・通風・騒音等による生活環境の侵害と比較すると，周囲の状況により変化するものであるため，同程度の保護性はないものとされてきた．営業権と結びつかない個人の眺望権に基づく損害賠償請求事件では，故意に近い事例では肯定されるものがある一方で，一般的にはなかなか受忍限度論の枠組みの中で，相手方の権利濫用が認定される事例は多くない[959]．また，個人の眺望権を根拠とする差止請求では，損害賠償請求訴訟に関する判決と同じ判断枠組みが用いられているものの，受忍限度の判断を厳格化し，特段の事情がない限り，これを認めていない[960]．

このように，個人の眺望に関する権利は，損害賠償事例は存在するものの，差止めが認められる場合は非常に限られている．このため，個人の居住住居における眺望に関する権利が，携帯電話基地局等の移動通信用施設や高圧送電線の設置により妨げられたと主張しても，損害賠償請求は，受忍限度を超えると判断された場合には認められる可能性はあるものの，差止めまで認められることはまずないと考えられる．これに対して，旅館などの観光施設が，営業権に基づいて，これらの電磁波発生施設の設置に対して，建設差止請求を行う場合，理論的には勝訴できる可能性がある．

e. 米国の判例法理からの示唆

米国において，高圧送電線の設置に対する差止訴訟は，第4章の「不法侵害・私的ニューサンスに基づく不動産損害賠償請求」において検討したとおり，ほとんど認められていない．この例外として指摘するべき判例は，Houston Lighting & Power Co. v. Klein Independent School District 事件判決[961]であり，高圧送電線が学校に近接して設置されることに関して，生徒の安全，健康，福祉が問題とされ，土地の所有権を学校区に返還することと，高圧送電線の建設に対する差止めが認められている．そして，電力会社は，当該学校施設を回

避するために，自主的に送電線を移動させている．送電線設置計画が，公用収用法の要件を満たしているものであることから，不法侵害こそ認められなかったものの，このような形で差し止められた影響は大きく，米国では，その後，計画段階において学校施設を回避する場合が多い．この判例から，日本においても，高圧送電線の設置に関しては，学校に近接しない配慮が計画段階から求められてもよいであろう．

　さらに，日本における損害賠償請求訴訟においても参考となるのは，第6章C. 7で取り上げた「学校に近接して建設される移動通信用施設に関する事例と法理」で記したアトラクティブ・ニューサンスである．このアトラクティブ・ニューサンスの法理が，わが国では，このような法理としての名称が一般的に確立しているかどうかはともかく，実際に，民法717条の工作物責任，あるいは国家賠償法2条1項の営造物責任に関する判例法理において認められている．たとえば，最高裁判決として，「幼児金網フェンス乗り越え事件」（最判 昭和56.7.16. 判時1016号59頁）は，小学校内のプールが児童公園に隣接しており，プールの周りに張られた高さ約1.8mの金網フェンスに忍び返しの設備がなかったところ，3歳7ヵ月の幼女が，このフェンスを乗り越えてプールサイドに立ち入り，転落死亡した事案につき，「右フェンスは幼児でも容易に乗り越えることができるような構造であり，他方，児童公園で遊ぶような幼児にとって本件プールは一個の誘惑的存在であることは容易に看取しうるところであって，当時3歳7ヵ月の幼児であった亡Xがこれを乗り越えて本件プール内に立ち入ったことがその設置管理者である上告人の予測を超えた行動であったとすることはできず，結局，本件プールは営造物として通常有すべき安全性に欠けるものがあったとして上告人の国家賠償法2条に基づく損害賠償責任を認めた原審の判断は，正当として是認することができる．」と判示している．

　筆者は，このアトラクティブ・ニューサンスを工作物責任あるいは営造物責任として捉える法理を，小学校や幼稚園に近接して設置される送電線鉄塔や携

帯電話基地局にも適用しうるものと考える．これらの施設における適切な柵等や子供にわかりやすい注意書きなどがない状態で事故が起きた場合には，設置者等に損害賠償責任があることは疑いがないと言えよう．また，これらの問題点から，設置される施設に対する差止めまで引き出すことは困難かもしれないが，高圧送電線塔や携帯電話基地局鉄塔をこのような場所に設置することについては，その計画における合理性が疑問視されよう．

F．携帯電話基地局等の設置を制限する条例の可能性

1．はじめに

　米国では，第6章で見たとおり，1996年連邦通信法704条の規制の下で，多くの地方自治体が，移動通信用施設の設置を制限するためのゾーニング条例を制定してきた．これにより多くの訴訟が提起されるとともに，携帯電話基地局等が地域社会において景観等の問題を引き起こさないための判例法理が確立しつつある．これに対して，わが国では，1996年連邦通信法のような携帯電話基地局の設置を制限する条例に対する直接的な法規制は存在しない．

　わが国において，電波行政を所轄しているのは，総務省である．携帯電話事業者は，電波法[962]に基づく免許を受けるために，その無線局を総務大臣に申請する必要がある．この際，電波法令の規定に定められた電波防護指針の基準値等を満たしていることの確認を受けたうえで，電波の発信許可を得ることになる[963]．

　携帯電話事業者は，この許可を得た後，地方自治体から，携帯電話基地局鉄塔等の建設許可を得なければならない．しかし，わが国では，このような工作物の設置に関する規制が，国の法律レベルにおいては，厳しい基準設定が定められておらず，また，地方自治体の条例等においても，一部の自治体で，高さ制限等が置かれていたに過ぎなかった．このため，わが国における携帯電話基

地局設置に関する地方自治体による規制は，米国におけるものと比較すると，ほとんど存在しないと言ってよい状態にある．

また，総務省は，携帯電話基地局の設置に反対する住民運動が起きた場合にも，民間事業者と住民との争いであるという中立的な立場を維持しており，地域住民に対しての周知を徹底するよう指導するにとどまっている．この住民に対する説明は，指導事項であり，免許取得条件ではないため，強制力はない[964]．

このような法制上の不備から，携帯電話事業者は，その基地局の設置について，事前の説明すらなくとも着工しうることから，近隣住民による紛争が数多く生じてきた．これらの住民運動は，健康被害に対する不安に基づくもので，身体的損害賠償を請求しようとするものではない．これらの住民運動の主たる目的は，携帯電話基地局の設置に関して，その事前説明と周辺環境への配慮を求めるために住民参加を要求しているのであって，自主条例による住民の安全・健康や地域社会の景観保護が，これまで十分に建築確認行政に反映されてこなかったという法制度の不備から当然に生じる要求であると言える[965]．住民運動の中には，携帯電話基地局の鉄塔に関する建築確認申請が認められたことに対して，情報公開条例により，その構造上の安全性を確認するために開示請求を行うなどの手法をとるものまで見られる[966]．これなども，わが国における計画策定手続が不備なため，本来であれば計画策定段階で顕在化し，調整が行われるべき紛争が潜在化したまま，建築確認や開発許可の段階で顕在化するために起きる事例であろう．

これまで見てきたとおり，総務省は原則的にこのような住民紛争に関与する立場になく，また，住民側としても，訴訟による携帯電話基地局の建設差止めや移転を請求しても，実際の人身損害とその因果関係が立証されない限り，勝訴できる可能性はほとんどない．このため，携帯電話基地局の設置に対して，住民の意見を取り入れて規制しうるのは，現実的には，地方自治体による条例による規制しかないことになる．そして，もしもこのような地方自治体による事前の規制条例など公的規制が定められれば，国立市高層マンション事件訴訟

最高裁判決に見られるように，具体的な差止め等の可能性が見えてくる．

そこで，以下では，①地方自治体や住民と携帯事業者との間の協定による規制，②地方自治体の指導要綱による規制，③条例による規制，④景観法を利用した地方自治体による規制の順で，どのような形で携帯電話基地局等の設置を住民自治に沿う形で制限しうるのかを考察する．

2．事業者との協定による携帯電話基地局設置規制

環境保全協定（公害防止協定）は，地方公共団体または地域住民と事業者との間で，事業者による活動から生じる公害等を防止したり，環境を保全しようとする目的で，両者の自由意思により締結される文書による合意である．事業者による合意が前提となるため，その多くは，努力義務が規定されるにとどまるが，環境法令を補完する役割を果たすものとして，わが国では数多く活用されてきた[967]．

地方自治体が環境保全協定（公害防止協定）を締結することのメリットとしては，国の法令等の不備を補完するのみならず，これらと抵触することなく国家レベルの規制を上回る基準を実現できること等が挙げられる．ただし，地方自治体の首長が，環境保全協定（公害防止協定）を企業と締結するときには，条例と異なり議会における議決手続が不要であることから，民主的手続が欠落しているという問題もある．

これまでのところ，携帯電話基地局の設置に関して，詳細な義務規定をもつ環境保全協定（公害防止協定）が締結されたことはない．これは，事業者側の自主的な合意が要求されることを考えると，当然であるといえる．また，地方自治体の側にとっても，住民運動が顕在化した場合を除けば，携帯電話基地局の設置について，景観・高さ規制・設置場所等についての環境保全協定を推し進めにくい状況にある．なぜならば，過疎地・山村部などの住民を抱える自治体にとっては，不感地域において携帯電話等の移動通信サービスを利用可能な状態にして住民の利便性を向上させるとともに，災害時や緊急時の通信手段と

して利用することも必要とされるからである[968]．このため，「携帯電話不感地域対策事業」という名目で，不感地域解消のため携帯電話基地局等の建設に行政の財政支援を行っている自治体も多い[969]．このため，今後も，携帯電話基地局の設置に対して，具体的な義務規定をもった環境保全協定が用いられる可能性は，少ないものと思われる．

　具体的に，携帯電話基地局の設置に関する協定が，事業者と地方自治体との間で締結された例としては，福岡市が携帯事業者と取り交わした「携帯電話中継鉄塔の築造に関する協定書」などがあるが，これらにおいても，「近隣の生活環境に配慮するとともに良好な近隣関係を損なわないように」といった抽象的な表現による努力義務が記されているに過ぎない[970]．

3．指導要綱による携帯電話基地局設置規制

　わが国の地方自治体は，これまで，指導要綱と呼ばれるものを通じて行政指導を行い，数々の行政目的を達成してきた[971]．この「要綱」を定義した実定法上の規定はないものの，通常，「職員が事務処理を進めていくうえでの行政運営の指針や行政活動の取扱いの基準を定める内部的規範」とされ[972]，例規のような形で機能している．

　本来，このような指導要綱に法的効力はない．しかし，高度成長期において多くの開発行為が行われ，わが国の市民の生活環境が急激に変化したのに対して，地方自治体は，日照障害，電波障害，風害といった多くの被害に対する規制権限を十分にもっていなかった．このため，開発指導要綱等を通じて，これらの諸問題に対処しようとしたのである．この他に，わが国で指導要綱が多用された理由としては，①法律と条例との関係が理論的に整序されていない分野が存在したこと，②要綱を用いる場合の即応性や暫定的対処，③条例とは異なり，議会による審議を回避できる等のメリットを挙げることができる[973]．

　だが，もともと法的根拠をもたない要綱については，最高裁判例等によりその限界が明らかにされてきた[974]．また，地方自治体には直接適用されないも

のの，1994年10月1日から施行された行政手続法の32条が，行政指導を定義し，これに従わない事業者に対する不利益取扱いを禁止したこと等により，一定の歯止めがかけられた．さらに，2000年4月1日に施行された地方分権一括法と，同時に改正された地方自治法により，地方公共団体の条例制定権が拡大した．その一方で，地方自治体は，従来の要綱を見直して，条例化できるものは条例として制定する必要に迫られている．

携帯電話基地局の設置について，この指導要綱という形式により，一定の規制をかける自治体も存在している．たとえば，大分市の「大分市住環境向上のための建築に関する指導要綱」は，「中高層建築物等の建築に関し，建築主が配慮すべき事項及び建築計画の周知の手続き，その他必要な事項を定めることにより，中高層建築物等の建築にともなう周辺住民との紛争を未然に防止し，市民の健全な近隣関係を保持するとともに，良好な居住環境の保全及び形成に資すること」を目的としている．そして，この指導要綱に関する2006年の改正で，電波塔の建設もその対象とすることとして，①高さ15m以上の鉄塔等について，②計画の内容を記載した標識を，確認申請の21日前に設置することとし，③高さの2倍に相当する範囲の近隣住民への計画説明といった手続を定めている[975]．本来は，条例化することが望ましいが，住民による要請に迅速に対応するために当面の措置として要綱を用いたものと考えられる．

4．条例による携帯電話基地局設置規制

a. 都市計画制度と条例

これまで，都市計画法，建築基準法の分野は，自主条例の制定が難しい領域と言われてきた[976]．その理由としては，①従来は，都市計画法や建築基準法に関する多くの事務が「機関委任事務」であったこと，および，②憲法94条および地方自治法14条1項により，条例は「法律の範囲内」で「法令に違反しない限り」において制定できることとなっているが，都市計画法や建築基準法には，上乗せや横だしについての特段の規定がなく，また，法令の規定が詳

細に定められているため「法令との抵触」の問題が生じやすいという，都市法そのものの問題が存在したことが挙げられる．

このため，従来は，携帯電話基地局鉄塔の設置について申請が出された場合，地方自治体，具体的には建築主事は，法令等に違反しない限り，これを認めなければならなかった[977]．しかし，2001年5月18日に施行された改正都市計画法ならびに建築基準法に関する分権改革の流れの中で，都市計画の分野における条例制定の動きが拡がっていった．

b. 携帯電話基地局規制条例

携帯電話基地局鉄塔の高さを規制する条例は，近隣住民による紛争の増加に対応する形で，徐々に増えてきている．たとえば，「佐賀市中高層建築物等の建築に係る紛争の予防と調整に関する条例」（平成17年10月1日条例第180号）では，2条の「中高層建築物等」の定義の中に「高さが15メートルを超える携帯電話の電波塔」を含め規制の対象としている．そして，「近隣住民」を，この携帯電話の電波塔「の敷地境界線からの水平距離が当該電波塔の高さの1.5倍に相当する距離の範囲」にある建築物の所有者，管理者または居住者および土地の所有者または管理者とし，これに一定範囲の「周辺住民」を加えた者を，「近隣関係住民」と定義している．そのうえで，「紛争」を「中高層建築物等の建築が居住環境に及ぼす影響に関する建築主等及び近隣関係住民（以下「紛争当事者」という．）の間の紛争をいう．」と具体的な紛争の対象を定義している．

この佐賀市の条例では，5条（建築主等の責務）[978]，6条（紛争当事者の責務）[979]，7条（建築計画上の配慮）[980]のいずれも努力義務規定であるものの，第3章（11条以下）で，建築確認申請書提出の前日までに「標識の設置」，「標識設置報告書提出」，「近隣住民，周辺住民への説明」，「事前説明報告書提出」などを義務付けている点が評価できる．さらに，設置報告書に具体的に何を記すべきかについては，この条例施行規則（平成17年10月1日規則第

169 号)の6条に規定を置いている.また,紛争に関して,「第4章 調整」と「第5章 調停」において,具体的な紛争解決手続も規定されている.

この佐賀市の条例のほかにも,「盛岡市中高層建築物等の建築等に係る住環境の保全に関する条例」(平成14年12月26日公布・盛岡市条例第39号)が,高さ15mを超える携帯電話の電波塔等を建てようとする場合における建築計画を事前に近隣住民へ周知させる手続や,市長によるあっせん手続等を定めている[981].このほかにも,いくつかの市町村において,高さ制限や住民への事前説明を義務付けた条例の制定がなされているようである[982].

これらの条例は,第6章で検討した米国の携帯電話基地局設置制限条例と比べると,①住宅地における厳しい規制がない点,②代替地案に関する規定がない点,③景観上の侵害性に関する考慮に欠けている点,④学校施設に近接する場合の規制がない点,⑤学校施設等に関して慎重なる回避の法理が導入されていない点,⑥計画段階からの審査や公開ヒアリングが存在しない等の手続面など,確かに見劣りする点が多い.しかし,わが国における現行法制下で,「佐賀市中高層建築物等の建築に係る紛争の予防と調整に関する条例」のような条例が制定されたことは,高く評価してよいのではないか.今後は,住民からの要請に答える形で,より充実した自主条例が制定されることが期待される.

5.景観法に基づく携帯電話基地局の設置規制の可能性

平成17年6月1日に,わが国ではじめて総合的に景観規制を行うための基礎となる景観法(平成16年法律第110号)が全面施行された[983].この景観法は,地方自治体が利用できる諸制度を提示しているものの,いかにこれを利用するかは,各自治体の判断に任せられている.景観法の主たる目的は建築物や工作物の「形態又は色彩その他の意匠」(「形態意匠」)を規制することにある.

ここでは,広範な内容をもつ景観法を概説することをせずに,携帯電話基地局設置に関して,どのような規定を利用することが可能かについて,国土交通省・農林水産省・環境省が発行した「景観法運用指針」(平成17年9月)に

おける記述に基づいて，概観することにする．

　まず，景観法は，これまでの都市計画法等に基づく規制と比較して，工作物に関する規制誘導手法が大幅に拡充している点が挙げられる．携帯電話基地局（電波塔）もこの工作物の範疇に含まれる．「工作物の新設，増築，改築若しくは移転，外観を変更することとなる修繕若しくは模様替又は色彩の変更」（景観法16条2号）について，同条1項が「景観計画区域内において，次に掲げる行為をしようとする者は，あらかじめ，国土交通省令（第4号に掲げる行為にあっては，景観行政団体の条例．以下この条において同じ．）で定めるところにより，行為の種類，場所，設計又は施行方法，着手予定日その他国土交通省令で定める事項を景観行政団体の長に届け出なければならない．」と定めている．具体的には，「青森県景観計画」のように，電波塔については，高さ（建築物と一体となって設置される場合にあっては，地盤面から当該工作物の上端までの高さ）13mを超えるものを大規模行為として，「良好な景観の形成のための行為の制限に関する事項」の一部として規制する場合が多い[984]．また，建築物の建築等，工作物の建設等，開発行為およびその他の「良好な景観の形成に支障を及ぼすおそれのある」条例所定の行為については，具体的な措置をとることができる（16条，17条，18条等を参照のこと）．

　また，景観法は，景観計画を定める場合，住民の意見を積極的に反映させるための必要な措置を講ずるものとしている（9条1項）．住民提案制度も措置されており（11条2項），条例にまちづくりＮＰＯ等に準ずる団体による提案が可能である．

　一方，景観地区においては，工作物について，条例で，形態意匠について市町村長による計画の認定を受けなければならないことを定めることができる（72条2項）．このうち，高さの最高限度または最低限度および壁面後退区域における工作物の設置の制限については，制限を定め，違反した場合の措置等を定めることができる（同条4項）．この景観地区工作物制限条例（72条1項）に関する基準を定める施行令20条は，「工作物の高さの最高限度は，地

域の特性に応じた高さを有する建築物及び工作物を整備し又は保全することが良好な景観の形成を図るために特に必要と認められる区域…について定めること」(2号)と規定し，また，制限内容についても「工作物の利用上の必要性，当該景観地区内における土地利用の状況等を考慮し，地域の特性にふさわしい良好な景観の形成を図るため，合理的に必要と認められる限度において定めること」(5号)という規制があるのみである．景観地区工作物制限条例を制定することはやさしくはないかもしれないが，このような比較的自由な枠組みの中で，携帯電話基地局鉄塔に関する高さ制限についての規制を定めることは可能である．

　このように，景観法に基づいた条例により，携帯電話基地局鉄塔に対する規制をかけていくことは可能である．たしかに，米国のゾーニング条例と比較すると，景観に関する規制しかなしえないなど問題は残る．しかし，以前から存在した自主条例と比較すると，違反した場合の措置を定めることができることや，住民参加の可能性が広がったことなど利点は多く，その活用が期待される．

G．高圧送電線設置による残地補償

　米国の多数判例法理をとる法域においては，高圧送電線設置のために公用収用が行われた場合に，電磁波に対する多くの市民の恐れに合理性がなくとも，残地の価格下落に対する補償がなされている．第5章で説明したように，合衆国憲法の規定する公用収用に伴う正当な補償が必要であるとする原則の下で，多くの市民が嫌悪施設に対して抱く恐怖感を，損失補償の中でどのように評価すべきかについて，判例法理は，少数判例法理，中間的判例法理，多数判例法理という3つに分かれていた．そこで，以下では，日本の完全補償法理の下で，このような損失を多数判例法理の下で解釈すべきであることを，これらの法理を再確認しながら，検討することにする[985]．

　まず，少数判例法理とは，多くの市民の抱く嫌悪施設に対する恐怖感は，そ

れ自体が主観的なものであるため，たとえそのような恐怖感により残地の不動産価格が下落したとしても，損失補償の対象とはならないとするものである．この法理の主たる根拠は，①多くの市民の抱く恐怖感は主観的で合理性がないこと，②電力施設の場合には，大きな社会的リスクを課すものではないこと，③多くの市民の恐怖感による不動産価格の下落には，実質的証拠がないこと，④直接の物理的侵害が存在しないこと，などである．この法理をとる州は，現在では4州に限られており，わが国の憲法，土地収用法における完全補償の概念とも矛盾するものと評価できる．

次の中間的判例法理とは，嫌悪施設に関して多くの市民の抱く恐怖感が合理的か，少なくとも不合理でない限り，このような恐怖感が不動産価格を減少させた場合，損失補償を認めるという法理である．高圧送電線に関しては，その周辺地域に立ち入る場合の危険性や，農作業時の放電ショックなどが合理的な恐怖として認められている．しかし，この中間的判例法理も，合理性という言葉で，不法行為法理論における相当因果関係論を置き換えているだけであって，なぜ正当な補償法理の下でこのような合理性の立証がなされなければならないのかについて，積極的な根拠がない．現在，この法理をとっている州は，10州前後に限られている．

最後の多数判例法理は，多くの市民による恐怖感が合理的なものであるか否かを問わず，そのような恐怖感により残地の不動産価格が減少したことが立証されれば損失補償の対象とする理論であり，公用収用に伴う損失補償は，完全補償でなければならないとする理論に基づいている．さらに，このような不動産価格の減少に対する補償は，対物補償であり，人身損害等を理由とする不法行為概念とは区別されなければならないと説く．この理論は，その名称が示すように，現在の米国における多数法理であって，全体としてもこの多数判例法理に向かう流れがあると言える．また，この多数判例法理は，高圧送電線の設置に関する事例のみならず，核廃棄物輸送道路に対しても州最高裁判例で認められた事例が存在していることは，すでに述べたとおりである．わが国におい

ても，憲法および土地収用法の規定する完全補償原則を前提にすれば，この多数判例法理は，最も適切な考え方と捉えることができる．また，このような嫌悪施設設置予定に伴い，多くの市民の恐怖感に起因して起こる残地の不動産価格の下落について，残地補償の一部として損失補償がなされるべきである．

わが国では，2001 年に土地収用法の一部を改正する法律（平成 13 年法律第 103 号）が成立したことにより，土地収用法に規定する収用または使用による損失の補償に関する規定の適用に関し必要な事項の細目が政令で定められた（土地収用法第 88 条の 2 の細目等を定める政令）[986]．この政令では，収用する土地の価値補償につき，①取引事例比較法を基本とし，収益還元法，原価法により算定した額等を参考とすること，②嫌悪施設の設置等の場合に，被収用地の価格が事業認定告示時点において既に低下していると認められるときは，当該低下分がないものとして評価すること，および，③被収用地の評価は通常の利用方法を前提として行うこととされている．

このうち，②の嫌悪施設の設置等における算定方法については，米国の多数判例法理のように，多くの市民の恐怖感に起因して起る残地の不動産価格の下落についても取り込むことができると思われる．線下補償について，このような考え方が適切に運用されれば，高圧線下地における心理的な減価として積極的に評価されるようになろう．さらに，将来，その事例の蓄積が進めば，実質的に，わが国の線下補償も，米国の多数判例法理に基づく実務と同様の結果がもたらされるものと考えられる．

914 　本章においては，日本法に関する文献として以下を参照した．損害賠償については，瀬川信久「裁判例における因果関係の疫学的証明」星野英一・森島昭夫・江草忠敬編『現代社会と民法学の動向 上 不法行為』（有斐閣，1992 年）149 頁以下．
　　　また，眺望権については，以下の論文を参照した．淡路剛久「眺望・景観の法的保護に関す

る覚書──横須賀野比海岸眺望権判決を契機として──」ジュリ692号119頁以下，牛山積編集代表『大系 環境・公害判例 8 都市計画，アメニティ，訴訟救助』(旬報社，2001年)，大塚直「公害・環境の民事判例──戦後の歩みと展望」ジュリ1015号257頁．沢井裕『公害の私法的研究』(一粒社，1969年)344頁，清瀬信次郎「眺望権論」亜細亜法学19巻1・2号211頁以下，篠塚昭次「眺望権阻害と権利濫用──三浦海岸事件を契機として」判タ385号31頁以下，松村寛治「マンション建物における主観的瑕疵に関する考察──騒音，日照，眺望，管理費の滞納，その他のマンションの主観的欠陥について──」産業経営研究所報23号27頁以下，吉川栄一「リゾートマンション買受後の眺望阻害と売買代金の返還請求」ジュリ1104号175頁以下．また，景観権については，長尾英彦「『景観権』論の現状」中京法学40巻1・2号5頁．

日本における都市計画とまちづくり条例・景観条例に関しては，以下の文献を参考にした．都市計画教育研究会編『都市計画教科書（第2版）』(彰国社，1995年)，伊藤修一郎「景観条例の展開と景観法の活用」ジュリスト1314号15頁以下，大橋洋一「建築協定の課題と制度設計」法政研究（九州大学）68巻1号75-96頁，小林重敬『地方分権時代のまちづくり条例』(学芸出版，1999年) 7頁以下，宇賀克也「公共事業と情報公開」西谷剛編『比較インフラ法研究』(良書普及会，1997年) 177頁以下，大石一「地域合意と条例づくり──建物の高さ紛争，問われる自治体の指導力」日経地域情報337号19頁以下，梶原文男「都市計画区域をもたない自治体における土地利用コントロールのしくみづくりと課題に関する考察」都市行政23巻3号47頁以下，角松生史「建築基準法3条2項の解釈をめぐって──国立市マンション建築差止仮処分事件（東京高決2000年12月22日）を素材にして──」法政研究68巻1号97頁以下，金子正史「開発許可制度管見──都市計画法施行規則60条に定める適合証明書に関する法的問題(1)(2)(3完)」自治研究第77巻1号3頁以下，同3号27頁以下，同7号29頁以下，岸田里佳子「景観法の制定と現在の施行状況」ジュリスト1314号4頁以下，北村喜宣「条例制定権から考える『まちづくり条例』──事前手続から統合システムへ」地方自治研修34巻5号21頁以下，北村喜宣「景観法と条例」ジュリスト1314号29頁以下，北村喜宣「沈黙はオープン・スペース？ 工作物の高さと景観地区制度」自治実務セミナー44巻12号41頁以下，小林重敬「都市計画法改正とまちづくり条例──都市計画分野で条例の世界を拡大する3つの方向」地方自治研修34巻5号19頁以下，柴田久・土肥真人「自治体の意識にみる景観まちづくり条例の運用実態と効果・問題点との関係性」J.JILA64(5)775頁以下，谷口博「建築確認の『不適格通知』認める──景観条例にらみ倉敷市建築審査会が下した苦渋の裁決──」日経アーキテクチュア654号107頁以下，北條元・初田亨・島田正文「昭和53年から平成10年における都市型の景観条例に用いられた項目にみる内容の変遷」日本建築学会計画系論文集543号297頁以下，保屋野初子「国立市マンション訴訟──『違法建築物』を市民は撤去させられるか」法セミ564号57頁以下，見上崇洋「都市行政と住民の法的地位」原田純孝編『日本の都市法I 構造と展開』451頁（東京大学出版会，2001年)，藤島光雄「要綱行政の現状と課題── 自治立法権の拡充を目指して──」マッセOSAKA研究紀要7号63頁，室地隆彦「改正都市計画法と自治体の対応──まちづくり条例の今後の展開をめぐって」都市問題92巻8号19頁以下，森稔樹「サテライト日田をめぐる自治体間対立と条例──日田市公営競技の場外券売場設置等による生活環境等の保全に関する条例」地方自治研修34巻5号27頁以下，横井信洋「国立市の景観論争と地区計画条例──自治体に何ができるか 市・市民・議会・業者

の考え方」地方自治研修2001年5月号24頁以下、亘理格「土地利用規制論と景観法」ジュリスト1314号21頁以下。

損失補償については、以下の文献を参考にした。小澤道一『逐条解説　土地収用法（下）　改訂版』（ぎょうせい、1995年）、建設省建設経済局調整課監修・用地補償研修業務研究会編『用地取得と補償（新訂2版）』（財団法人全国建設研修センター、1996年）、竹村忠明『土地収用法と補償』（清文社、1992年）、梨本幸男『鑑定と補償——不動産の有効活用と補償事例（新版）』（清文社、1995年）、西埜章「損失補償の要否と内容」（一粒社、1991年）、日高剛「損失補償の理論と実際」（住宅新報社、1997年）、藤田幸雄『2020年　電力会社九社崩壊の日』（イースト・プレス、1993年）、淡路剛久「放射能汚染による魚介類の売上減（風評被害）と損害賠償義務」私法判例リマークス1990年115頁以下、小賀野昌一「原発風評被害損害賠償控訴事件」法律のひろば42巻10号45頁以下、窪田充見「原子力発電所からの放射能漏れで海が汚染されたことの心理的影響により、魚介類が売れなくなった場合、数値的には安全でも一定範囲で事故との因果関係はあるとしたが、原告らの売上減との間には相当因果関係が認められないとした事例」判例評論387号185頁以下、倉島安司「状況拘束性理論と損失補償の要否（上）（中）（下）」自治研究76巻6号108頁以下、77巻1号97頁以下、77巻3号111頁以下、遠山允人「線下補償関係」西村宏一・幾代通・園部逸夫編『国家補償法体系4　損失補償法の課題』（日本評論社、1987年）180頁以下、西埜章「財産権の制限と損失補償の要否」法政理論33巻1号1頁以下。

915　朝日新聞によれば、大阪府東大阪市の刺しゅう加工業者が、経営する工場が1991年に全焼した原因は、電線から流れ込んだ高周波の電流が屋内で強い電磁波となったためであると主張して、関西電力と関西電気保安協会とを相手取り、計約3億3千万円の損害賠償を請求した訴訟を提起した。大阪地裁は、2000年3月14日、①「大気中から屋内に引き入まれた高周波が相互作用によって強められ、刺しゅう用の金銀糸を発火させた可能性が高い」としながらも、高周波の侵入経路については窓や壁などの可能性もあり、「関電の引き込み線に限定する根拠がない」として因果関係を否定し、②関電が供給した電力自体に問題はなく、かつ、③高周波による異常発生はまれであることから火災発生の予見可能性を否定して、損害賠償の請求は退けた、と報道されている。「出火『電磁波が関係』と大阪地裁認める　『極めてまれ』」朝日新聞2000年3月15日付け朝刊。

　本判決は公刊されていないので、詳しい事実関係は明らかではないが、本件については、3つの問題点が指摘しうる。その第1は、高周波の侵入経路に関する事実的因果関係の判断について、厳しい態度をとっているような印象を受ける。このような事例においては、原告に対して、壁等からの高周波の侵入という因果関係の中断事由に関する立証責任を課すことは酷であるので、一定レベルの立証がなされた以上、経験則から事実上の推定を行うか、被告側に立証責任を転換して反証させる方が公平な立証責任の分配が達成されると考える。第2に、高周波の発生に関する予見可能性と注意義務違反であるが、電力事業者側には、電力の供給という高い公共性のある業務を遂行し、かつ、高い安全性が要求されることから、高度の注意義務が存在すると考えられる。このため、今後は、電力供給による高周波発生に関する予見可能性については、海外における研究や訴訟事例についても参照されるべきであるとともに、電力各社が、このような事態の研究を行う義務が生じるであろう。第3に、本件は、1991年に発生した事件であるため、1995年7月1日に施行された製造物責任法（平成6年法律85号）の適用はないものの、

今後，同様の事件が発生した場合に，同法が適用されるか否かは大きな争点となろう．すなわち，製造物責任法において，①電力は同法2条1項に定められた製造物の定義である「製造又は加工された動産」に該当するかどうか，②電力そのものが製造物と認められた場合，これから発生した高周波を製造物の一部として考えられるかどうか，③高周波の発生は，同法2条2項「欠陥」に該当するかどうか，④引渡しの時期，⑤同法4条1号の開発危険の抗弁，について問題となる．①については，「動産」を民法85条の「物」定義から「有体物」であるとし，無形エネルギーである電力はこの有体物に該当しないとする限定的解釈論も存在するが，多くの論説は，そのように狭く解釈する必要はなく，電力も製造物に該当すると解釈する論者が多い．また，上記②，③，④の争点についても，本書の第2章A．2．「製造物責任」において，米国における電力供給を原因とした製造物責任の可能性について紹介したように，これを積極的に解釈できる理論的可能性がある．また，⑤についても，大阪地裁判決に関する予見可能性と注意義務の問題点について述べたのと同様に，高いレベルの注意義務が存在すると考えるべきである．このように考えると，ここで紹介した高周波発生による火災について判断した大阪地裁判決と同様の事件が今後起きた場合には，製造物責任法の適用可能性があるものと考える．

916 　ＮＴＴドコモグループによる「重要なお知らせ」（2006年12月7日付け）．http://www.nttdocomo.co.jp/info/notice/page/061207_00.html

917 　がうす通信74号17頁（毎日新聞2005年6月2日付け報道の紹介記事）．

918 　瀬川信久「裁判例における因果関係の疫学的証明」星野英一・森島昭夫・江草忠敬編『現代社会と民法学の動向 上 不法行為』（有斐閣，1992年）154頁．

919 　「電磁界の健康影響に関する調査の結果について」（資源エネルギー庁公益事業部技術課，平成9年4月）．http://www.meti.go.jp/press/past/c70430a1.html

920 　総務省は，平成12年度から，各種の電波利用機器から発射される電波が植込み型医療機器へ及ぼす影響について調査を実施し，その結果を公表している．詳しくは，「電波の医療機器等への影響に関する調査」http://www.tele.soumu.go.jp/j/ele/medical/cyousa.htm を参照のこと．

921 　心臓ペースメーカーを埋め込んだ場合，電磁的干渉を避けなければならないが，日常生活についての支障はないとする点について言及した判例は存在しているが（平成15年11月28日　名古屋地方裁判所平成11（ワ）953号　損害賠償請求事件），この事件そのものは，原告が被告病院でカテーテル心筋焼灼術に関するリスクについて十分なインフォームド・コンセントを受けておらず，結果的に心臓ペースメーカーの植え込みを余儀なくされたことについて，診療契約上の債務不履行に対する慰謝料として300万円余の損害賠償が認められたもので，電磁波訴訟ではない．なお，この判決における事実認定の中でなされた電磁的干渉に関する記述は，以下のとおりである．「なお，完全房室ブロックとなり，心臓ペースメーカーを植え込んだ場合，電池の誤作動を避けるため，強い電磁波を発生する場所（エンジンをかけた車のボンネット上，高圧電線の下，核磁気共鳴検査装置（ＭＲＩ，ＭＲＡ）など）は絶対避けねばならないが，自動車運転，コンピューター使用，家電製品の使用等，日常生活に支障はないといわれている．」

922 　「電動車いす事故が急増『携帯』電磁波で誤作動／手動ブレーキなく暴走――　昨年19人死亡　警察庁まとめ　防止対策急ぐ」朝日新聞2001年8月2日付け朝刊．

923 　たとえば，「盗難防止の電磁波が原因　図書館でペースメーカーがリセット 」朝日新聞2002年1月18日付け朝刊を参照のこと．

924 　http://www.umin.ac.jp/fukusayou/h0630-1_15.html を参照のこと．

925 http://www.mhlw.go.jp/houdou/2002/01/h0117-3.html を参照のこと．
926 http://www.mhlw.go.jp/houdou/2003/06/h0626-1.html#gai2 を参照のこと．
927 http://www.mhlw.go.jp/houdou/2004/07/h0729-1.html を参照のこと．
928 「電波の医用機器等への影響に関する調査研究報告書」（社団法人 電波産業会，平成14年3月）．http://www.soumu.go.jp/s-news/2002/020702_3_1.html
929 http://www.soumu.go.jp/s-news/2002/020702_3.html
930 鈴木美恵子「電磁波被曝で7つの腫瘍 労働基準局に再審査請求」週刊金曜日223号60頁以下．
931 「高出力電磁波浴びる？ 沖縄・普天間飛行場で2従業員」朝日新聞2001年1月22日付け夕刊．
932 同上．
933 718 F.Supp.900 (1989).
934 この件数等は，電磁波問題に取り組む市民団体「ガウスネットワーク」が，読売新聞社の取材に応えた記事によるものである．読売新聞2006年11月10日付け「安全？ 危険？ 電磁波（4） 送電線 vs. 住民 埋まらぬ溝」．
935 このほか，訴訟ではないものの，公害等調整委員会による送電線建設土壌汚染被害等調停申請事件（平成7年（調）第1号事件）が存在している（公害等調整委員会 平成7年度年次報告）．この事件は，1994年12月9日に，島根県，鳥取県，山口県，広島県，大阪府および京都府の住民32人が，被申請人中国電力株式会社が計画している西島根変電所および同変電所を中心とする高圧送電線の建設に関し，鉄塔建設の際に使用される土壌改良剤により生ずる土壌汚染および水質汚濁，変電所や高圧送電線から生ずる風切り音，低周波騒音・振動および電磁波により住民の生命・健康に深刻な被害が生じるおそれがあり，景観も損なわれることを理由として，被申請人中国電力株式会社に対し，前記施設を建設しないこと等を求めて，公害紛争処理法第27条第1項の規定に基づき広島県知事に対し調停を求める申請があったものを，結果的に，県際事件として公害等調整委員会が本事件の調停委員会を設けたものである．調停委員会は，3回の期日を開催し，当事者双方から事情および意見の聴取を行ったが，当事者双方の主張の隔たりが大きく，今後手続を進めても合意の成立する見込みがないと判断して，調停を打ち切っている．
936 ＴＫＣ文献番号28092232．
937 「『通電』の影響，有害と言えず 差し止め訴訟で原告敗訴」朝日新聞2001年02月17日付け朝刊．
938 「関電送電線の撤去訴訟で住民の請求を棄却 大津地裁」朝日新聞（滋賀）2000年8月8日付け朝刊．
939 「高圧送電線，自然景観壊す．地権者，撤去求め中電訴え」朝日新聞2001年5月29日付け朝刊．
940 「送電線撤去訴訟，原告請求退ける 鳥取地裁米子支部」朝日新聞（鳥取）2003年3月21日付け朝刊．
941 「送電線撤去訴訟で原告の訴え棄却 広島高裁松江支部」朝日新聞（鳥取）2004年1月31日付け．
942 「衆議院議員大島令子君提出デジタルテレビ放送地上波送信塔などにおける電磁波に関する質

263

問に対する答弁書」内閣衆質154第28号平成14年3月26日。

943 　また，携帯事業者側が自主的に携帯基地局を撤去した場合や，裁判所で和解が成立したもの等も除いてある。これらのうち著名な事例としては，2005年4月1日に，名古屋地裁において，裁判所の勧告に従って和解が成立した事例がある。この事件では，ボーダフォンが原告所有の不動産上に存在している携帯電話基地局鉄塔を事業者側の費用負担により撤去することに同意している。この裁判の特色は，原告が購入した土地に当該基地局鉄塔が存在していたことから，賃貸借契約に定められている年間借地料30万円に加え，携帯事業者が倒産した場合などに備えて撤去費用の見積もり額23,375,000円を賃貸借保証金で支払えとの請求をした点にある。

944 　電磁波問題に取り組む市民団体「ガウスネットワーク」が発行するガウス通信78号18頁によると，2006年4月の時点で，九州では基地局建設反対運動が6県において16件進行しているとのことである。

945 　「三潴ドコモ中継塔，工事停止の仮処分却下　地裁久留米」朝日新聞（福岡）2002年6月21日付。

946 　「住民が操業差し止め求め提訴　三潴町，ドコモ中継塔」朝日新聞（福岡）2002年6月22日付。

947 　「健康への危険認めず　地裁久留米支部，住民の停止要求棄却　携帯基地訴訟」朝日新聞（福岡）2006年2月25日付。

948 　「携帯基地局訴訟，周辺住民が控訴　久留米の生津地区」朝日新聞（福岡）2006年3月7日付。

949 　「携帯基地局建設の差し止め求める　熊本市の住民が提訴」朝日新聞（熊本）2002年7月2日付。

950 　「携帯電話の鉄塔撤去の訴え棄却　熊本地裁」朝日新聞（熊本）2004年5月26日付。

951 　「福岡高裁　『話し合いの道はないのか』と裁判長」ガウス通信2005年2月14日号6頁。

952 　「スカパー放送センター屋上のパラボラアンテナの設置の差止めを求める訴訟を住民らが提訴」朝日新聞2007年1月20日付。

953 　たとえば，ジェット燃料等を輸送するパイプラインの設置により地震などの災害発生時に市民生活が脅かされる危険性があることから，その民事仮処分を求めた成田空港パイプライン事件・千葉地判昭47.7.31判時676号3頁，行政処分取消訴訟事件として，伊達火力発電パイプライン事件・東京地判昭59.6.13判タ548号202頁，伊達火力発電パイプライン事件・札幌高判平2.8.9判タ756号132頁がある。これらの訴訟では，地震時における事故発生の蓋然性が，技術的に見て低いという認定がなされ，住民の不安感については，技術的見地から事故発生の蓋然性が低いという認定を行うだけであって，法的に解決されるべき問題としては扱われていない。また，女川原子力発電所運転差止請求訴訟控訴事件・仙台高判平11.3.31判時1680号46頁以下や，志賀原子力発電所建設差止請求訴訟控訴事件・名古屋高金沢支判平10.9.9判時1656号37頁以下などの近年の原発運転差止訴訟においても，原子炉施設の運転に伴い放出される放射性物質に起因する障害の発生の可能性が社会観念上無視しうる程度に小さいとの評価に基づき，原子炉施設の運転による生命・身体に対する侵害の恐れがあるとは言えないと判断され，人格権等の違法な侵害に基づく差止請求は認められていない。

954 　抽象的差止訴訟については，たとえば，以下の文献を参照のこと。川嶋四郎「『公共的差止訴訟』の基本的手続構造——「公共的差止訴訟」の研究・序説——」一橋論叢98巻3号111頁

以下.

955　長尾英彦「『景観権』論の現状」中京法学40巻1・2号5頁.

956　たとえば、清瀬信次郎「眺望権論」亜細亜法学19巻1・2号211頁以下を参照のこと. また、ここで論じている眺望権は、狭義のもので、これに対する広義の眺望権として、地役権的眺望権や賃貸借権的眺望権も存在する. しかし、本書で問題とする電磁波発生源に対する眺望権の主張では、特段の事情がない限り問題とならないので、取り上げない.

　　また、自然環境保全法・自然公園法等の特別法でも直接・間接に眺望・景観の保護を目的としているが、これらの立法に関する考察も除外する. 実態的には、携帯電話事業者やその関連会社は、これらの自然公園等における携帯電話基地局の設置を、カムフラージュ（「景観との融合・調和の図れる美観鉄塔」）を用いて合法性を担保しているようである. たとえば、報道されたところによると、湿原の景観保護とを両立させるため、柱を茶色に塗り、合成樹脂性の枝葉を付けるカムフラージュを行っているとされる. 「携帯電話の鉄塔乱立　便利さと景観どう両立/大阪」朝日新聞2001年11月1日付け朝刊.

957　東京高判昭和38.9.11判タ154号60頁、和歌山地田辺支判昭43.7.20判時559号72頁、京都地判昭48.9.19判時720号81頁.

958　学説としては、沢井裕『公害の私法的研究』（一粒社、1969年)344頁、大塚直「公害・環境の民事判例――戦後の歩みと展望」ジュリ1015号257頁を参照のこと. また、判例では、横浜地横須賀支判昭54.2.26判時917号23頁、大阪地判平4.12.21判時1453号146頁等がある.

959　肯定例として、横浜地横須賀支判昭54.2.26判時917号23頁. また、否定例として、京都地判昭45.4.27判時601号81頁や、近年の高裁レベルの判例として、鎌倉市の古都景観地域の建物所有・居住者が隣接地に4階建マンションを建築した業者に対して古都鎌倉の景観、自宅からの眺望を侵害するとして提起した損害賠償請求が棄却された判例がある（東京高判平13.6.7判時1758号46頁以下）.

960　眺望権に基づく差止請求訴訟については、以下の文献を参照のこと. 吉田日出男「眺望権序説」『民法学と比較法学の諸相Ⅰ』（信山社、1996年）95頁以下.

961　Houston Lighting & Power Co. v. Klein Indep. Sch.Dist., 739 S.W.2d 508 (Tex.Ct.App. 1987).

962　電波法（昭和25年5月2日法律第131号）.

963　電波法30条は、「無線設備には、人体に危害を及ぼし、又は物件に損傷を与えることがないように、総務省令で定める施設をしなければならない.」と定めており、これを受けて、電波法施行規則（昭和25年11月30日電波監理委員会規則第14号）の21条の2から27条までの規定が置かれている. たとえば、電波法施行規則21条の3は、電波の強度に対する安全施設について規定している. このほかにも、無線設備規則（昭和25年11月30日電波監理委員会規則第18号）14条の2では、人体頭部における比吸収率の許容値が規定されるなど、詳細な規定が置かれている.

964　総務省の対応は、携帯電話事業が民間事業であること、および、電波管理という管轄からすればもっともな点もある. しかし、国レベルの規制としても、基地局の集中する地域における共同設置について、一定の強制力をもったルールを設定するべきであり、少なくとも何らかの指導を行う必要があろう.

このような現状の中で，総務省による初期の取組みとして注目されたのが，総務省近畿総合通信局による「鉄塔景観調査会」の設置である．近畿2府4県を管轄する総務省近畿総合通信局は，「携帯電話の不感地域の解消や格差を是正するうえで，周辺景観と調和し住民の合意の得られる鉄塔のあり方を検討するため，移動通信鉄塔の景観に関する調査会」を2000年8月10日から開催している．総務省近畿総合通信局報道発表（2000年8月7日）．http://www.ktab.go.jp/new/13/0807-6.html（2002年3月20日）．新聞報道によると，各社が携帯基地局等をバラバラに建ててきた結果，基地局等が乱立する地域も多く，住民からの苦情も目立つことから，実態を調べて問題提起するのがこの調査会の目的とされる．
「携帯電話の鉄塔乱立 便利さと景観どう両立」朝日新聞（大阪）2001年11月1日付け．本調査会は，NTTドコモ関西，KDDI，J—フォン西日本，ツーカーホン関西の各社の担当者と，高槻市，芦屋市，橿原市の都市計画担当者，鉄塔技術事業主体，および近畿総合通信局の無線通信部長により構成されている．総務省が主体となったこのような取組みは，電波行政と建設許可とが別個に行われている現状を乗り越え，共同設置と周辺環境との調和を目指す試みのひとつとして評価できる．なお，2002年3月13日に開催された最終報告とりまとめ骨子に関する報道資料を見る限り，鉄塔・アンテナのデザインや共同設置に重点が置かれ過ぎており，これも重要な解決課題であるものの，鉄塔建設の課題としてあげられた「地元対応の課題」が手薄のように見える．

965 たとえば，NTTドコモ九州による高さ約40mの携帯電話中継鉄塔の建設工事に対して，住民団体（携帯電話楡木中継鉄塔建設に反対する会）が，電磁波による健康被害に不安があるとして，工事の中止と専門家を交えた説明会の開催を求める要求書を同社に提出した，とされる．「中継塔の工事，中止など要求」朝日新聞2001年11月9日付け．

966 福岡県情報公開審査会答申第70号（平成13年10月31日諮問）．

967 阿部昌樹「環境行政における中央—地方関係——公害防止協定を手掛かりに」日本公共政策学会年報1998年1頁以下．

968 この点については，総務省に置かれた携帯電話サービスにおけるエリア整備の在り方に関する調査研究会による「携帯電話サービスにおけるエリア整備の在り方について」（平成15年3月）を参照のこと．http://www.soumu.go.jp/s-news/2003/pdf/030310_2_01.pdf

969 たとえば，鳥取県の携帯電話不感地域対策事業について，以下を参照のこと．http://www3.pref.shimane.jp/hyoka/jigyou17/enterprise.asp?table_number=20050000002207．

970 この協定については，次のHPに言及がある．日本共産党福岡市議団「住宅地になぜ基地局鉄塔 ドコモ説明会 合意なき着工に住民反対」．http://jcp-fukuoka.jp/special/live/index.html

971 藤島光雄「要綱行政の現状と課題—— 自治立法権の拡充を目指して——」マッセOSAKA研究紀要7号63頁．

972 木佐茂男編『自治体法務入門（第2版）』（ぎょうせい，2000年）100頁以下，松永邦男「要綱行政」・岩崎忠夫編『条例と規則（実務地方自治法講座2）』（ぎょうせい，1997年）112頁．

973 松永邦男「要綱行政」・岩崎忠夫編『条例と規則（実務地方自治法講座2）』（ぎょうせい・1997年）112頁．

974 行政指導による建築確認の留保について判断した最三小判昭60・7・16民集39巻5号989頁や，武蔵野市長給水拒否事件・最小決平元・11・7判タ710号274頁などを参照のこと．

975　大分市の以下のＨＰアドレスを参照のこと．http://www.city.oita.oita.jp/cgi-bin/odb-get.exe?WIT_template=AC020000&WIT_oid=icityv2::Contents::18249.

976　この点については，小林重敬『地方分権時代のまちづくり条例』（学芸出版，1999年）7頁以下を参照のこと．

977　たしかに，都市計画法に基づく地区計画を条例により制定できる自治体の場合には，高さ制限を設けた「地区計画」の建築条例を制定し，これを越える高さの携帯電話基地局の設置を事前に防ぐという手段は，以前から存在していた．この地区計画は，建築確認のときに効力が及ぶものであるため，強制力をもつ．しかし，地区計画には全員の同意は必ずしも必要としないものの，運用上，多数の住民の同意を取りつける必要があるため，地方自治体がこの手法を用いることができる場面は限られていた．また，建築基準法69条以下に規定された建築協定を締結することで，携帯電話基地局の設置を事前に防ぐことは可能な場合があるが，この手法も，土地所有者，建築物所有を目的とした地上権者，土地の賃借権者全員の合意が必要であることから，実現可能性に乏しい．この建築協定については，以下の文献を参照のこと．大橋洋一「建築協定の課題と制度設計」法政研究（九州大学）68巻1号75頁以下．

978　「第5条　建築主等は，中高層建築物等の建築に際し，周辺の居住環境に十分に配慮するとともに，良好な近隣関係を損なわないよう努めなければならない．」

979　「第6条　紛争当事者は，紛争が生じたときは，双方の立場を尊重し自主的に解決するよう努めなければならない．」

980　「第7条　建築主等は，中高層建築物等の建築の計画に際し，日照その他の周辺の居住環境に及ぼす影響に配慮するよう努めなければならない．」

981　盛岡市のこの条例については，以下の市のＨＰを参照のこと．http://www.city.morioka.iwate.jp/09tosi/sido/guide/kentiku.html

982　たとえば，「2002年6月16日　朝刊　大分　高層工作物建設計画の住民説明を義務化　別府市が条例改正案」朝日新聞（大分）2002年6月16日付けなどの報道がある．

983　景観法の施行状況については，次の文献を参照のこと．岸田里佳子「景観法の制定と現在の施行状況」ジュリスト1314号4頁以下．

984　青森県景観計画．http://www.pref.aomori.lg.jp/keikan/jourei/keikankeikaku.pdf

985　わが国でも，残地補償に関する理論ではないが，「歴史的風土特別保存地区」（古都保存法6条1項），「緑地保全地区」（都市緑地保全法3条1項），「自然環境保全特別地区」（自然環境保全法25条），自然公園内の「特別地域・特別保護地区」（自然公園法17条・18条）など「保全地域規制」とか「現状凍結型規制」と呼ばれるタイプの土地利用規制による損失補償（古都保存法9条，都市緑地保全法7条，自然環境保全法33条，自然公園法35条）において，この種の規制収用に伴う通損補償の算定に関して，収用に伴い付随的に生じる損失である通損補償とは異なり，財産の将来における使用，収益を制限するものであることから，「積極的実損補填説」，「時価下落説」，「相当因果関係説」の対立がある．これらは，米国における3つの判例法理の分岐に類似しており興味深い．これらについては，日高剛『損失補償の理論と実際』（住宅新報社，1997年）36頁以下を参照のこと．

986　平成14年7月5日　政令第248号．

❖ 判例索引

数字

360 [Degrees] Communus.Co. v. Board of Supervisors 事件判決　187

アルファベット

A

Aaron v. City of Los Angeles, 40 Cal. App. 3d 471 (1974)　165
Adkins v. Thomas Solvent Co., 487 N.W.2d 715 (Mich. 1992)　158
Aegerter v. City of Delafield, 174 F.3d 886 (7th Cir. 1999)　225
Airtouch Cellular v. El Cajon, 83 F.Supp.2d 1158 (S.D.Cal. 2000)　225
Alabama Elec. Coop., Inc. v. Faust, 574 So. 2d 734 (Ala. 1990)　130, 157
Alabama Power Co. v. Keystone Lime Co., 67 So. 833 (Ala. 1914)　129, 130, 156
Alaska Placer Co. v. Lee, 553 P.2d 54 (Alaska 1976)　118
All Am. Pipeline Co. v. Ammerman, 814 S.W.2d 249 (Tex. Ct. App. 1991)　155
Alloway v. Nashville, 13 S.W. 123 (Tenn. 1890)　158
Amphitheaters, Inc. v. Portland Meidows, 198 P.2d 847 (Or. 1948)　118
Antonik v. Chamberlain, 78 N.E.2d 752 (1947)　121
Appalachian Power Co. v. Johnson, 119 S.E. 253 (Va. 1923)　160
APT Pittsburgh Ltd. Partnership v. Penn Township, 196 F.3d 469 (3d Cir. 1999) 185, 225
Arkansas Power & Light Co. v. Haskins, 528 S.W.2d 407 (Ark. 1975)　157

AT&T Corp. v. Iowa Utils. Bd., 525 U.S. 366 (1999)　217
AT&T Wireless PCS, Inc. v. City Council of Virginia Beach, 155 F.3d 423 (4th Cir. 1998) 178, 184, 198, 204, 219, 220, 225
AT&T Wireless PCS, Inc. v. City Council of Virginia Beach, 979 F.Supp. 416 (E.D. Va. 1997) 223, 224
AT&T Wireless PCS, Inc. v. Winston-Salem Zoning Bd., 172 F.3d 307 (4th Cir. 1999) 203, 225
AT&T Wireless Services of Florida, Inc. v. Orange County, 155 F.3d 423 (4th Cir. 1998)　198
AT&T Wireless Servs. of Cal. LLC v. City of Carlsbad, 308 F.Supp. 2d 1148 (D.Col. 2003)　207
Aucoin v. Medtronic, Inc., 2004 U.S. Dist. LEXIS 7217 (D. La. 2004)　9
Aversa v. Public Serv.Elec. & Gas Co., 451 A.2d 976 (N.J.Super.Ct.App.Div. 1982)　71
Aversa v. Public Service Electric & Gas Co., 451 A.2d 976 (N.J.Super.Ct.App.Div. 1982) 72
Avery v. United States, 330 F.2d 640 (Ct. Cl. 1964)　164
Ayers v. Township of Jackson, 525 A.2d 287 (N.J. 1987)　31

B

Basin Elec. Power Coop., Inc. v. Cutler, 217 N.W.2d 798 (S.D. 1974)　160
Bates v. Quality Ready-Mix Co., 154 N.W.2d 852 (Iowa 1967)　121
Batten v. United States, 306 F.2d 580 (10th Cir. 1962)　164
Bedell v. Goulter, 261 P.2d 842 (Or.1953)

269

119
Beetschen v. Shell Pipe Line Corp., 253 S.W.2d 785 (1952) 119
Bellsouth Mobility, Inc. v. Gwinnett County, 944 F.Supp. 923 (N.D. Ga. 1996) 201, 219
Bellsouth Mobility, Inc. v. Parish of Plaquemines, 40 F.Supp.2d 372 (E.D. La. 1999) 225
Berin v. Olson, 439 A.2d 357 (1981) 119
Beshada v. Johns-Manville Prod.Corp., 447 A.2d 539 (N.J.1982) 70
Bicki v. Houston Power & Light, No. 9462495 (Tex., Harris County Dist.Ct. filed Dec. 27, 1994) 76
Borenkind v. Consolidated Edison Co. of New York, 626 N.Y.S. 2d 414 (Sup. Ct. 1995) 108, 109
Bradley v. American Smelting & Ref.Co., 709 P.2d 782 (1985) 120, 121
Brown Jug, Inc. v. International Bhd. Of Teamsters, Local 959, 688 P.2d 932 (Alaska 1984) 118
Bullock v. Northeast Utilities, No. CV92-0326697(Conn.,New Haven Jud.Dist.Super. Ct. filed Dec. 19, 1991) 75

C
Canyon View Ranch v. Basin Elec. Power Corp., 628 P.2d 530 (Wyo. 1981) 158
Casey v. Florida Power Corp., 157 So. 2d 168 (Fla. 2d DCA 1963) 133, 161
Celebrity Studios, Inc. v. Civetta Excavating, Inc., 340 N.Y.S. 2d 694, (1973) 118
Cellco Partnership v. Town Plan and Zoning Comm'n of Farmington, 3 F.Supp.2d 178 (D. Conn. 1998) 184, 219
Cellco Pshp.v. Russell,1999 U.S.App. LEXIS 17977 (4th Cir.1999) 192
Cellular Phone Taskforce v. FCC,205 F.3d 82 (2d Cir.2000), cert.denied, 531 U.S. 1070 (2001) 8, 226

Cellular Tel. Co. v. Town of Oyster Bay, 166 F.3d 490 (2d Cir. 1999) 206, 223
Cellular Tel. Co. v. Zoning Bd. of Adjustment of Ho-Ho-Kus, 197 F.3d 64 (1999) 221
Cellular Tel. Co. v. Zoning Bd. of Adjustment of Ho-Ho-Kus, 24 F. Supp.2d 359 (D.N.J. 1998) 184, 190, 218, 219, 225
Central Ill. Light Co. v. Nierstheimer, 185 N.E.2d 841 (Ill. 1962) 156
Central Ill. Pub. Serv. Co. v. Westervelt, 367 N.E.2d 661 (Ill. 1977) 156, 157
Chappell v. Virginia Elec. & Power Co., 458 S.E.2d 282 (Va. 1995) 158
Chernock v. U.S., 718 F.Supp. 900 (1989) 64
Chesapeake & Potomac Tel. Co. v. Red Jacket Consol. Coal & Coke Co., 121 S.E. 278 (W. Va. Ct. App. 1924) 156
City of Bloomington Ind. v. Westinghouse Elec. Corp., 891 F.2d 611 (7th Cir. 1989) 119
City of Georgetown v. Ammerman, 136 S.W.202 (Ky. 1911) 164
City of Louisville v. Hehemann, 171 S.W. 165 (Ky. 1914) 164
City of Santa Fe v. Komis, 845 P.2d 753 (N.M. 1992) 138, 160
Claiborne Elec. Coop., Inc. v. Garrett, 357 So. 2d 1251 (La. Ct. App. 1978) , write denied, 359 So. 2d 1306 (La. 1978) 159
Cleveland Park Club v. Perry, 165 A.2d 485 (D.C. 1960) 118
Colvard v. Natahala Power & Light Co., 167 S.E. 472 (N.C. 1933) 157
Colwell Sys., Inc. v. Henson, 117 Ill.App.3d 113, 452 N.E.889 (1983) 118
Criscuola v. Power Auth. of N.Y., 621 N.E.2d 1195 (N.Y. 1993) 160
Criscuola v. Power Authority of New York, 621 N.E. 2d 1195 (N.Y. 1993) 134

270

D

Daubert v. Merrell Dow Pharmaceuticals, Inc., 113 S.Ct. 2786 (1993) 11, 22, 24, 63, 67, 72

Daubert v. Merrell Dow Pharmaceuticals, Inc., 43 F.3d 1311 (9th Cir. 1993) 50, 73, 79

Dayton v. Boeing Co., 389 F.Supp. 433 (1975) 86, 89, 90, 91

Delhi Gas Pipeline Co. v. Reid, 488 S.W. 2d 612 (Tex. Ct.App. 1972) 158

Deramus v. Alabama Power Co., 265 So. 2d 609 (Ala. 1972) 157

Drake v. Clear, 339 N.W.2d 844 (Iowa Ct.App. 1983) 119

Duerson v. East Ky. Power Coop., 843 S.W.2d 340 (Ky.Ct.App. 1992) 119

Dunlap v. Loup River Pub. Power Dist., 284 N.W. 742 (Neb. 1939) 131, 157

E

Eagle-Picher Indus., Inc. v. Cox, 481 So.2d 517 (Fla.Dist.Ct.App. 1985), review denied, 492 So.2d 1331 (Fla.1986) 74

Edwards v. Kustom Signals, Inc., No. C911173SAW(N.D.Cal.Jan.20, 1993) 62, 81

Electirc Power Bd. v. Westinghouse Elec. Corp., 716 F.Supp. 1069 (E.D.Tenn.1988) 75

Evans v. Iowa S. Utils. Co., 218 N.W. 66, 69 (Iowa 1928) 159

Evans v. Shore Communications, Inc., 685 A.2d 454 (Md.Ct.Spec.App. 1996) 201

F

First English Evangelical Lutheran Church of Glendale v. County of Los Angeles, 482 U.S. 304 (1987) 163

Florida Power & Light Co. v. Jennings, 518 So.2d 895 (Fla. 1987) 133, 159

Flynn v. Burman, 30 F.Supp.2d 68 (D. Mass. 1998) 184

Ford v. Pacific Gas & Elec. Co., 60 Cal. App.4th 696 (1997) 42, 77

Frye v. United States, 293 F. 1013 (D.C.Cir. 1923) 22

G

Gade v. National Solid Wastes Management Ass'n, 505 U.S. 88 (1992) 216

Gearon & Co., Inc. v. Fulton County, 5 F.Supp.2d 1351 (N.D. Ga. 1998) 219

Georgia Power Co. v. Sinclair, 176 S.E.2d 639 (Ga. Ct. App. 1970) 159

Glazer v. Florida Power & Light Co., 689 So. 2d 308 (Fla. Dist. Ct. App. 1997) 37, 81

Griggs v. Allegheny County 事件判決 146

Gulledge v. Texas Gas Transmission Corp., 256 S.W.2d 349 (Ky. Ct. App. 1952) 157

H

Haack v. Lindsay Light and Chem.Co., 66 N.E.2d 391 (1946) 121

Hagerty v. L & L Marine Servs., Inc., 788 F.2d 315 (5th Cir. 1986), modified, 797 F.2d 256 (5th Cir. 1986) 75

Hays v. Raytheon Co. & Raytheon Serv.Co., 1994 U.S.App.Lexis 8415 (7th Cir. 1994) 63, 80, 81

Hansen v. Mountain Fuel Supply Co., 858 P.2d 970 (Utah 1993) 75

Heddin v. Delhi Gas Pipeline Co., 522 S.W.2d 886 (Tex. 1975) 157, 158

Helvey v. Wabash County REMC, 278 N.E.2d 608 (1972) 71

Hendricks v. Stalnaker, 380 S.E.2d 198 (W.Va. 1989) 121

Henthorn v. Oklahoma City, 453 P.2d 1013 (Okla. 1967) 165

Hoch v. Philadelphia Elec.Co., 492 A.Zd 27 (Pa Super.Ct. 1985) 102

Hodge v. Southern Cities Power Co., 8 Tenn. App. 636 (1928) 158
Houston Lighting & Power Co. v. Klein Indep. Sch.Dist., 739 S.W.2d 508 (Tex. Ct.App. 1987) 100, 118, 121, 125, 247
Houston Lighting & Power Co. v. Reynolds, 765 S.W.2d 784 (Tex. 1988) 71

I

Illinois Power & Light Co. v. Talbott, 152 N.E. 486 (Ill. 1926) 130
Illinois RSA No. 3, Inc. v. County of Peoria, 963 F.Supp. 732 (C.D. Ill. 1997) 190, 198, 200, 219, 223, 224
Indiana Michigan Power Co. v. Runge, 717 N.E.2d 216(1999) 44, 66, 81
In re "Agent Orange" Prod. Liab. Litig., 597 F. Supp. 740 (E.D.N.Y. 1984) 73
In re Brewer, No. 88-2-10752-1 (Wash. Super.Ct. settlement approved, Aug.15, 1990) 87, 89
In re Paoli R.R.Yard PCB Litig., 35 F.3d 717 (3rd Cir.1994) 73
In re Vt. Elec. Power Co., 2006 VT 21 (Vt. 2006) 215
Iowa-Illinois Gas & Elec. Co. v. Hoffman, 468 N.E.2d 977 (Ill. App. Ct. 1984) 157
Iowa Power & Light Co. v. Stortenbecker, 334 N.W.2d 326 (Iowa App. 1983) 159
Ivester v. City of Winston-Salem, 1 S.E.2d 88 (1939) 164

J

Johnson v. City of Greeneville, 435 S.W.2d 476 (Tenn. 1968) 165
Johsz v. Sothern California Edison, No.726765 (Cal., Orange County Super.Ct. filed Mar. 14, 1994) 75
Jordan v. Georgia Power Co., 466 S.E.2d 601 (Ga.App.1995) 35, 56, 81, 100

K

Keystone Bituminous Coal Ass'n. v. DeBenedictis, 480 U.S. 470 (1987) 163

L

La Plata Elec. Ass'n v. Cummins, 728 P.2d 696 (Colo. 1986) 156
Loretto v. Manhattan CATV Corp., 458 U.S. 419 (1982) 163
Lucas v. South Carolina Coastal Council, 505 U.S. 1003 (1992) 159

M

Martin v. Port of Seattle, 391 P.2d 540 (Wash. 1964) 152
Martin v. Reynolds Metal Co., 342 P.2d 790 (Or.1959), cert.denied, 362 U.S. 918 (1960) 95, 98, 118
Martin v. Union P.R.R., 474 P.2d 739 (1970) 118
Maryland Heights, Inc. v. Mallinckrodt, Inc., 706 S.W.2d 218 (Mo.Ct.App. 1985) 119
Maryland Heights Leasing, Inc. v. Mallinckrodt, Inc., 706 S.W.2d 218 (Mo. Ct.App. 1985) 119
Mason v. City of Mt. Sterling, 122 S.W.3d 500 (Ky. 2003) 226
McCaig v. Talladega Publishing Co., 544 So.2d 875 (Ala. 1989) 119
McCullock v. H.B. Fuller Co., 61 F.3d 1038 (2d Cir. 1995) 73
Members of the City Council of Los Angeles v. Taxpayers for Vincent, 466 U.S. 789 (1984) 217
Missouri Highway & Transp. Comm'n v. Horine, 776 S.W.2d 6 (Mo. 1989) 160
Missouri Pub. Serv. Co. v. Juergens, 760 S.W.2d 105 (Mo. 1988) 159
Motorola, Inc. v. Associated Indem. Corp., 878 So. 2d 824 (La. Ct. App. 2004) 8

Motorola, Inc. v. Ward, 478 S.E.2d 465 (1996) 55, 80, 81

N

N. Ins. Co. v. Balt. Bus. Communs., Inc., 68 Fed. Appx. 414 (4th Cir. 2003) 8
National Telecommunication Advisors, LLC v. Board of Selectmen, 27 F.Supp.2d 284 (D.Mass. 1998) 194
New Balance Athletic Shoe, Inc., v. Boston Edison Co., 1996 Mass.Super.LEXIS 496 (1996) 71
Newman v. Motorola, Inc., 78 Fed. Appx. 292 (4th Cir. 2003) 56, 80, 81
New York SMSA Ltd. Pshp. v. Board of Adjustment, 734 A.2d 817 (1999) 208
New York SMSA Ltd. Pshp. v. Town of Clarkstown, 99 F.Supp.2d 381 (2000) 209
Nextel Communs. of the Mid-Atlantic, Inc. v. City of Margate, 305 F.3d 188 (3d Cir. 2002) 218
Nokia, Inc. v. Zurich Am. Ins. Co., 202 S.W.3d 384 (Tex. App. 2006) 9
Nollan v. California Coastal Comm'n, 483 U.S. 825 (1987) 163
Northeastern Gas Transmission Co. v. Tersana Acres, Inc., 134 A.2d 253 (Conn. 1957) 157
Nynex Mobile Communications Co. v. Hazlet Township Zoning Board of Adjustment, 648 A.2d 724 (N.j.Super.Ct. App. Div. 1994) 201, 202

O

Ochoa v. Superior Court, 703 P.2d 1 (Cal.1985) 73
Ohio Pub. Serv. Co. v. Dehring, 172 N.E. 448 (Ohio Ct. App. 1929) 160
Oklahoma Gas & Elec. Co. v. Kelly, 58 P.2d 328 (Okla. 1936) 157
Olson v. United States, 292 U.S. 246(1934) 157
Omnipoint Communications, Inc. v. City of Scranton, 36 F.Supp.2d 222 (M.D. Pa. 1999) 184, 217, 225
Omnipoint Communications, Inc. v. Foster Township, 46 F.Supp.2d 396 (M.D. Pa. 1999) 218
Omnipoint Communs. Enters. L.P. v. Newtown Twp., 219 F. 3d 240 (3d Cir. 2000) 185
Omnipoint Corp. v. Zoning Hearing Bd. of Pine Grove Township, 181 F.3d 403 (3d Cir. 1999) 216
Otto v. Steinhilber, 24 N.E.2d 851 (N.Y. 1939) 218

P

Pacific Gas & Elec. Co. v. W.H. Hunt Estate Co., 319 P.2d 1044 (Cal. 1957) 159
Pappas v. Alabama Power Co.,119 So.2d 899 (Ala. 1960) 130
PCS II Corp. v. Extraterritorial Zoning Authority of Santa Fe, 957 F. Supp. 1230 (D.N.M. 1997) 185, 220
Penn. Cent. Transp. Co. v. City of New York, 438 U.S.104 (1978) 156, 159, 163
Pennsylvania Coal Co. v. Mahon, 260 U.S. 393 (1922) 156, 163
Petroski v. Indiana Public Service Co., 354 N.E.2d 736 (1976) 71
Piccolo v. Connecticut Light and Power Company, 1996 Conn. Super. LEXIS 2930 115
Pierce v. Pacific Gas & Elec.Co., 212 Cal. Rptr. 283 (Cal.Ct.App.1985) 71
Pilisuk v. Seattle City Light, Claim No.T-448239 (Wash. Bd.Indus.Ins.App. 1994) 88, 89
Pinney v. Nokia, Inc., 402 F.3d 430 (4th Cir. 2005) 58, 66, 80, 81
Portsmouth Harbor Land & Hotel Co. v.

273

United States, 260 U.S. 327 (1922) 145, 163, 164
Potter v. Firestone Tire & Rubber Co., 863 P.2d 795(Cal.1993) 40, 75, 77
Power Line Task Force, Inc. v. PUC, 2001 Minn. App. LEXIS 474 (Minn. Ct. App. 2001) 122
Prahl v. Brosamle, 295 N.W.2d 768 (Ct. App.1980) 118
Prah v. Maretti, 321 N.W. 2d 182 (Wis.1982) 121
Preferred Sites, LLC v. Troup County, 296 F.3d 1210 (11th Cir. 2002) 224
Primeco Personal Communications, L.P. v. Village of Fox Lake, 35 F. Supp.2d 643 (N.D. Ill. 1999) 217
Pub. Serv. Co. v. Van Wyk, 27 P.3d 377 (Colo. 2001) 110, 122
Public Serv.Ind., Inc. v. Nichols, 494 N.E.2d 349 (Ind.Ct.App. 1986) 71

R

Rabun County v. Ga. Transmission Corp., 276 Ga. 81 (Ga. 2003) 215
Ransome v. Wisconsin Elec.Power Co., 275 N.W.2d 641 (Wis. 1979) 71, 72
Rausch v. School Board of Palm Beach County, No. CL-88-10772-AD (Palm Beach Cty.Ct. Oct. 13, 1989), aff'd 582 So.2d 631 (Fla.App. 1991) 120
Reynard v. NEC Corp., 887 F.Supp. 1500 (Fla, 1995) 49, 79, 81
Riblet v. Ideal Cement Co., 345 P.2d 173 (1959) 119
Richards v. Washington Terminal Co., 233 U.S. 546 (1914) 149, 155, 165
Ryan v. Kansas Power & Light Co., 815 P.2d 528 (Kan. 1991) 135, 137, 159

S

Salisbury Livestock Co. v. Colorado Cent. Credit Union, 793 P.2d 470 (Wyo.1990) 119
Samsung Elecs. Am., Inc. v. Fed. Ins. Co., 202 S. W.3d 372 (Tex. App. 2006) 9
San Diego Gas & Elec. Co. v. Covalt, 920 P.2d 669 (Cal. 1996) 39, 66, 74, 77, 99
San Diego Gas & Elec. Co. v. Superior Court, 920 P.2d 669 (Cal. 1996) 111
San Diego Gas & Elec.Co v. Daley, 205 Cal. App. 3d 1334 (1988) 118
Schiffner v. Motorola, Inc., 697 N.E.2d 868 (1998) 54, 80
Selective Resources v. Superior Court, 700 P.2d 849 (Ariz. Ct. App. 1984) 158
Smart SMR of N.Y., Inc. v. Zoning Comm'n of Stratford, 995 F. Supp. 52 (D. Conn. 1998) 185
Smith v. Home Light & Power Co., 734 P.2d 1051 (Colo.1987) 71
Snelling v. Land Clearance for Redevelopment Auth., 793 S.W.2d 232 (Mo. Ct.App. 1990) 121
Southern Elec. Generating Co. v. Howard, 156 So. 2d 359 (Ala. 1963) 157
Southern Ind. Gas and Elec. Co. v. Gerhardt, 172 N.E.2d 204 (Ind. 1961) 157
Southwestern Bell Mobile Systems, Inc. v. Town of Leicester, 244 F.3d 51 (2001) 187
Southwestern Constr.Co.,Inc. v. Liberto, 385 So.2d 633 (Ala. 1980) 121
Sperry v. ITT Commercial Fin.Corp., 799 S.W.2d 871 (Mo.Ct.App. 1990) 119
Sprint Spectrum, L. P. v. City of Medina, 924 F. Supp. 1036 (W. D. Wash. 1996) 191, 222
Sprint Spectrum, L.P. v. Willoth, 996 F.Supp. 253 (W.D.N.Y. 1998), aff'd, Sprint Spectrum, L.P. v. Willoth, 176 F.3d 630 (2d Cir. 1999) 119, 185, 215, 218, 219, 220
Sprint Spectrum L.P. v. Borough of Ringwood Zoning Bd. of Adjustment, 386 N.J.Super. 62 (Law. Div. 2005) 186

Sprint Spectrum L.P. v. Jefferson County, 968 F.Supp. 1457 (N.D. Ala. 1997) 181, 193, 194, 195, 219, 221, 225

Sprint Spectrum L.P. v. Town of Easton, 982 F.Supp. 47 (D. Mass. 1997) 181

Sprint Spectrum L.P. v. Town of Farmington, 1997 U.S. Dist. LEXIS 15832 (D. Conn. Oct. 6, 1997) 192, 202, 207, 222

Sprint Spectrum L. P. v. Town of West Seneca, 659 N.Y.S.2d 687 (N.Y.Sup.Ct. 1997) 191

Spur Indus.Inc. v. Del.E. Webb. Dev.Co., 494 P.2d 700 (Ariz. 1972) 121

Stannard v. Axelrod, 419 N.Y.S.2d 1012 (Sup.Ct. 1979) 121

Staples v. Hoefke, 189 Cal.App.3d 1397 (1987) 119

State v. Evans, 612 P.2d 442 (Wash. Ct. App. 1980), rev'd on other grounds, 634 P.2d 845 (Wash. 1981), modified, 649 P.2d 633 (Wash. 1982) 160

Strom v. Boeing, No. 88-2-10752-1 (Wash. Super. Ct., settlement approved, Aug. 15, 1990) 87, 89

T

Telespectrum, Inc. v. Public Service Commission of Kentucky, 227 F. 3d 414 (6th Cir. 2000) 203

Telluride Power Co. v. Bruneau, 125 P. 399 (Utah 1912) 158

Tennessee Gas Transmission Co. v. Maze, 133 A.2d 28 (N.J. Super. Ct. App. Div. 1957) 157

Trinity Universal Ins. Co. v. Cellular One Group, 2007 Tex. App. LEXIS 96 (Tex. App. 2007) 9

Thornburg v. Port of Portland, 376 P.2d 100 (Or. 1963) 151, 153, 155, 165

Town of Amherst v. Omnipoint Communications Enters., Inc., 173 F.3d 9 (1st Cir. 1999) 225

Tuffley v. City of Syracuse, 82 A.D.2d 110 (1981) 119

Tullo v. Millburn Township, 149 A.2d 620 (N.J. Super. Ct. App. Div. 1959) 218

Twitty v. State of North Carolina, 354 S.E. 2d 296 (N.C. 1987) 164

U

United States ex rel. TVA v. Easement and Right of Way, 405 F.2d 305 (6th Cir. 1968) 159

United States ex rel. TVA v. Robertson, 354 F.2d 877 (5th Cir. 1966) 159

United States v. 760.807 Acres of Land, 731 F.2d 1443 (9th Cir. 1984) 157

United States v. Carroll Towing,159 F.2d 169 (2d Cir. 1947) 14

United States v. Causby, 328 U.S. 256 (1946) 145, 155, 163, 164

United States v. Stifel, 433 F.2d 431 (6th Cir. 1970) 73

V

Verb v. Motorola, Inc., 672 N.E.2d 1287 (Ill. Dist.Ct.App. 1996) 51, 54, 81

Village of Euclid v. Ambler Realty Co., 272 U.S. 365 (1926) 216

Virginia Metronet, Inc. v. Board of Supervisors, 984 F.Supp. 966 (E.D. Va. 1998) 185, 194, 219, 223

W

Walker v. Ingram, 37 So.2d 685 (1948) 118

Washington Water Power Co. v. Douglass, 105 Wn. App. 1054 (Wash. Ct. App. 2001) 160

Westchester Associates, Inc. v. Boston Edison Co.,712 N.E.2d 1145 (1999) 108, 114

Western Farmers Elec. Coop. v. Enis, 993

P.2d 787 (Okla. Ct. App. 1999) 158
Western PCS II Corp. v. Extraterritorial Zoning Authority of Santa Fe, 957 F.Supp. 1230 (D.N.M. 1997) 181, 219, 223, 224
White v. Citizens Nat'l Bank, 262 N.W.2d 812 (Iowa 1978) 118
Willsey v. Kansas City Power, 631 P.2d 268 (Kan. Ct. App. 1981) 135, 136, 158, 159
Wilsonville v. SCA Serv., Inc., 426 N.E.2d 824 (1981) 121

Z

Zoller v. Niagara Mohawk Power Corp., 137 A.D.2d 947 (3d Dep't 1988) 71
Zuidema v. San Diego Gas & Elec.Co., No. 638222(Cal.Super.Ct. Apr.30, 1993) 3, 7, 19, 27, 34, 71, 73, 76, 81, 121

❖ 用語索引

数字

1996年連邦通信法　5, 167, 168, 169, 170, 173, 174, 178, 179, 182 ,183, 185, 186, 187, 188, 189, 191, 192, 193, 194, 195, 196, 197, 199, 200, 203, 204, 205, 209, 210, 211, 215, 216, 217, 225, 249

アルファベット

E
EMF・ラピッド・プログラム　2

N
NMR（核磁気共鳴）装置　233

V
VDT　12, 17, 34, 63, 67

W
WHO　1

かな

あ
アトラクティブ・ニューサンス　207, 208, 242, 248

い
医学的モニタリング　12, 28, 30, 31, 32, 39, 40, 74, 75, 229
異常に危険な活動に起因する厳格責任　11, 20

え
営造物責任　232, 248
永続的ニューサンス　97, 99
疫学的因果関係　228

疫学的証拠　2, 26, 27, 49, 51, 67, 244
疫学的立証　243
エクイティ上の消滅時効　115, 116, 117
エネルギー政策法　2

か
過失（negligence）による行為　12
過失責任　11, 12, 14, 15, 20, 21, 31, 51, 64, 65, 230, 232
ガン　1, 3, 11, 12, 13, 14, 28, 29, 30, 34, 35, 38, 40, 41, 43, 48, 55, 62, 63, 79, 85, 87, 88, 89, 227, 229, 237
環境権　243
環境省　255
環境正義　205
環境保全協定（公害防止協定）　251
完全補償　133, 134, 142, 159, 257, 258, 259

き
逆収用　39, 41, 97, 108, 110, 111, 112, 115, 119, 125, 126, 127, 143, 144, 145, 147, 148, 149, 150, 151, 152, 153, 154, 162, 165
行政手続法　253

く
空中地役権　127, 143, 144, 145, 147, 148, 152
国立市高層マンション事件訴訟最高裁判決　245, 250
クラス・アクション　3, 51, 53, 59, 62, 66, 79, 87, 120, 150

け
景観計画　256
景観権　242, 244, 245, 260
景観条例　171, 246, 260

景観地区 256
景観地区工作物制限条例 256, 257
景観法 251, 255, 256, 257
景観法運用指針 255
継続の侵害 33, 96, 97
継続的ニューサンス 116
継続的非不法侵害行為 152
継続的不法行為 12, 33, 115, 116, 117
継続的不法侵害 94, 96, 99, 116, 151, 152
携帯電話 2, 3, 4, 12, 14, 16, 17, 20, 21, 32, 34, 48, 49, 50, 51, 52, 53, 54, 55, 56, 57, 58, 59, 60, 61, 66, 67, 78, 79, 167, 168, 169, 181, 182, 227, 228, 229, 231, 233, 239, 255, 265, 266
携帯電話基地局 3, 4, 32, 169, 207, 214, 216, 218, 227, 229, 239, 240, 241, 242, 243, 246, 247, 248, 249, 250, 251, 252, 253, 254, 255, 256, 257, 264, 265, 267
携帯電話基地局規制条例 254
携帯電話不感地域対策事業 252, 266
厳格責任 11, 15, 17, 18, 19, 20, 21, 35, 39, 51, 60, 64, 65, 71, 142, 162
建築基準法 212, 253, 254

こ
公益事業委員会 39, 40, 41, 42, 43, 44, 46, 47, 66, 99, 102, 103, 104, 110, 111, 112, 113, 121, 122, 127, 167, 215
公益事業会社 38, 110, 111, 112, 113, 167, 168
航空地役権 147, 151
工作物責任 230, 232, 242, 248
厚生労働省 231
公的ニューサンス 105, 121, 150, 217
公用収用 3, 4, 37, 67, 93, 96, 99, 100, 101, 102, 103, 104, 105, 109, 121, 125, 126, 127, 128, 130, 133, 134, 136, 137, 138, 142, 143, 144, 145, 146, 147, 148, 150, 151, 152, 153, 156, 157, 158, 159, 160, 164, 165, 215, 248, 257, 258
合理的期間 176, 189, 190, 193, 194, 213

航路地役権 146
国土交通省 255, 256
国立環境衛生科学研究所 2
国家賠償法2条1項 248

さ
差止請求 94, 96, 97, 99, 107, 108, 115, 241, 242, 243, 244, 246, 247
残地補償 126, 128, 129, 130, 132, 138, 139, 157, 259, 267

し
事業認定 102, 110, 111, 128, 167, 236, 239, 242, 259
事実的因果関係 3, 4, 13, 14, 15, 20, 21, 22, 26, 35, 36, 38, 49, 50, 51, 53, 57, 58, 62, 66, 67, 85, 89, 125, 228, 233, 243, 261
自主条例 250, 253, 255, 257
実質的証拠 176, 197, 199, 200, 201, 202, 203, 204, 205, 207, 210, 211, 213, 223, 258
実質的な証拠 130, 175, 187, 197, 199, 200, 202, 208
私的ニューサンス 3, 34, 35, 36, 37, 38, 39, 41, 42, 45, 47, 93, 105, 106, 107, 108, 109, 114, 115, 116, 149, 247
指導要綱 251, 252, 253
ジャンク・サイエンス 25, 27, 72
収用委員会 236
収用裁決 236, 239, 242
出訴期限法 12, 33, 38, 94, 115, 116, 117, 148
少数判例法理 126, 128, 129, 130, 131, 133, 142, 161, 257
小児白血病 2
「将来ガンになるかもしれないという恐怖に対する損害賠償（cancerphobia）」 12, 28, 29, 30, 135, 229
書面による決定 176, 197, 198, 199
人格権 240, 241, 243, 244
人身損害賠償請求 14, 19, 21, 30, 33, 43,

278

44, 48, 67, 227, 234
人身損害賠償請求訴訟 3, 11, 15, 19, 26, 27, 44, 49, 62, 63, 64, 65, 66, 67, 70, 93, 228
心臓ペースメーカー 230, 231, 232, 233, 262
身体的損害賠償請求 11, 33, 34, 102, 227, 229, 230, 243
慎重なる回避 209, 210, 255

せ

製造物責任 11, 15, 17, 18, 19, 20, 35, 39, 42, 48, 54, 57, 59, 232, 261
製造物責任法 11, 59, 230, 231, 232, 262
生存権 238
専門家証言 3, 11, 15, 21, 22, 23, 24, 25, 27, 32, 34, 36, 38, 45, 47, 49, 50, 51, 53, 55, 56, 57, 58, 63, 64, 66, 67, 72, 73, 75, 131, 132, 133, 134, 136, 137, 139, 140, 155, 159, 202, 203, 204, 213

そ

送電線 1, 2, 3, 4, 11, 12, 14, 17, 18, 19, 20, 21, 29, 30, 32, 34, 36, 39, 40, 42, 45, 46, 47, 48, 51, 56, 65, 66, 67, 71, 80, 93, 96, 97, 99, 100, 101, 102, 103, 104, 106, 107, 108, 109, 110, 112, 113, 114, 115, 117, 121, 122, 125, 126, 127, 128, 129, 130, 131, 132, 133, 134, 135, 136, 137, 142, 143, 144, 147, 148, 149, 150, 153, 154, 157, 158, 159, 167, 215, 227, 228, 229, 234, 235, 236, 237, 238, 241, 242, 243, 244, 246, 247, 248, 249, 257, 258
総務省 230, 232, 233, 239, 249, 250
ゾーニング 168, 169, 171, 172, 174, 177, 189, 190, 193, 196, 203, 208, 209, 215, 217, 218
ゾーニング委員会 3, 4, 167, 169, 170, 173, 177, 180, 181, 182, 183, 184, 186, 187, 189, 194, 197, 198, 199, 200, 201, 202, 203, 204, 205, 206, 209, 211, 212, 213, 221, 223, 225, 262
ゾーニング条例 168, 169, 171, 172, 173, 192, 194, 195, 211, 213, 214, 249, 257
損失補償 3, 4, 67, 93, 110, 112, 116, 125, 126, 127, 128, 129, 130, 131, 132, 133, 134, 135, 137, 138, 139, 142, 143, 144, 145, 146, 147, 148, 149, 150, 151, 152, 153, 154, 155, 158, 160, 227, 243, 257, 258, 259, 261, 267

た

代替地 183, 186, 187, 203, 255
多数判例法理 126, 127, 128, 132, 133, 134, 135, 136, 137, 138, 139, 141, 142, 157, 158, 159, 160, 161, 162, 184, 185, 257, 258, 259

ち

地役権 96, 97, 98, 100, 102, 103, 104, 114, 115, 116, 127, 129, 131, 136, 137, 143, 144, 145, 146, 147, 148, 151, 152, 234, 238, 244
地方自治法 253
地方分権一括法 253
中間的判例法理 126, 128, 131, 134, 135, 136, 142, 157, 158, 159, 160, 257, 258
抽象的差止訴訟 244
懲罰的損害賠償 12, 28, 34, 36, 45, 47, 94, 97, 101
眺望権 242, 244, 246, 247, 259, 265
直接損害 128

て

電子製造物放射線管理法 52, 54
電動車いす 230, 231, 244, 262
電波法 249, 265

と

盗難防止装置 231, 232
独占禁止法 212
毒物学 26, 27
毒物不法行為訴訟 12, 29, 30, 32

279

特別申請 209
特別例外　171, 172, 173, 174, 181, 182, 186, 198, 218
都市計画法 253, 254, 256
都市計画条例 171
土地収用法 236, 239, 258, 259
土地収用法の一部を改正する法律 259

に
ニューサンス　43, 94, 96, 103, 104, 105, 106, 107, 108, 109, 110, 111, 112, 113, 114, 116, 117, 121, 125, 127, 143, 144, 148, 149, 150, 151, 152, 153, 154, 164, 165
ニューサンスによる逆収用　108, 127, 148, 149, 150, 151, 152, 153, 154
ニューサンスによる公用収用 143, 150
ニューサンスによる公用収用法理 143

の
農林水産省 255

ふ
不合理な差別　175, 176, 177, 178, 179, 180, 181, 182, 184, 212
物権 244
物権的請求権 241, 244
部分的公用収用 37
不法行為法（第2次）リステイトメント　14, 15, 17, 20, 70, 105, 106
不法侵害　3, 36, 37, 39, 40, 45, 47, 93, 94, 95, 96, 97, 98, 99, 100, 101, 102, 103, 104, 105, 108, 110, 111, 112, 113, 115, 116, 117, 118, 119, 125, 151, 247, 248

ま
慢性リンパ性白血病 2

め
名目的損害賠償 94, 95

も
モラトリアム　184, 189, 190, 191, 192, 193, 194, 195, 196, 197, 203, 214, 215

よ
幼児金網フェンス乗り越え事件 248
予防原則 241, 243

り
リコール 228, 230

れ
レーダー　21, 64, 65, 233
レーダー・ガン　12, 17, 34, 62, 67
連邦行政手続法 199
連邦証拠規則　24, 25, 26, 49, 57
連邦職業安全衛生法 83, 84
連邦食品薬品局 52, 53
連邦通信委員会　52, 57, 176, 196, 197, 206, 207, 209
連邦通信法　5, 56, 59, 60, 61, 62, 167, 168, 169, 170, 173, 174, 178, 179, 182, 183, 185, 186, 187, 188, 189, 191, 192, 193, 194, 195, 196, 197, 199, 200, 203, 204, 205, 209, 210, 211, 213, 249
連邦不法行為請求法　12, 34, 64, 65, 234

ろ
労働者災害補償保険法　3, 4, 83, 85, 86, 88, 89, 93, 227, 233

【著者略歴】

永野秀雄（ながの　ひでお）

1959年、東京生まれ。1984年、法政大学法学部政治学科卒業。1993年、米国ゴンザガ大学法科大学院 Juris Doctor 課程卒業。1999年、米国ジョージ・ワシントン大学法科大学院 LL.M.（環境法専攻コース）卒業。現在、法政大学人間環境学部教授、防衛法学会理事、日米法学会評議員。専門は、アメリカ法（特に、労働法、環境法、先端技術法、防衛法）。

共著に、『核兵器と国際関係』（内外出版、2006年）、『先端科学技術と法―進歩・安全・権利（学術会議叢書7）』（日本学術協力財団、2004年）、『我が国防衛法制の半世紀』（内外出版、2004年）、『各国間地位協定の適用に関する比較論的考察』（内外出版、2003年）、『組合機能の多様化と可能性』（法政大学出版局、2002年）などがある。

電磁波訴訟の判例と理論
――米国の現状と日本の展望――

2008年2月15日　初版発行

著　者　　永野　秀雄
　　　　　©2008 H.Nagano

発行者　　高橋　考

発　行　　三和書籍

〒112-0013　東京都文京区音羽2-2-2
電話 03-5395-4630　FAX 03-5395-4632
http://www.sanwa-co.com/
sanwa@sanwa-co.com

印刷／製本　モリモト印刷株式会社

乱丁、落丁本はお取替えいたします。定価はカバーに表示しています。
本書の一部または全部を無断で複写、複製転載することを禁じます。
ISBN978-4-86251-029-7　C3032　Printed in Japan

三和書籍の好評図書
Sanwa co.,Ltd.

【図解】
特許用語事典

溝邊大介 著
B6判　188頁　並製　定価：2,500円+税

特許や実用新案の出願に必要な明細書等に用いられる技術用語や特許申請に特有の専門用語など、特許関連の基礎知識を分類し、収録。図解やトピック別で、見やすく、やさしく解説した事典。

ビジネスの新常識
知財紛争 トラブル100選

IPトレーディング・ジャパン(株)取締役社長
早稲田大学 知的財産戦略研究所 客員教授　梅原潤一 編著
A5判　256頁　並製　定価：2,400円+税

イラストで問題点を瞬時に把握でき、「学習のポイント」や「実務上の留意点」で、理解を高めることができる。知的財産関連試験やビジネスにすぐ活用できる一冊。

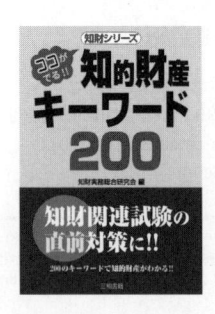

ココがでる！
知的財産キーワード200

知財実務総合研究会 著
B6判　136頁　並製　定価：1,300円+税

知的財産を学ぶ上で大切な専門用語を200に厳選！ビジネスシーンやプライベートでも活用しやすい、コンパクト・サイズで知的財産をやさしく解説。

三和書籍の好評図書
Sanwa co.,Ltd.

増補版　尖閣諸島・琉球・中国
【分析・資料・文献】

浦野起央 著
A5判　上製本　定価：10,000円＋税

●日本、中国、台湾が互いに領有権を争う尖閣諸島問題……。筆者は、尖閣諸島をめぐる国際関係史に着目し、各当事者の主張をめぐって比較検討してきた。本書は客観的立場で記述されており、特定のイデオロギー的な立場を代弁していない。当事者それぞれの立場を明確に理解できるように十分配慮した記述がとられている。

冷戦　国際連合　市民社会
―国連60年の成果と展望

浦野起央 著
A5判　上製本　定価：4,500円＋税

●国際連合はどのようにして作られてきたか。東西対立の冷戦世界においても、普遍的国際機関としてどんな成果を上げてきたか。そして21世紀への突入のなかで国際連合はアナンの指摘した視点と現実の取り組み、市民社会との関わりにおいてどう位置付けられているかの諸点を論じたものである。

地政学と国際戦略
新しい安全保障の枠組みに向けて

浦野起央 著
A5判　460頁 定価：4,500円＋税

●国際環境は21世紀に入り、大きく変わった。イデオロギーをめぐる東西対立の図式は解体され、イデオロギーの被いですべての国際政治事象が解釈される傾向は解消された。ここに、現下の国際政治関係を分析する手法として地政学が的確に重視される理由がある。地政学的視点に立脚した国際政治分析と国際戦略の構築こそ不可欠である。国際紛争の分析も1つの課題で、領土紛争と文化断層紛争の分析データ330件も収める。

三和書籍の好評図書
Sanwa co.,Ltd.

アメリカ〈帝国〉の失われた覇権
――原因を検証する12の論考――

杉田米行 編著
四六判　上製本　定価：3,500円＋税

●アメリカ研究では一国主義的方法論が目立つ。だが、アメリカのユニークさ、もしくは普遍性を検証するには、アメリカを相対化するという視点も重要である。本書は12の章から成り、学問分野を横断し、さまざまなバックグラウンドを持つ研究者が、このような共通の問題意識を掲げ、アメリカを相対化した論文集である。

アメリカ的価値観の揺らぎ
唯一の帝国は9・11テロ後にどう変容したのか

杉田米行 編著
四六判　280頁 定価：3,000円＋税

●現在のアメリカはある意味で、これまでの常識を非常識とし、従来の非常識を常識と捉えているといえるのかもしれない。本書では、これらのアメリカの価値観の再検討を共通の問題意識とし、学問分野を横断した形で、アメリカ社会の多面的側面を分析した（本書「まえがき」より）。

アジア太平洋戦争の意義
日米関係の基盤はいかにして成り立ったか

杉田米行 編著
四六判　280頁 定価：3,500円＋税

●本書は、20世紀の日米関係という比較的長期スパンにおいて、「アジア太平洋戦争の意義」という共通テーマのもと、現代日米関係の連続性と非連続性を検討したものである。
現在の平和国家日本のベースとなった安全保障・憲法9条・社会保障体制など日米関係の基盤を再検討する！